# La vision dans le monde animal

## Yves Le Men

www.alterpublishing.com

## A. *Introduction*

De tous nos organes, l'œil est probablement le plus étonnant. Dans une orbite de moins de 3cm$^3$ on trouve une petite boule mobile dont le volume n'atteint pas les 7 millilitres, capable de nous informer de minuscules détails aussi bien que de paysages entiers, d'identifier l'aiguille et dans l'instant qui suit la botte de foin, d'opérer par les lumières les plus vives sur la neige au soleil, et par les plus ténues le soir à la chandelle.

Toutes les couleurs les reflets et les scintillements de la lumière lui sont accessibles, et il parvient à les transférer à notre être intime dans l'instant même qu'elles sont produites ou presque. C'est par lui que nous acquerrons la grande majorité de l'information nécessaire à gouverner notre comportement ; par lui que nous formons la majorité des images intérieures nécessaires à notre entendement.

Comment ne pas s'étonner de la merveille que sont ces deux billes minuscules dont le volume est loin d'atteindre le millième de notre corps mais qui pourrait bien lui fournir la majorité de ses sensations ?

Alors, regardant autour de nous nos congénères animaux, comment encore ne pas se demander comment fonctionnent leurs yeux à eux, ces cousins, ces frères qui cohabitent la terre avec nous depuis si longtemps ?

Que voient-ils, eux ? Voient-ils la même chose que nous ? Voient-ils plus ? Voient-ils moins ? Voient-ils mieux ou moins bien ?

Ces questions difficiles n'ont probablement pas de réponse unique et claire. Au moins pouvons nous tenter de les clarifier, et faute de pouvoir nous mettre à la place des animaux, nous pouvons observer leurs yeux pour tenter de deviner le reste. C'est l'objet de ce livre : un panorama de la vision des animaux.

La variété des animaux est grande. Plusieurs millions d'espèces : Des méduses aux vers de terre, des abeilles aux éponges, des bigorneaux aux léopards, que de formes et que de structures...

Heureusement, l'évolution n'a pas disposé tous ces êtres au hasard, mais selon une arborescence qui permet à la fois de les classer tout en les regroupant tous, et aussi de mieux comprendre les liens de parenté qu'ils ont entre eux. Même si la description de cet arbre n'est pas encore achevée dans tous ses détails on en connait très bien les grandes lignes et cela permet de mieux situer l'emplacement des êtres dont on parle dans le panorama général de l'ensemble des métazoaires.

L'utilisation de l'arbre phylogénétique des animaux permet des promenades plus rapides au travers de leur monde, évite les retours et les redites, bref permet en examinant l'une après l'autre chaque branche de l'arbre de finir par l'avoir considéré tout entier. L'entreprise qui paraissait si formidable avec les millions d'espèces d'animaux vivants devient ainsi accessible une fois que les rapprochements qui s'imposent ont été faits... A tout le moins, si cette méthode n'est pas sans faille et laisse certainement de côté un nombre important de cas particuliers, c'est la seule qui nous ait semblé applicable pour effectuer une revue raisonnablement exhaustive.

On n'a pas observé d'espèce munie d'yeux dans les fossiles du précambrien. Cependant, on pense généralement que l'œil est apparu avant l'explosion du vivant qui a eu lieu au cambrien, il y a plus de 500 millions d'années. Des dates de l'ordre de − 700 millions d'années ont été avancées... En tout état de cause, certains animaux du Cambrien tels opabinia possédaient des yeux, et l'existence d'yeux n'a pas cessé depuis ces âges anciens où ils ont été inventés sur la terre. On en trouve, depuis, dans les fossiles sans interruption.

A l'heure actuelle des yeux existent dans la plupart des embranchements du monde animal ; parmi les quelques trente cinq identifiés à ce jour (voir note en fin de paragraphe), seuls

4

dans le monde animal

un tiers environ peuvent être considérés comme complètement privés d'yeux, encore s'agit-il de phyla rares.

L'œil est peut-être apparu plusieurs fois indépendamment, ou une seule fois chez un ancêtre commun aux vertébrés, aux arthropodes, aux mollusques etc…, sa structure s'étant ensuite différenciée au fil de l'évolution. Il est encore difficile de trancher, mais l'hypothèse d'une apparition unique n'est plus exclue.

Au grand jeu de la reconstitution de l'évolution, la morphologie oculaire est l'une des plus notoirement difficiles, et il est tout à fait remarquable que les systèmes visuels mis en œuvre dans le monde animal présentent entre eux des liens très différents de ceux que retrace l'évolution phylogénétique.

Par exemple, certaines classes n'ont pas d'yeux, alors que leurs proches parents en ont. Ainsi en va-t-il par exemple des protoures qui n'ont pas d'yeux, bien qu'ils fassent incontestablement partie des arthropodes qui sont le plus souvent munis d'yeux.

Il faut donc qu'au cours de l'évolution les yeux aient parfois disparu. Ceci ne crée pas de difficulté de principe, et on connaît des espèces cavernicoles privées d'yeux et très proches parentes d'espèces voyantes. De toute façon, si l'évolution a pu amener l'œil à disparaître pour certaines espèces, il s'agit d'exceptions, et la règle est que l'œil s'est bien maintenu au fil des millions d'années de son parcours dans le monde animal.

Il reste pourtant qu'une petite moitié des embranchements ne possèdent jamais d'yeux, que l'absence d'yeux apparaît dans un nombre d'ordres significatif, et surtout que sa distribution ne se déduit pas simplement de la structure phylogénétique générale. C'est ainsi par exemple, que des espèces cavernicoles appartenant à des ordres les plus divers sont anophtalmes : il y a moins de voyants sous-terre et dans les cavernes.

On parle d'adaptation convergente ou de convergence pour

5

désigner des proximités qui ne résultent pas de manière immédiate de la position des espèces dans l'arbre du vivant. En ce sens, le système visuel a fait l'objet fréquemment de convergence.

Outre l'absence d'yeux, les exemples sont très nombreux, mais les plus fameux sont probablement l'existence d'yeux camérulaires à la fois chez les vertébrés et les céphalopodes (convergence de mollusques et de vertébrés), et d'yeux à cristallin sphérique communs aux cétacés et poissons (évolution convergente de mammifères et de poissons), qui font que dans le principe, les baleines et les calmars ont des yeux d'un fonctionnement général assez proche eu égard à leur grand éloignement dans l'arbre des ordres du vivant. In fine, selon la phylogénie, les oursins et les étoiles de mer sont résolument plus proches de la baleine que ne l'est le calmar, mais cela ne ressort pas du tout de l'examen de leurs organes de la vue : par certains traits, l'œil de la baleine est même plus proche de celui du calmar qu'il n'est de l'œil humain, puisque ces deux espèces ont des cristallins sphériques à la différence de nous !!!

Autre exemple de convergences possibles : les yeux constitués par de simples cupules tapissées de quelques cellules photosensibles existent dans de multiples ordres différents, mais sous des réalisations aux détails si divers qu'ils pourraient bien avoir été réinventés plusieurs dizaines de fois... La vision n'a peut-être été inventée qu'une seule fois, mais les appareils visuels semblent bien, eux, avoir été revus plusieurs fois, et être repassés par les mêmes chemins dans certaines de ces révisions : La réinvention de systèmes visuels proches dans des ordres éloignés doit souvent être interprétée comme résultat d'un processus de convergence évolutive.

Ainsi, tout semble ainsi se passer comme si la configuration des yeux avait été révisée souvent, et était parfois repassée par le même chemin lors de certaines de ces révisions.

Cependant si ces révisions sont fréquentes, il ne faut pas non plus croire que la conception des yeux change systématiquement en quelques générations : l'œil composé avec des ommatidies formées de quatre cellules cristallines disposées en cône, huit cellules photorécetrices et deux cellules cornéennes, existe probablement depuis plus de 380 millions d'années, et c'est de nos jours encore l'œil de la majorité des insectes et des crustacés, celui des abeilles, scarabées, sauterelles, fourmis, libellules, etc…

Par ailleurs, si l'existence d'yeux est fréquente dans les différents embranchements du règne animal, les « bons yeux » présentant une optique véritable avec formation d'une image claire sont beaucoup plus rares et ne concernent, en gros, que 3 embranchements des métazoaires : les chordés, les arthropodes et les mollusques. Les annélides présentent encore des espèces aux yeux assez sophistiqués, et on trouve même çà et là quelques rares curiosités parmi les cnidaires ou les onychophores.

Evidemment, il ne faut pas perdre de vue que les trois embranchements évoqués sont les plus fournis en espèces diverses, et en rassemblent à eux seuls plus de 95%. On pourrait donc, à l'inverse, interpréter l'équipement d'un appareil visuel comme un grand avantage évolutif du fait qu'il concerne la grande majorité des espèces. Ainsi, l'œil semble avoir joué un rôle important dans la sélection naturelle, à moins que ce ne soit la sélection qui ait facilité l'émergence des yeux…. Qui est l'œuf, qui est la poule ? Eternel dilemme des principes de la sélection naturelle.

Il n'est pas clair qu'il faille privilégier l'une ou l'autre direction ; d'ailleurs, du point de vue de l'évolution, l'appareil visuel se situe résolument entre descendance et convergence : les deux tendances « opposées » du processus d'évolution.

Certains éléments se préservent remarquablement et peuvent être pris comme marqueurs fiables de la descendance, mais il y a aussi beaucoup de systèmes visuels dont le fonctionnement est proche alors qu'on les trouve dans des emplacements lointains de l'arbre phylogénétique : la proximité du fonctionnement résulte pour ces espèces d'un processus d'adaptation à l'environnement.

On notera que la notion d'œil reste plutôt attachée au règne animal, même si certaines dinophytes sont pourvues de sortes d'éléments luminosensibles qui, si on les assimile à des yeux, sont les plus petits sur terre puisque avec des dimensions de l'ordre de $5\mu$. L'évolution aurait-elle inventé l'œil plusieurs fois ?

Les systèmes visuels sont toujours plus ou moins adaptés au mode de vie, et d'ailleurs, en règle presque absolue ils sont très bien adaptés en sorte qu'on peut facilement édicter des règles liant la fonction et l'organe. Dans cet esprit, on pourrait citer la prépondérance des bâtonnets sur les rétines des vertébrés nocturnes, la courbure importante des cornées des espèces diurnes, etc... Les exemples sont nombreux.

Il faut bien comprendre qu'identifier la grande aptitude des systèmes visuels à converger, est strictement équivalent à leur reconnaître la possibilité d'utiliser l'ancien adage « la fonction crée l'organe», même si cette manière de dire reste, bien sûr, une hérésie scientifique. Autrement dit, l'adaptation des yeux aux conditions de vie des êtres qu'ils équipent est un phénomène patent, susceptible d'être objet de lois biologiques.

Cependant, ce type de loi peut presque toujours être mis en défaut par un contre-exemple ou un autre, et il est assez remarquable que, concernant une fonction qui paraît aussi bien définie que la vue, il soit si difficile d'établir des lois constantes au travers du monde biologique.

Par exemple, il est presque vrai que les animaux marins pourvus d'yeux camérulaires ont opté pour une option d'optique à cristallin sphérique d'indice optique variable pour limiter l'aberration géométrique. Pourtant, ce n'est pas le cas de copilia, copepode aquatique aux yeux simples équipés d'un système de lentilles, etc... Mais au fait, ce ne sont pas les exemples qui manquent : il y a au contraire très peu de contre-exemples, et tout se passe comme si le créateur avait voulu s'ingénier à défier le chercheur et avait inventé à dessein des systèmes exotiques pour mettre hors d'état le physiologiste d'édicter quelque loi générale, dont son esprit eût été si satisfait.

Il est si évident que les organes « luminophiles » de tous les animaux partagent l'avantage pour l'être qu'ils équippent de lui permettre de voir. Pour mieux appréhender ce qu'est la vision, on voudrait trouver des dénominateurs communs à toutes ces dispositions ; quelque chose qui soit plus profond que la simple évidence, le constat brut que cet organe sert à voir. On trouvera d'ailleurs au cours de la revue qui suit un certain nombre de tendances qui confirment que les organes de la vue dépendent beaucoup du mode de vie.

Mais, s'il existe des règles passablement fréquentes, les générales sont très rares, et obligés qu'on est d'admettre que les organes en question doivent bien présenter des avantages, on est presque contraint de se demander si nous voyons tous la même chose. Qu'est-ce donc que voir ? Est-ce la même chose pour l'homme que pour le cheval, pour l'aigle et pour la grenouille, pour l'escargot et pour la libellule, pour une méduse, pour un ver solitaire ?

Poser la question, c'est y répondre. Cependant, l'examen de ces différences permettra sans doute de mieux comprendre les spécificités de notre manière de voir.

On s'intéresse aux animaux et à la vision depuis toujours. Aristote en a laissé une description assez copieuse et Pline l'ancien en parlait déjà dans son histoire naturelle il y aura bientôt deux mille ans. Tous les grands naturalistes classiques de Buffon à Darwin en passant par Lamark, Linné et tant d'autres en ont parlé. Parmi les grands noms qui se sont occupés du sujet plus récemment on pourrait citer Ramon y Cajal (la rétine des vertébrés 1894), ou encore les travaux de George Wald sur la photodétection et la chimie des opsines, ceux de Keffer Hartline sur les yeux de la limule et l'inhibition latérale ou encore ceux de Karl von Frisch sur la vision et le comportement des abeilles, travaux qui ont valu un prix Nobel à chacun de ces savants. On pourrait également citer les excellents livres plus récents de l'Anglais Michael F Land, que son collègue R. Dawkins surnomme « le roi Midas de la recherche sur les yeux des animaux »... Il n'y a guère de génération qui ne se soit occupé de cette étude en sorte que les connaissances n'ont cessé de s'accumuler. Il semble même y avoir une accélération du phénomène : Une proportion importante des faits exposés ici était inconnue ou ne pouvait être que devinée il y a une centaine d'années. La vision des animaux est maintenant un sujet très vaste et même presque une spécialité à part entière. Un livre de taille raisonnable ne saurait en faire le tour tant l'accumulation des connaissances est devenue importante. Ce livre portant sur un sujet qui forme une discipline entière est nécessairement loin d'être exhaustif. Aussi bien n'est-ce pas son propos : le spécialiste ne trouvera rien qu'il ne sache déjà et c'est à l'amateur de bonne volonté qu'il s'adresse directement.

Les informations qui ont été rassemblées dans ce livre ne sont pas de première main, mais résultent d'un travail de compilation effectué sur des sources assez diverses (livres, articles de revue, publications scientifiques, sites internet). Rien ne garantit strictement leur pertinence, et le risque de recopie d'information erronée que l'on est obligé de prendre dans tout travail de compilation n'est pas nul. Néanmoins, les recoupements qui ont pu être effectués dans le fonds d'informations qui a servi de base ne sont pas négligeables, et les éléments dont la véracité semblait peu assurée ont été évidemment écartés, en sorte que l'essentiel du livre peut être tenu comme pratiquement assuré.

On trouvera d'ailleurs à la fin du livre une bibliographie sommaire qui regroupe les plus notables des ouvrages qui

dans le monde animal

m'ont servi de source. On s'étonnera peut-être qu'ils soient tous en Anglais. Il n'y a pas de parti pris en ce sens de ma part ; c'est seulement que je ne connais pas de livre traitant de ces sujets en Français ; je n'en ai pas trouvé non plus sur Internet.

Pour ce qui est des illustrations, il y en a en assez grand nombre, dont la plupart sont seulement des croquis d'animaux destinés uniquement à agrémenter le texte en en rompant la monotonie. D'autres images sont plus techniques, et d'ailleurs, à la différence des précédentes, la plupart de ces courbes, schémas ou graphiques ne sont pas originaux : Ils proviennent de sources diverses dont certaines se trouveront dans la bibliographie, d'autres peut-être pas : je n'ai pas gardé trace de ces sources et m'excuse par avance si certains devaient se sentir lésés par un procédé qui m'a fait reproduire leurs œuvres, animé uniquement par l'idée de communiquer l'enthousiasme qu'elles m'avaient transmis.

Au fil de la lecture, j'espère qu'on éprouvera la même fascination que celle que je ressens face à l'étonnante variété des modèles que la nature a retenus comme base du design des yeux.

Note : Les 34 embranchements considérés ci-après sont les suivants : *Acanthocéphales, Acoelomorphes, Annélides, Arthropodes, Brachiopodes, Bryozoaires, Chaetognathes, Chordés, Cnidaires, Ctenophores, Cycliophores, Echinodermes, Entoproctes, Gastrotriches, Gnathostomulides, Hémichordés, Kinorhynches, Loricifères, Micrognathozoaires, Mollusques, Nématodes, Nematomorphes, Némertes, Onychophores, Orthonectides, Phoronides, Placozoaires, Plathyhelminthes, Porifères, Priapulides, Rhombozoaires, Rotifères, Siponcles, Tardigrades.* Les principaux regroupements phylogénétiques et une indication des abondances en espèces sont représentés sur le schéma.
La phylogénie complète des métazoaires est encore en chantier. Toutes les filiations n'ont pu être reconstituées avec un plein accord forçant l'adhésion entre les diverses approches (morphologie, biologie moléculaire, génétique etc...), même si un certain optimisme

semble licite sur la possibilité de l'achèvement des grandes lignes du classement dans un futur assez proche. Le tableau ci-contre n'est pas le résultat des dernières recherches, mais correspond à une honnête moyenne. Les embranchements utilisés présentent déjà une certaine abondance qui devrait encore s'augmenter de recherches futures, mais cela ne doit pas masquer que l'immense majorité des non-deutérostomiens parmi les bilatères se retrouvent dans les ecdysozoaires, platyzoaires et lophotrochozoaires, avec pour chacun de ces groupes deux embranchements principaux qui sont respectivement les arthropodes et nématodes, les plathelminthes et les rotifères, enfin les mollusques et les annélides. Et d'ailleurs, à tout bien considérer, on peut encore forcer le trait et considérer que les protostomiens étant constitués des ecdysozoaires et des lophotrochozoaires, sont formés des arthropodes et des mollusques, ainsi que de leurs parents respectifs. C'est ce que faisaient à peu près tous les naturalistes il n'y a guère plus d'un siècle et demi.

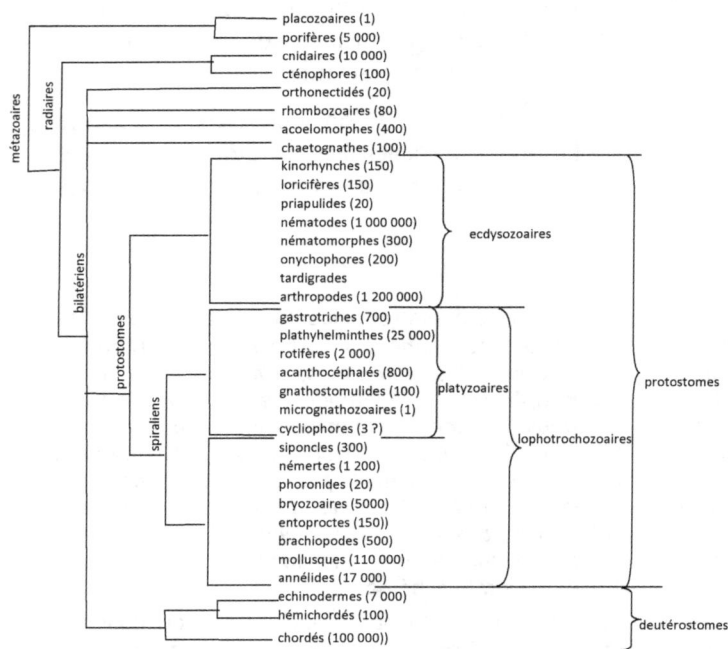

**les embranchements du monde animal**

## B. *Revue des appareils visuels de diverses espèces*

La présente section passe rapidement en revue les appareils visuels des principales branches du règne animal. On y a adopté une approche anthropocentrée : supposant connue la vue humaine, on s'est éloigné petit à petit de notre espèce sur l'arbre phylogénétique. Comme le disait déjà au XVIII° siècle Buffon dans sa manière de traiter l'histoire naturelle : « *Cet ordre, le plus naturel de tous, est celui que nous avons cru devoir suivre. Notre méthode de distribution n'est pas plus mystérieuse[...] : nous partons des divisions générales, [...] et que personne ne peut contester ensuite nous prenons les objets qui nous intéressent le plus par les rapports qu'ils ont avec nous; de-là nous passons peu à peu jusqu'à ceux qui sont les plus éloignés* »

En commençant par les primates on trouvera donc successivement les mammifères, les vertébrés, puis les invertébrés. Nous nous sommes ainsi décidés pour un plan en sept sections définies selon le schéma ci-dessous (les numéros sont ceux de nos paragraphes).

L'arbre phylogénétique utilisé est de type traditionnel avec une structure en embranchements, classes, ordres, etc… Des divisions classiques quoique notoirement non-monophylétiques comme celles des reptiles, des poissons, des crustacés, etc… ont même été conservées. Une approche plus cladistique serait certainement intéressante, mais aurait exigé, non seulement un développement sans rapport, mais aussi des recherches de laboratoire car le détail de la vision n'a pas fait l'objet d'études pour toutes les espèces.

La revue ainsi obtenue a en outre dû être corrigée et on a dû spécialiser la description d'un certain nombre de groupes qui se définissent à partir des précédents, non pas en remontant, mais au contraire en descendant l'arbre phylogénétique.

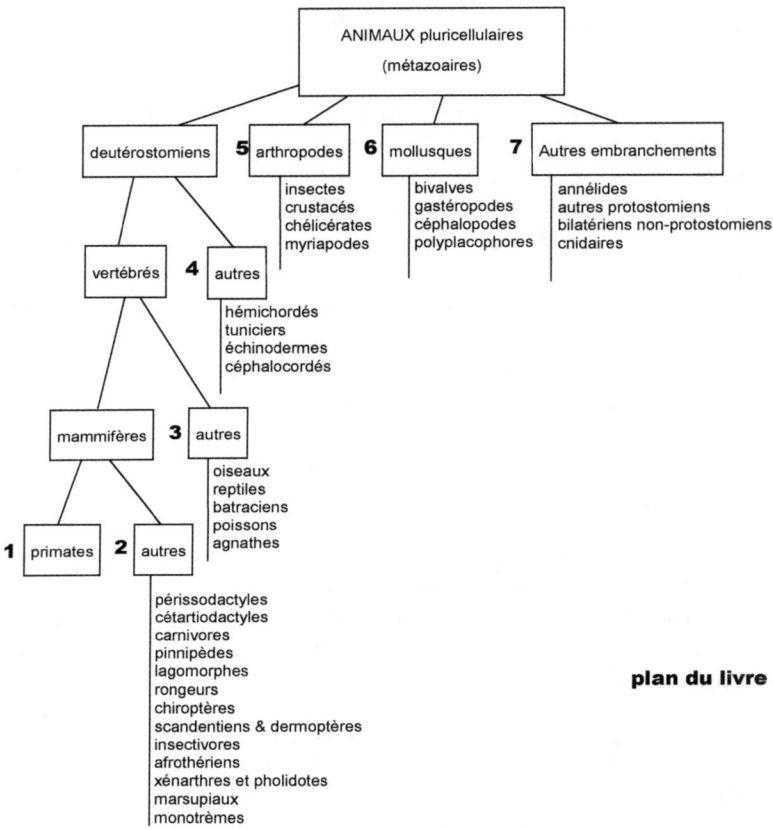

plan du livre

En effet, les divergences qu'on constate sur la vision en s'éloignant de l'homme ne marchent pas asssez régulièrement pour qu'un plan purement « anthropofuge » soit intéressant.

Même ainsi reprise, l'approche n'est pas sans défauts : mettre au même niveau la vision des myriapodes et celle des oiseaux est tout à fait douteux à presque tous les points de vue ; traiter dans un même chapitre « autres mammifères » la vision de la taupe et celle du lynx ou du cheval, voire dans un même paragraphe sur les rongeurs le rat taupe et l'écureuil volant est faire insulte à la grande différence des qualités visuelles qui existe entre ces espèces.

La vision varie d'espèce à espèce de manière significative ; elle dépend d'autres facteurs que la simple phylogénie, et en particulier de la taille et des habitudes comportementales. La vision est loin d'être continûment répartie sur l'arbre du vivant, et il n'est pas peu étonnant qu'au nombre des espèces bien voyantes, il faille compter non seulement l'homme ou les oiseaux ainsi que d'autres mammifères et vertébrés, mais même certains mollusques ou arthropodes !

Le propos a été également limité sur tout ce qui concerne les voies visuelles amont, c'est-à-dire au-delà du nerf optique vers le cerveau chez les mammifères, et les fonctions analogues chez les autres animaux. Ces questions du plus haut intérêt manquent encore de maturité et le sujet aurait requis un traitement disproportionné.

Les aspects expérimentaux et comportementaux n'ont eux-aussi été évoqués qu'en passant, et le thème principal concerne donc la configuration des yeux, même si des considérations générales sur la vision sont bien sûr présentées çà et là.

La vision

## 1.   Primates

A tout seigneur tout honneur, et comme nous appartenons à cette catégorie relativement homogène d'animaux que sont les primates, commençons par en identifier les principales caractéristiques des organes de la vision.

Il convient de noter d'entrée de jeu un point très significatif : chez tous les primates, comme pour nous-mêmes, la vision est un sens très important, plus important que chez la plupart des autres mammifères. Nous et nos cousins sommes des

« mammifères visuels ». Ceci se note en particulier de l'ampleur des zones visuelles sur le cortex cérébral.

Tous les primates sans exception, ont des yeux complètement développés.

Par ailleurs, l'oeil des primates est toujours très proche de celui de l'homme. Il n'en diffère pour ainsi dire que par quelques particularités qui sont surtout la taille, la présence ou non d'une fovée et celle d'un tapis clair (tapetum lucidum), ainsi que par la courbure de la cornée, le filtrage des UVs par le cristallin, et le nombre des différentes nuances de cônes.

**microcèbe de Madame Berthe**
( *microcebus Berthae* )

5 cm

Ce sont ces différences dont nous nous proposons de revoir les grandes lignes.

Sans trahir les descriptions qui viennent on peut déjà dire que mis à part, peut-être, l'absence de tapetum, l'œil humain nous semble être « le meilleur des yeux des primates », à tout le moins pour ce qui est de la vision de jour. Faut-il voir dans cette affirmation le retour de l'anthropocentrisme ?

Certainement pas dans la mesure où les méthodes utilisées semblent présenter les meilleures garanties possibles d'objectivité. Le fait reste donc assez étrange. Notre humanité nous imprègnerait-elle plus profondément que nous ne sommes prêts à l'admettre ?

## a) Généralités

L'ordre des primates est divisé en strepsirrhiniens et haplorrhiniens. Les premiers possèdent une truffe et des cils vibratiles (lémurs, loris, aye-aye) les seconds un nez véritable (tarsiers, singes, et homme).

Ce sont des animaux de taille moyenne, dont le plus petit, le microcèbe de Mme Berthe, pèse dans les 30 grammes et le plus gros, le gorille des montagnes (*gorilla beringei*) atteint les 200 kg.

Pour ce qui concerne la vision, il faut d'abord distinguer les primates diurnes et les nocturnes.

La plupart des strepsirrhiniens sont nocturnes, alors que les haplorrhiniens sont essentiellement diurnes. On notera que quelques lémurs (eulemur et hapalemur) vivent indifféremment de jour ou de nuit (comportement cathérémal).

Cependant, quoique de nos jours le style de vie des primates soit sensiblement diversifié, les caractéristiques de l'appareil visuel, et notamment le grand nombre de bâtonnets et la présence fréquente d'un tapetum lucidum, laissent à penser à un comportement nocturne pour « l'ancêtre commun » au sens de Darwin.

Le tableau ci-après détaille un peu mieux la situation.

# dans le monde animal

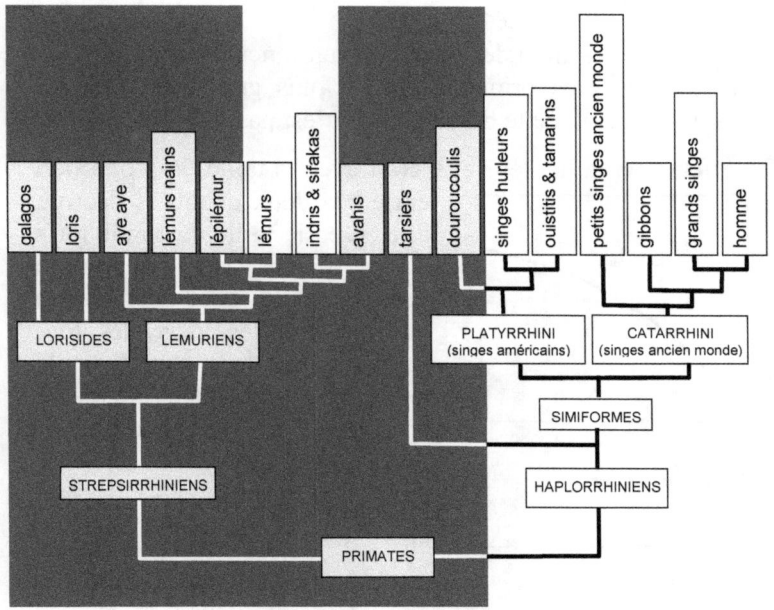

**mode de vie des principaux primates**
sur fond clair les espèces diurnes sur fond sombre les espèces nocturnes

NOTE : En France, les lémurs vrais (*lemuridae*) s'appellent également makis, comme à Madagascar. Le terme lémur étant Anglais a tendance à être plus utilisé de nos jours.

## b) Taille des yeux

Bien entendu, la taille des yeux croît en fonction de la taille de l'animal : les gros primates ont de plus gros yeux que les petits. Cependant, cette décroissance n'est pas proportionnelle.

En effet, si la taille des yeux croît avec la taille, la proportion entre ces deux quantités décroit, elle, avec la taille de l'individu : c'est la loi de l'allométrie positive ou loi de Haller (Note) qui fait que les yeux des tout petits tarsiers leur « mangent la tête », tant ils semblent grands en proportion. Le principe en est illustré sur les figures ci-contre.

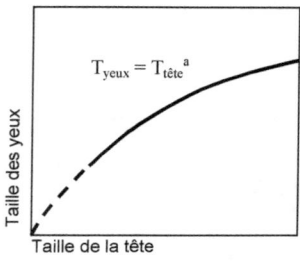

$T_{yeux} = T_{tête}{}^a$

Taille des yeux

Taille de la tête

**loi de Haller**

Elle peut s'écrire : $T_{yeux} = T_{tête}{}^a$ où a est un exposant caractéristique, $T_{yeux}$ la taille des yeux, et $T_{tête}$ la taille de la tête.

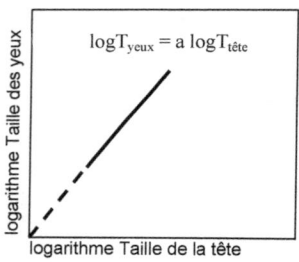

$\log T_{yeux} = a \log T_{tête}$

logarithme Taille des yeux

logarithme Taille de la tête

Cette loi, qui est bien sûr essentiellement une loi statistique, s'exprime plus simplement si au lieu de comparer directement la valeur de la taille de la tête à celle des yeux, on compare entre eux les logarithmes de ces valeurs. On obtient en effet entre ces dernières une relation de proportionnalité bien plus facile à mettre en évidence.

Note : Cette loi, qui a d'ailleurs d'abord été énoncée pour le système nerveux humain, doit son nom au savant Suisse Albrecht von Haller qui l'a publiée en 1762 dans ses *elementa physiologiae corporis humani.*

La loi de Haller ne fait qu'affirmer l'existence d'une régression linéaire entre les logarithmes de la taille des yeux et de la tête, ce qui n'est pas grand-chose. Pour ce qui concerne les yeux, on peut, préciser un peu la règle à utiliser : le coefficient ci-dessus, c'est-à-dire la pente de la droite de corrélation entre le logarithme du diamètre des yeux et celui de la profondeur de la tête est de l'ordre de 0,7. Autrement dit :

$$T_{yeux} \# T_{tête}^{0.7}$$

La loi, en puissance et non en proportion, n'est d'ailleurs pas spécifique aux primates, et s'applique plus ou moins à l'ensemble du règne animal, en sorte qu'on trouve des corrélations « taille des yeux-taille de l'organisme » dans la plupart des familles d'animaux. Bien évidemment, l'étude de ces corrélations est intéresante en ce qu'elle permet de dégager une sorte de signification plus absolue à la notion de taille des yeux. Il en résulte que l'homme appartient aux primates à grands yeux, déduction faite de l'impact de la taille, pourrait-on dire.

**Tarsier des Philippines**
*Tarsius syrichta*

5cm

Par ailleurs, ces relations logarithmiques s'appliquent également assez bien à certains sous-groupes.

Ainsi, si on distingue les primates diurnes des primates nocturnes, on trouve, en coordonnées log-log, deux droites légèrement décalées quoique sensiblement parallèles (voir figure) : Les primates nocturnes ont tendance à avoir de plus grands yeux.

D'ailleurs ceci n'est pas spécifique aux primates et c'est une orientation générale : les animaux nocturnes ont tendance à avoir de plus grands yeux que leurs parents proches diurnes.

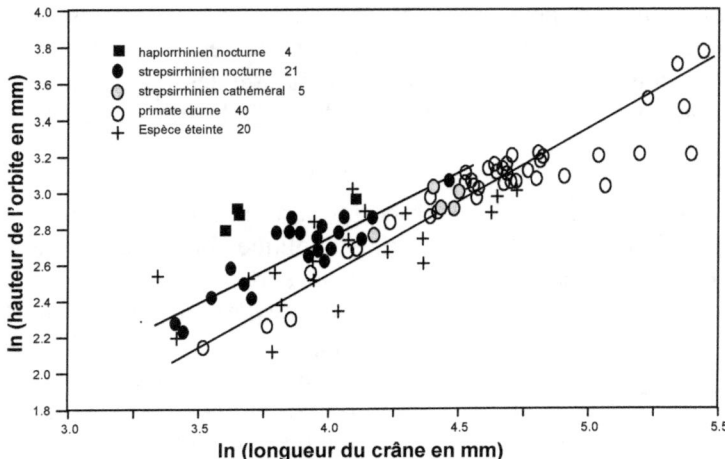

La taille du nerf optique, que l'on peut assimiler à celle du trou optique, varie également nettement entre les primates diurnes et les nocturnes : elle est sensiblement plus grosse pour les premiers, et ceci s'explique par l'effet de sommation qui est observé par ailleurs sur les bâtonnets (il faut plusieurs bâtonnets pour alimenter une cellule ganglionnaire, alors que le nombre de ganglionnaires et celui des cônes qui leur sont connectés est sensiblement équivalent). Cet état de fait est bien connu des paléontologues qui peuvent aisément mesurer la traille du trou optique des ossements qu'ils étudient.

On verra plus bas que les primates forment également un ordre à grands yeux parmi les mammifères. En revanche, quoiqu'ils aient des yeux de taille raisonnable, les mammifères ne forment pas une classe exceptionnelle à cet égard : Les oiseaux nous sont supérieurs, ainsi d'ailleurs que certains céphalopodes.

Enfin, la décussation partielle au droit du chiasme optique est également spécifique des primates. Chez les autres mammifères, le croisement est total pour au moins une catégorie de fibres optiques.

dans le monde animal

### c)    *Optique et fonctionnement général*

L'optique des yeux des primates est assez uniforme. On y trouve cependant trois points importants de variations, qui sont :

- Le mode de contraction de la pupille, plus ou moins associé au gradient d'indice optique du cristallin
- L'opacité du cristallin aux rayons Ultra-violets
- La courbure de la cornée.

La majorité des primates, et l'homme bien sûr, utilise la contraction circulaire de la pupille et une optique monofocale (voir la section optique du paragraphe sur les autres mammifères). Cependant, certains galagos et certains loris ont des yeux à optique mulltifocale, et des pupilles qui se contractent sous forme de fentes verticales. Nous verrons plus loin que ces différences ne sont pas propres aux primates, mais existent à travers tout le monde des vertébrés.

Le cristallin des haplorrhiniens, sauf les douroucoulis (aotus), filtre les UVs de manière particulièrement sévère, et pour tout dire unique chez les vertébrés.

Typiquement, le cristallin des tarsiers, singes et homme est pratiquement opaque dès les $0,36\mu$, alors que les yeux de la plupart des autres mammifères ne le sont pas avant $0,34\ \mu$ et souvent assez au-delà. Cette absorption des courtes longueurs d'ondes par le cristallin est encore renforcée par l'action des pigments de la tache jaune, et on pense qu'elle contribue à améliorer l'acuité visuelle en limitant l'aberration chromatique.

Une dernière caractéristique distingue l'optique des yeux des primates diurnes de celle des autres mammifères.

C'est l'importance de la courbure de la cornée, ou si on préfère, celle du rapport entre le rayon cornéen et le diamètre oculaire. Dit autrement : le grossissement optique de la cornée est particulièrement important chez les haplorrhiniens diurnes, y compris les hommes, bien évidemment

Pour fixer les idées, chez les primates nocturnes et cathérémaux, le diamètre de la cornée sera de l'ordre de 3/5 ou 4/5 de celui de l'œil. Ce rapport tombe vers 1/2 chez les primates diurnes.

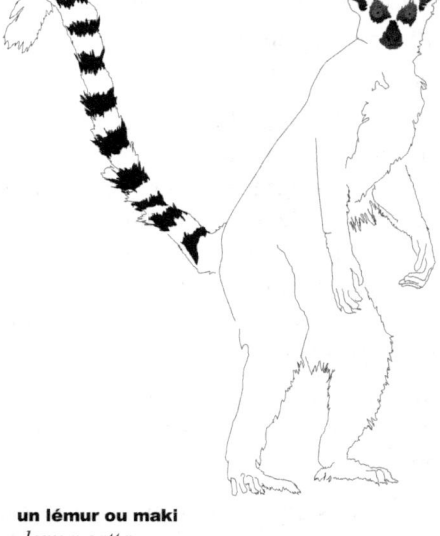

Ces trois caractéristiques (contraction circulaire, filtrage des UV et courbure prononcée de la cornée) vont dans le même sens : amélioration de l'acuité, quitte à amoindrir la sensibilité. (cette question est encore discutée au paragraphe suivant sur les mammifères).

**un lémur ou maki**
*lemur catta*

Pour ce qui est des muscles oculomoteurs et des mouvements de l'œil, les singes semblent, là encore, très proches de nous.

En particulier, on retrouve chez eux le microtremblement, la dérive et les microsaccades, avec des amplitudes et fréquences similaires aux nôtres.

Cependant, les yeux du tarsier sont fixés dans ses orbites, et il compense ce handicap par les mouvements de son cou qui est très mobile et peut tourner quasi complètement à 180°, comme celui de la chouette.

A un titre qui parait moins essentiel pour ce qui concerne le pur fonctionnement de la vision, on remarquera que, sauf l'homme, les primates ont une choroïde teintée, en sorte que l'iris ne ressort pas sur un fond blanc, comme elle le fait chez les humains. Il est de ce fait moins facile d'identifier la direction du regard :

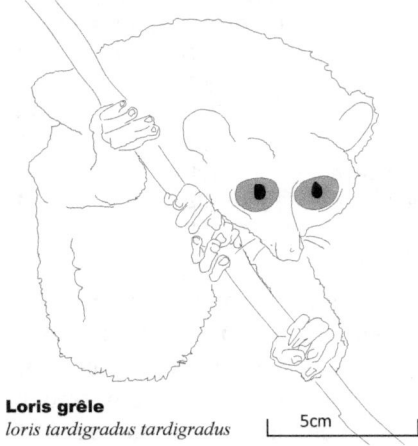

**Loris grêle**
*loris tardigradus tardigradus*

5cm

Le fort contraste qui existe chez l'homme entre l'iris et la sclérotique, et qui fait qu'on sait vers où regarde son interlocuteur, a bien sûr un rôle très important dans la communication visuelle humaine, alors que cette communication est vraisemblablement plus précaire chez nos cousins.

### d) Densité des cônes - acuité

On a pu estimer l'acuité visuelle de certains primates en tenant compte à la fois de la densité de leurs cônes sur la rétine, des propriétés optiques de leurs yeux, ainsi que de tests psychophysiques divers.

Le tableau suivant présente un certain nombre de résultats. Même si ces chiffres doivent être interprétés avec une certaine réserve due à la nature du sujet, la variabilité des sources, les méthodes utilisées, etc…, il reste bien sûr frappant que la résolution de l'œil humain paraisse la meilleure de notre ordre, mais il est vrai que nous sommes également parmi les plus grands des primates.

| | densité cônes ($10^3$ /mm$^2$) | résolution théorique (cycles/degré) |
|---|---|---|
| microcebus murinus (lémurs) | 8 | 4 |
| galago | 8,5 | 8 |
| aotus | 16,3 | 14 |
| tarsier | 50 | 18 |
| macaca fascicularis (macaque de Java) | 100 | 36 |
| cebus apella (sapajou de Guyane) | 169 | 44 |
| callithrix jacchus (ouistiti commun) | 190 | 30 |
| homme | 199 | 67 |

**macaque rhésus**
*macaca mulatta*

La division entre strepsirrhiniens (lémurs, loris) et haplorrhiniens (singes) est encore visible dans ce que les premiers ne possèdent en général pas de fovée à la différence des seconds. Ils possèdent cependant une area centralis, comme la plupart des mammifères, mais celle-ci ne forme pas de dépression sur la rétine en accord avec le fait qu'elle est moins densément pavée de photorécepteurs.

On notera que la présence d'une fovée, qui, rappelons le, concerne tous les haplorrhiniens sauf les douroucoulis, est un phénomène unique chez les mammifères, alors qu'il est normal chez les oiseaux, fréquent chez les reptiles et qu'on l'observe aussi chez les poissons.

## e)    *Vision des couleurs*

Les catarrhiniens et nous-mêmes bien sûr, sommes trichromates.

Ceci représente encore une singularité non seulement par rapport au reste des primates et notamment les platyrrhiniens (singes Américains) qui ne sont que dichromates, mais même par rapport à tout le reste des mammifères, dont certains n'ont pas même de cônes et qui ne sont pour ainsi dire jamais mieux que dichromates. Encore une fois, l'œil de ces primates particuliers dont nous faisons partie a convergé vers celui des oiseaux et des reptiles.

Du point de vue de l'évolution, c'est là encore un cas de

**aye aye**
(*daubentonia madagascariensis*)

convergence car on peut penser que l'ancêtre commun aux vertébrés était vraisemblablement polychromate, au moins tri- et même probablement tétra-chromate, comme la majorité des oiseaux, des reptiles et des poissons téléostéens.

D'un autre côté, il semble à peu près clair que l'ancêtre commun des mammifères était, lui, seulement bi-chromate, à l'instar de l'immense majorité de sa descendance. Il faut donc que les primates catarrhiniens aient effectué une convergence évolutive vers des cousins éloignés pour se retrouver plus proches d'eux que les autres mammifères…

On peut également signaler que le dichromatisme des platyrrhiniens (singes américains) est de fait un peu particulier, car un gêne rouge/vert polymorphe est présent sur le chromosome X, en sorte que tous les mâles sont dichromates ainsi que les femelles homozygotes, alors que les femelles hétérozygotes sont trichromates.

### *f) Tapetum lucidum*

Comme beaucoup d'espèces nocturnes, les strepsirrhiniens, sauf les genres eulemur et varecia, possèdent un tapetum lucidum. Ce tapis clair est composé de pigments réfléchissants situés derrière la rétine, sur la choroïde. C'est lui qui est cause que les yeux paraissent comme phosphorescents la nuit lorsqu'ils sont éclairés.

Le rôle du tapis clair semble assez nettement établi : il permet à la lumière de passer deux fois au travers de la rétine, et augmente donc la sensibilité de l'œil. Le handicap du tapis clair est que la lumière doive passer deux fois au travers de la rétine en deux points légèrement distincts si peu soient-ils, et se retrouve, de surcroît, partiellement diffractée dans l'œil : La récupération de lumière se fait au détriment de la qualité de l'image. Autrement dit le tapis clair augmente la sensibilité à la lumière au détriment de l'acuité.

Cette explication simple trouve une manière de confirmation dans le fait que les tapis clairs se trouvent de manière

**douroucouli**
(*aotus trivirgatus*)

préférentielle chez les espèces nocturnes, auxquelles la sensibilité à la lumière est évidemment d'une grande utilité. Pourtant, cela n'explique pas pourquoi certaines espèces diurnes comme propithecus ou lemur ont des tapis clairs, alors que les tarsiers nocturnes n'en n'ont pas...

Le tapetum lucidum des primates nocturnes est qualifié de cellulosum, car il est à base de cristaux de riboflavine. Quoique propre aux primates, ce type de tapis clair ne leur est cependant pas entièrement spécifique et on le rencontre chez quelques autres mammifères.

Parmi les primates nocturnes, tarsius (tarsier) et aotus (douroucouli) compensent l'absence de tapetum par l'immensité de leurs yeux. Ainsi le Tarsier des Philippines dont la taille n'excède guère 15cm a-t-il des yeux de 16mm de diamètre ; plus gros que son cerveau !! (Pour plus d'information sur les tapis clairs, voir plus bas au paragraphe sur les mammifères.)

### g)    Conclusions et innovations

La diversité des yeux des primates est grande. Elle touche la plupart des paramètres de base de l'œil camérulaire :

☐    Taille des yeux

☐    Forme de la pupille

☐    Grossissement de la cornée

☐    Densité et typologie des photorécepteurs

Cette diversité se relète aussi bien dans l'acuité que dans la vision des couleurs ou la vision de nuit.

**bonobo**
( *pan paniscus* )

Il reste, à l'issue de cette revue un goût de triomphe pour les hommes et les grands singes proches de nous comme les chimpanzés et les bonobos : La vision des primates plus éloignés est peu innovante par rapport à la nôtre et il est vraisemblable que nous voyions mieux qu'eux, le jour à tout le moins.

Pourtant, notre vision nocturne pourrait bien n'être que moyenne : chez nos cousins mieux équipés pour la vision de nuit, apparaît une innovation dont nous ne pouvons que deviner les mérites : le tapetum.

## 2.  Autres mammifères

Entre la musaraigne étrusque (*suncus etruscus*) (insectivores) ou la Kitti à nez de porc (*Craseonycteris thonglongyai* ) (chiroptères) qui ne pèsent qu'environ 2g, et l'éléphant d'Afrique (proboscidiens) qui atteint les 5 tonnes, voire la grande baleine bleue (cétartiodactyles) et ses 170 tonnes, voilà les mammifères : C'est actuellement la classe des animaux les plus grands.

Presque tous les mammifères sont pourvus d'yeux fonctionnels. Seules font exception quelques espèces sous-terraines, telles la taupe dorée (chrysochloridae − taupe africaine) ou l'Itjaritjari (taupe marsupiale) qui n'ont que des yeux vestigiaux. Le rat taupe (spalax ehrenbergi) est aveugle, et ses yeux minuscules, d'un diamètre de 0,6 mm environ, sont enfouis sous la peau.

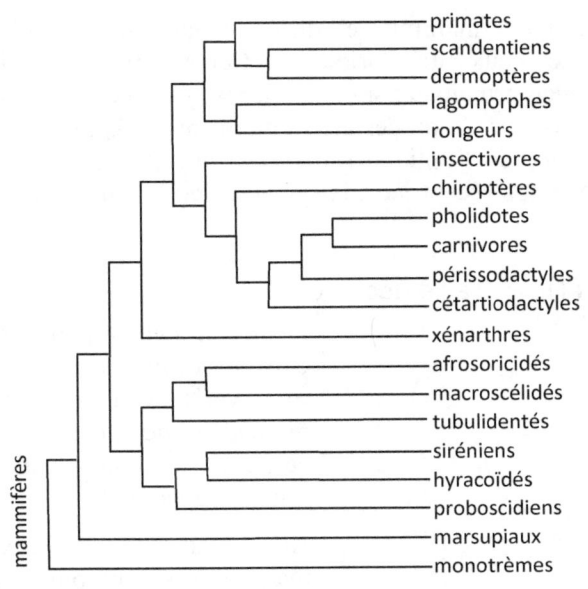

**phylogénie des mammifères**

31

Note :

Les mammifères sont supposés ici comprendre quinze à vingt ordres : Les primates, les scandentiens (toupayes, ptylocerques), les dermoptères (cynocéphale), les lagomorphes (lapins, ...), les rongeurs (souris, écureuils, etc...), les eulipotyphles ou insectivores (hérissons, taupes, musaraignes,...), les chiroptères (chauves souris...), les pholidotes (pangolin), les carnivores (chats, chiens, ...), les périssodactyles (chevaux ...), les cétartiodactyles (cétacés et artiodactyles (ruminants, porcs, ...), les xénarthres (fourmilliers, paresseux, tatous ...), et les afrothériens que l'on peut diviser en afrosoricidés ( tanrec et taupes dorées), macroscélicidés (rat à trompe), siréniens (lamentin, dugong, ...), proboscidiens (éléphant...), hyracoïdés (daman), et tubulidentés (orycétrope du Cap). A ces ordres viennent s'ajouter les sous-embranchements des marsupiaux (kangourous...) et des monotrèmes (ornithorynque...). Voir schéma ci-dessus.

## a) *Généralités*

Les yeux des mammifères diffèrent naturellement plus entre eux que ceux des primates. Cependant, les points de divergence principaux sont similaires et concernent à peu près tous les points clé du design d'un œil camérulaire : la taille, les spécificités de l'optique réfractive, celles de la rétine et des cellules photoréceptrices, le système oculomoteur, et le champ visuel.

### (1)    Taille des yeux

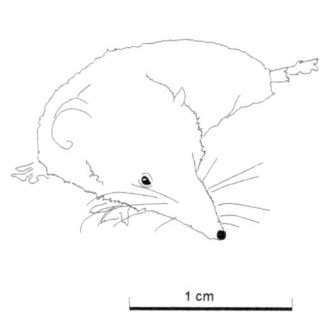

Les yeux sont toujours localisés dans des orbites, mais la taille est très variable entre les yeux minuscules de la taupe et ceux de certains primates nocturnes (tarsiers ou aotus).

Au total, les yeux des mammifères sont plutôt grands, même si cela n'est pas vrai de certains insectivores, rongeurs et

1 cm

**pachyure étrusque**
*(suncus etruscus)*

## dans le monde animal

chiroptères.

Si l'on tient compte de la taille, certains cétacés et siréniens ont également de bien petits yeux (L'œil du cachalot ne fait que 6 cm de diamètre pour un corps d'une quinzaine de mètres de long).

La taille des yeux suit grossièrement la loi de Haller. Le tableau ci-après donne une taille d'yeux typique pour quelques espèces connues (il a été inclus quelques non-mammifères pour fixer les idées).

| Nom Français | Nom Anglais | catégorie | taille de l'œil |
|---|---|---|---|
| calmar géant | Giant Squid | Mollusque | 250mm |
| baleine bleue | Blue Whale | Cétartiodactyles | 150mm |
| espadon | swordfish | poisson téléoste | 90 mm |
| autruche | Ostrich | oiseau | 50mm |
| Eland (ou oryx) | Common Eland | Cétartiodactyles | 47 mm |
| cheval | Horse | Périssodactyles | 40mm |
| Chameau (bactriane) | Camel (bactrian) | Cétartiodactyles | 40 mm |
| éléphant (Afrique) | Elephant (African) | Proboscidiens | 39mm |
| élan | Moose | Cétartiodactyles | 39 mm |
| lion | lion | carnivores | 36 mm |
| guépard | cheetah | carnivores | 36 mm |
| crocodile du Nil | Nile crocodile | reptile | 35 mm |
| tigre de Sibérie | Siberian tiger | Carnivore | 35 mm |
| vache | Cow | Cétartiodactyles | 34mm |
| daim | Fallow deer | Cétartiodactyles | 34 mm |
| cerf | Deer | Cétartiodactyles | 30mm |
| sanglier | Boar | Cétartiodactyles | 28mm |
| puma | Cougar | Carnivores | 28mm |
| renne | Reindeer | Cétartiodactyles | 25 mm |
| mouton | sheep | Cétartiodactyles | 25 mm |
| cochon | pig | Cétartiodactyles | 25 mm |
| homme | Human | Primates | 24mm |
| Kangourou géant | Eastern grey kangaroo | Diprotodontes | 24 mm |
| dauphin | Dolphin | Cétartiodactyles | 24mm |
| gorille | Gorilla | Primates | 23 mm |
| ours | Bear | Carnivores | 22mm |

| Nom Français | Nom Anglais | catégorie | taille de l'œil |
|---|---|---|---|
| chimpanzé | Chimpanzee | Primates | 21 mm |
| lynx | Bobcat | Carnivores | 20mm |
| loup | Wolf | Carnivores | 20mm |
| tarsier | Tarsier | Primates | 16mm |
| chat | Cat | Carnivores | 15 mm |
| capibara | Capybara | Rongeurs | 15 mm |
| lapin | Oryctolagus cuniculus | Lagomorphe | 15 mm |
| glouton | Wolverine | Carnivores | 14mm |
| renard | Fox | Carnivores | 12mm |
| maki mococo | Ring tailed Lemur | Primates | 13mm |
| galago du Sénégal | Lesser bushbaby | Primates | 12mm |
| loutre | Otter | Carnivores | 10mm |
| pangolin | Pangolin | Pholidotes | 9 mm |
| écureuil | Squirrel | Rongeurs | 8mm |
| furet | Ferret | Carnivores | 8mm |
| lapin | rabbit | Lagomorphes | 8 mm |
| étourneau | starling | oiseau | 8 mm |
| hérisson | hedgehog | Eulipotyphles | 7 mm |
| tatou | Armadillo | Xénarthres | 6mm |
| souris | mouse | Rongeur | 3,5 mm |
| carollia | carollia | Chiroptères | 2,8mm |
| Tatou tronqué | Pink fairy armadillo | Xénarthres | 2 mm |
| Rat taupe | Mole rat | rongeur | 0,6 mm |

**éland géant**
(*Taurotragus derbianus*)

Les ordres aux plus petits yeux sont tenus pour être les insectivores, et les chiroptères, mais il existe également chez les rongeurs des espèces sous-terraines aux yeux très petits.

Les mammifères à grands yeux se trouvent plutôt chez les artiodactyles et périssodactyles, les carnivores, ainsi que chez les primates. Le record absolu de taille est certes tenu par la baleine, mais l'effet d'échelle y est clairement pour beaucoup.

Mise à part la baleine qui est un peu hors

classe, ce sont donc les chevaux et les ruminants qui détiennent le record dans un sens. Les taupes, les musaraignes, et les chauve souris le détiennent dans l'autre.

Comme chez les primates, la taille est corrélée au rythme de vie de l'animal : les yeux des mammifères nocturnes ont tendance à être plus grands ; ceux des espèces au comportement cathérémal sont intermédiaires.

### (1) Forme des yeux

La forme des yeux est le plus souvent assez bien sphérique, mais il y a quelques exceptions.

L'œil est d'une profondeur inférieure à son diamètre chez les cétacés, érinaceidés, ongulés et certains primates, alors qu'au contraire, l'axe optique est plus allongé que le vertical chez les félidés et certains galagos. Ces variations restent tout de même modestes si on les rapporte aux irrégularités de forme rencontrées chez les reptiles ou les oiseaux.

En dehors de la taille et de l'allure générale du globe oculaire,

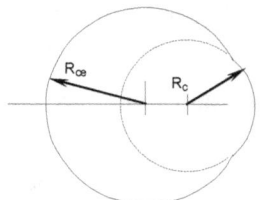

le premier coefficient de forme, qui touche d'ailleurs également l'optique, est la taille de la cornée. ou de manière plus précise, pour un œil sphérique, le rapport du rayon de courbure cornéen $R_C$ au rayon oculaire $R_{oe}$ .

Ce nombre indique si la cornée est plus ou moins protubérante (coefficient cornéen $R_C/R_{oe}$ faible), ou plus ou moins applatie (coefficient cornéen élevé).

En outre, toutes choses égales d'ailleurs, plus ce quotient sera petit, et plus l'image sur le fond de l'œil sera grossie, en sorte que la signification optique de ce rapport peut être étendue à des yeux non-sphériques en utilisant les grossissements au lieu des rayons. On parvient ainsi à définir un coefficient cornéen non pas seulement pour les mammifères, mais mais même pour les vertébrés, dont certains n'ont pas les yeux bien sphériques, ainsi qu'il sera signalé plus loin.

Les maxima sont observés chez les vertébrés aquatiques, pour lesquels, la cornée grossit peu. Ces maxima peuvent être élevés et assez supérieurs à 1. En particulier, chez les phoques, la cornée est presque plane, en sorte que la quasi-totalité du grossissement se trouve reportée sur le cristallin.

On peut penser que cette disposition permet à l'animal de réaliser un compromis entre vision aérienne et sous-marine : une cornée plane, donc inactive optiquement, a le même effet, nul, dans l'air que dans l'eau ! Le marsouin a une cornée plane côté extérieur, et convexe à l'intérieur, ce qui lui permet de conserver de la puissance optique.

Chez les vertébrés terrestres, le rapport $R_C/R_{oe}$ est à peu près toujours compris entre 0.3 et 1. Il est de l'ordre de 0,65 chez l'homme et ne descend jamais au-dessous de 0.55 chez les mammifères, mais y atteint par contre fréquemment l'unité.

Parmi les mammifères, c'est chez les primates diurnes qu'il est le plus bas, mais il peut être encore inférieur chez les reptiles et les oiseaux diurnes où il atteint 0.3.

On observe sur ce coefficient une situation statistique assez étrange :

Sur l'ensemble des vertébrés, on note une dichotomie plutôt nette entre les animaux diurnes et nocturnes : Les premiers ont, en moyenne, un coefficient cornéen plus faible que les seconds.

Sur l'ensemble des mammifères, par contre, ce n'est pas le cas. Le coefficient cornéen y est plutôt élevé et souvent assez proche de 1, sans qu'une distinction nette puisse être faite entre les animaux diurnes et nocturnes.

Cette situation n'est à nouveau plus vraie chez les primates anthropoïdes, pour lesquels on retrouve la situation générale, et des coefficients cornéens plus réduits chez les espèces diurnes comme l'homme que chez les nocturnes comme aotus.

C'est un peu comme si les mammifères, sauf les primates, avaient un coefficient cornéen de vertébré nocturne, et ce, qu'ils le soient en réalité, ou qu'ils ne le soient pas.

Du point de vue de l'image, un coefficient cornéen faible a tendance à favoriser l'acuité au dépends de la sensibilité. Il n'est donc pas étonnant que les coefficients élevés soient plutôt observés chez les animaux de nuit, pour lesquels la sensibilité est évidemment importante, vu qu'ils n'ont pas beaucoup de lumière à leur disposition. En termes concis, ceci revient à dire que pour ces animaux nocturnes, il vaut encore mieux voir flou que ne rien voir du tout.

Pour ce qui concerne les vertébrés terrestres non mammifères, le rapport entre le diamètre oculaire et celui de la cornée se trouve être un assez bon indicateur du type d'activité de l'animal. Les animaux diurnes ont tendance à avoir un rapport important, c'est à dire une cornée plus courbe et plus protubérante que les nocturnes. Les cathérémaux ont une tendance médiane. On attribue ce phénomène à la nécessité, pour les animaux nocturnes, de favoriser la sensibilité à la lumière au détriment de l'acuité. L'image sera moins grossie, mais plus lumineuse.

Cette règle n'est pas applicable, en moyenne, aux mammifères pour lesquels le coefficient cornéen est celui d'espèces nocturnes, mais elle l'est bien aux primates anthropoïdes, ce qu'on interprète en général comme une convergence évolutive de la vision de ces mammifères vers celle des oiseaux et des reptiles.

Ainsi, parmi les mammifères, les primates anthropoïdes diurnes, et bien entendu l'homme, sont ceux qui ont la cornée la plus protubérante, ce qui est un signe de bonne acuité oculaire.

## (2)    Optique

L'optique de l'œil des mammifères est toujours celle d'un œil camérulaire typique et comprend une série de milieux transparents cornée, humeur aqueuse, cristallin et vitré entourée d'une paroi constituée de trois membranes la sclérotique, la choroïde et la rétine.

Le cristallin est sphérique chez la plupart des mammifères aquatiques. Chez les autres, il est aplati et présente grossièrement l'allure biconvexe du cristallin humain. Cependant la forme du cristallin varie : il peut être plus ou moins fuselé et mince ou au contraire globuleux et épais.

La flexibilité du cristallin dépend des espèces ; elle est plus faible chez les espèces à petite taille et celles pour lesquelles l'acuité n'est pas primordiale. Elle n'est pas utilisée pour l'accomodation par les espèces marines

Ainsi qu'il a déjà été noté pour souligner la force de la convergence, le caractère sphérique du cristallin des mammifères aquatiques est commun non seulement aux cétacés et aux poissons, mais même aux céphalopodes. Autrement dit, c'est pour ainsi dire la règle des animaux marins pourvus d'yeux simples.

On a noté également la variabilité d'un second indice, plus subtil que l'indice cornéen évoqué plus haut : le rapport entre la puissance optique de la cornée et celle du cristallin (voir figure ci-après). Ce rapport caractérise le grossissement angulaire de l'œil à l'infini, dans l'hypothèse où on assimile son optique à celle d'une lunette de Gallilée dont la cornée serait la lentille principale et le cristallin l'objectf.

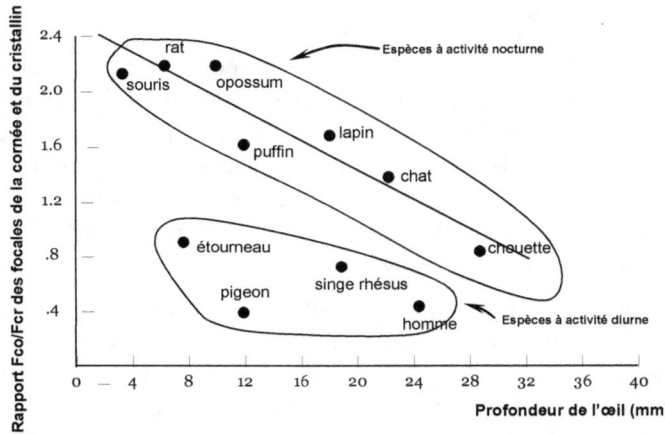

Par rapport au cristallin, la cornée est plus puissante chez l'homme (et d'ailleurs chez le pigeon !) ou cet indice vaut 0,4 que chez les lapins où il atteint 1,6 voire les souris où il dépasse 2 – l'avantage du premier dispositif est celui d'une taille d'image supérieure. Le second devrait permettre, toutes choses égales d'ailleurs, l'augmentation de la différence entre punctum proximum et remotum (grossissement du cristallin).

Ainsi qu'on le verra en seconde partie, un fort grossissement est l'une des trois possibilités majeures d'augmenter l'acuité, les deux autres étant respectivement l'augmentation de la taille et la diminution des distances entre photorécepteurs. En conséquence, la raison de la grande variabilité de ce coefficient et de la difficulté à mettre en évidence des corrélations nettes n'est pas complètement claire, mais est probablement assez profonde...

Cependant il semble lié à la taille de l'œil chez les espèces à activité nocturne ou crépusculaires, alors qu'il n'en semble pas dépendre chez les espèces diurnes. Cette question sera ré-évoquée plus bas lorsque nous dicuterons de l'acuité des yeux simples.

### (3)    Optiques multifocales

J'insère ici la description d'un phénomène assez particulier d'irrégularité dans l'optique des yeux, qu'on appelle « optique multifocale ». Ce phénomène est en fait surtout fréquent chez les poissons, mais on l'observe, de manière un peu moins caractéristique chez certains mammifères et même certains loris, ce qui fait qu'il aurait pu être introduit dès le paragraphe sur les primates, mais il faut bien choisisr !

C'est un phénomène qui n'apparaît que sur les yeux présentant une faible ouverture, et qui n'est donc pas observable chez l'homme et les oiseaux. (Attention, le terme ouverture est à comprendre dans l'usage qu'on en fait pour un appareil photo ou une lunette astronomique, c'est-à-dire comme la valeur du rapport F/D de la distance focale oculaire au diamètre de la pupille. Plus l'ouverture est grande, et plus la pupille est fermée, donc plus l'œil travaille sur des images proches de l'axe optique (conditions de Gauss))

Chez certaines espèces dont l'ouverture oculaire est particulièrement faible, l'aberration chromatique peut constituer une limitation inacceptable des qualités optiques, et on observe fréquemment le phénomène décrit par la courbe ci-dessous.

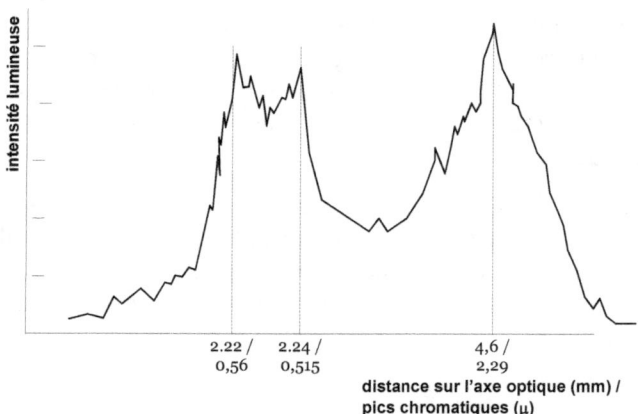

distance sur l'axe optique (mm) /
pics chromatiques (µ)

Cette courbe représente l'image par l'optique oculaire de l'intensité lumineuse d'un faisceau de lumière blanche (il s'agit d'une courbe calculée en supposant une lumière blanche équirépartie). On y voit des pics d'intensité situés à différentes profondeurs, c'est-à-dire plus ou moins en arrière du cristallin.

L'irrégularité de la transmission, c'est-à-dire l'étrange forme de la courbe ci-dessus, est obtenue par variation de l'indice optique du cristallin : Les cristallins des optiques multi-focales ont des indices optiques très inhomogènes.

Si l'optique de l'œil était « classique », la courbe précédente montrerait un seul pic lumineux, bien localisé au foyer de l'œil. Evidemment, l'aberration chromatique, qui correspond à la plage des valeurs élevées de l'intensité, reste considérable.

Ce qui est intéressant, c'est le fait qu'elle présente des pics encore relativement distincts, qui doivent donc ressortir sur un fond ambiant plus flou, et que, de plus, ces pics constituent de véritables foyers monochromatiques pour certaines longueurs d'ondes (l' aberration géométrique est raisonnable pour ces fréquences lumineuses).

Or, de manière tout à fait remarquable, les fréquences des longeurs d'onde correspondant aux foyers monochromatiques sont proches des maxima chromatiques des opsines des cônes. Les animaux en question ont donc la possibilité d'obtenir trrois images assez nettes de la réalité pour les longueurs d'ondes situées aux maxima de sensibilité de leurs cônes.

On qualifie ce type d'optique de multifocale, en raison de ce qu'elle présente plusieurs foyers monochromatiques distincts, et on constate en effet une bonne sensibilité à la couleur chez les animaux équipés de ce type d'optique.

### (4)    Forme de la pupille

La forme de la pupille qui était déjà variable chez les primates, l'est encore davantage chez les autres mammifères.

L'iris détermine le plus souvent une pupille circulaire. Cependant, chez certains mammifères, comme le chat le loir et certains renards, la pupille s'allonge verticalement lors du myosis. Au contraire, la pupille contractée du cheval ou de la chèvre est en fente horizontale. Le dauphin, quant à lui, contracte sa pupille selon une forme étrange que l'on retrouve plus ou moins chez des animaux aussi différents que le poisson chat ou la seiche.

L'amplitude et la vitesse de la contraction pupillaire sont variables. Le rat peut réduire son diamètre pupillaire de 1,2 mm à 0,2 mm en 5s environ. Le coefficient de réduction est de six. Il est donc assez supérieur au nôtre qui est de trois à quatre au maximum, et l'action est effectuée beaucoup plus rapidement.

L'existence de pupilles dont la contraction s'effectue selon des fentes est corrélée à une optique oculaire multifocale. Cependant, il ne s'agit pas d'une correspondance simple. Si une optique monofocale est souvent associée à des pupilles circulaires, on trouve ce type de pupilles associées à une optique multi focale chez certaines espèces, telle la souris.

C'est en tout cas un phénomène étrangement réparti dans l'arbre du vivant, puisque si le chat contracte ses pupilles sous forme de fente, il n'en va pas de même de son proche parent le tigre…

Comme chez l'homme, le muscle ciliaire des mammifères est lisse. Les mouvements de la pupille sont réflexes. Ce n'est pas le cas de tous les autres vertébrés, comme on le verra. En particulier, les oiseaux et les reptiles ont un muscle ciliaire strié, et bénéficient vraisemblablement d'un contrôle en partie volontaire des mouvements de l'iris.

La transparence de l'optique oculaire au rayonnement électromagnétique est variable. Le cristallin du rat, par exemple, possède une assez bonne transparence dans l'ultraviolet proche.

### (5)  Tapetum lucidum

La plupart des espèces de mammifères (chats, chiens, dauphins, chevaux, cerfs…) possèdent un tapetum lucidum, c'est-à-dire des cellules formant écran réfléchissant situées immédiatement en arrière de la rétine voire dans la rétine même. Le tapetum lucidum ou tapis clair réfléchit la lumière provoquant le phénomène des « yeux phosphorescents », qui est particulièrement notable de nuit.

Il existe quatre types principaux de tapis clairs chez les vertébrés : d'une part les tapis choroïdiens fibreux ( tapetum fibrosum ), les tapis choroïdiens cellulaires ( tapetum cellulosum ), pour lesquels on distingue ceux à cristaux de riboflavine et de guanine, d'autre part les tapis rétiniens.

Les tapis clairs dits choroïdiens sont situés sur la choroïde. On distingue le type fibrosum, du type cellulosum selon que sa structure est cellulaire ou non.

Les tapis fibreux sont composés de fibrilles de collagène. Ils ne couvrent qu'une partie de la rétine. On les trouve chez les éléphants, périssodactyles et cetartiodactyles, certains marsupiaux etc…

Le tapis clair des primates, carnivores, rongeurs, ptilocerques est un tapetum cellulosum, c'est-à-dire constitué de cellules iridocytes contenant des cristaux réfléchissants. Ces cristaux sont de la riboflavine. La présence d'un tapis clair de ce type chez les cétacés à la différence des autres cétartiodactyles est une des nombreuses curiosités phylogénétiques du système visuel.

Les raies et les requins ont un tapis choroïdien cellulaire différent des précédents car les cristaux de riboflavine y sont remplacés par des cristaux de guanine.

Le tapetum rétinien est plus rare chez les mammifères (chauves souris, certains marsupiaux, opposum...). Il est situé à l'arrière de la rétine, et ses éléments réfléchissants sont souvent des goutelettes graisseuses ressemblant à du cholestérol, mais peuvent être aussi de l'acide urique, des mélanoïdes, etc.... Ce type de tapetum se retrouve chez certains reptiles et poissons.

Ce qui précède peut être résumé sur le schéma suivant :

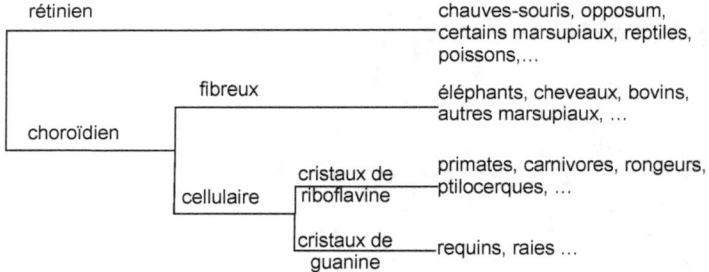

**types de tapis clair**

Le tapetum est particulièrement fréquent chez les espèces nocturnes et cathérémales. On considère qu'il conduit à augmenter la sensibilité de l'œil à l'intensité lumineuse, probablement au dépens de l'acuité. Les hommes et la plupart des primates haplorrhiniens, les écureuils, les cochons, ainsi d'ailleurs que les oiseaux... n'ont pas de tapetum lucidum.

La couleur du tapetum est souvent caractéristique de l'espèce, mais varie parfois de manière intraspécifique,voire d'un individu à l'autre. Elle est même parfois différente d'un oeil à l'autre ! Le tableau ci-dessous donne des couleurs typiques.

|  | Couleur du tapetum |
| --- | --- |
| chat | vert |
| coyote | jaune-vert |

|  | Couleur du tapetum |
|---|---|
| cerf | jaune |
| écureuil volant | orangé-rouge |
| opossum | orange |
| raton laveur | jaune |
| mouffette | ambré |
| renard | blanc |

### (6)    Rétine et photoréception

On retrouve chez tous les mammifères une rétine structurée selon le même modèle en couches que la rétine humaine. On y trouve également les mêmes types généraux de neurones : photorécepteurs, horizontaux, amacrines, bipolaires et ganglionnaires.

Pour la plupart, les mammifères ont une rétine constituée d'une combinaison de cônes et de bâtonnets. Les toupayes et les sciuridés sont les seuls à avoir un ratio significatif « nbre de cônes »/ « Nbre de bâtonnets ». Pour les autres espèces les cônes sont beaucoup moins nombreux que les bâtonnets. D'ailleurs, chez beaucoup d'espèces de mammifères nocturnes, il n'y a que des bâtonnets.

Par rapport aux autres espèces de vertébrés, les mammifères ont finalement une rétine spécifique, riche en bâtonnets et pauvre en cônes, ce qui constitue une présomption de comportement nocturne pour l'ancêtre commun. L'enrichissement en cônes de la rétine des catarrhiniens dont nous bénéficions, est donc à comprendre comme l'effet d'une convergence évolutive vers les autres vertébrés diurnes, ainsi qu'il a déjà été signalé.

Les mammifères ne possèdent, le plus souvent, que deux sortes de cônes : La vision à trois types de cônes est rare et pratiquement confinée aux primates catarrhiniens, ainsi qu'il a été signalé au paragraphe sur les primates. Par ailleurs, il n'existe jamais qu'une seule sorte de bâtonnets.

La densité moyenne de tapissage de la rétine avec des cellules photoréceptrices est également variable, et, par exemple beaucoup plus faible chez le rat que chez l'homme.

La fovée n'existe pratiquement que chez les primates haplorrhiniens. Les autres mammifères n'ont pas de fovée nettement déterminée.

En revanche tous les mammifères possèdent une *area centralis* similaire à la tache jaune, c'est-à-dire une surface sur laquelle la concentration des cônes est plus élevée qu'ailleurs.

L'area centralis affecte des formes assez diverses. Elle varie de la forme quasi-ponctuelle de la fovée humaine jusqu'à un nuage vaguement elliptique couvrant presque le tiers de la rétine chez le lapin ou le rat. Elle a souvent une forme horizontale allongée, et parfois la forme d'une virgule dans laquelle la partie horizontale est complétée d'une partie verticle du côté temporal. Chez les dauphins, l'area centralis est formée de deux taches distinctes.

Les schémas ci-dessous présentent l'aspect général des aires centrales d'un certain nombre de mammifères, ainsi que leur position par rapport à la papille (la papille est figurée sous forme d'un petit cercle, sauf chez les marmottes où elle est étirée).

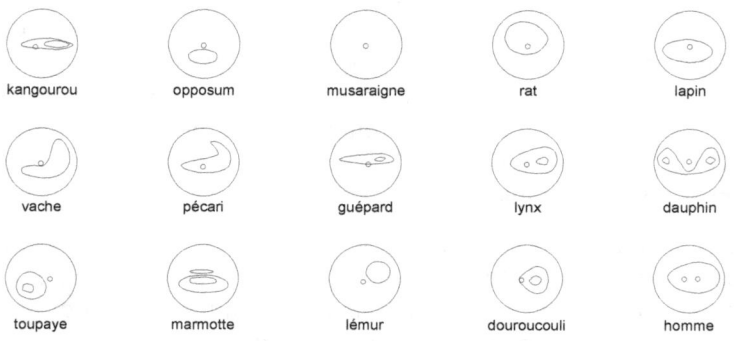

**aspect typique de l'aire rétinienne centrale des mammifères**

Evidemment, la densité maximum observée n'est pas du tout la même selon les espèces, et la fovée des primates haplorrhiniens est la mieux dotée à cet égard.

Un élément très variable selon les espèces de mammifères est la densité de cellules ganglionnaires. Comme les photorécepteurs, les cellules ganglionnaires présentent une densité maximale sur l'area centralis.

Il est par ailleurs notable que si la taille de la rétine est très variable suivant les espèces de mammifères (disons un coefficient 50 entre la plus petite et la plus grande), l'épaisseur de cette membrane varie beaucoup moins (1 à 2 environ).

La taille des photorécepteurs est également moins variable que celle de la rétine ; les plus petites de ces cellules sont de l'ordre du micron ; les plus grandes n'en dépassent pas 8.

### (7)    Insertion de l'œil et appareil moteur

Les yeux des mammifères ont en général 6 muscles occulomoteurs (4 droits et deux obliques). Cependant certaines espèces (ruminants en particulier) sont équipées d'un muscle complémentaire spécifique permettant de rentrer plus ou moins le globe oculaire dans l'orbite. Ce muscle est appelé rétracteur du globe ou *muscle choanoïde*.

L'amplitude et la fréquence des mouvements de saccade, micro-tremblement, et dérive, varie de manière significative. D'une manière générale les mouvements de saccade sont moins fréquents que chez nous et sont même souvent absents ; la dérive est plus longue ; les différences semblent plus accusées chez les mammifères ne présentant pas d'area centralis nette comme le lapin.

### (8)    Paupières et système lacrymal

A l'exception des siréniens, les mammifères ont des paupières, et, à la différence des primates, on trouve même chez beaucoup une troisième paupière appelée membrane nictitante (chiens, chats, ours polaires, phoques, oryctérope etc...). Cette membrane est même la seule paupière de l'ornithorynque.

Les mammifères ont également tous un système lacrymal permettant de lubrifier la cornée, et autorisant son nettoyage par les paupières.

A la membrane nictitante, est associée une autre glande qui secrète un liquide huileux à odeur musquée : c'est la glande de Harder.

### (9)    Champ visuel - Vision binoculaire

Le champ visuel des mammifères, ainsi que leur champ de vision binoculaire, sont variables, comme le représente le tableau ci-après.

L'orientation parallèle des yeux est propre aux primates ; chez les autres mamifères les yeux sont situés sur le côté de la tête.

L'homme est donc un mammifère spécifique par la grande taille de son champ de vision binoculaire. En revanche, il semble bien avoir l'un des champs de vision panoramique les plus réduits du groupe.

Nous regardons plus nettement en avant que nos compagnons mammifères…

| Animal | Champ de vision panoramique | Champ de vision binoculaire |
|--------|------------------------------|------------------------------|
| Homme | 170°-190° | 110°-130° |
| Chat | 250°-280° | 100°-130° |
| Chien | 250°-290° | 80°-110° |
| Lapin | 350°-360° | 10°-35° |
| Cheval | 330°-350° | 30°-70° |
| Bovin | 330°-360° | 25°-50° |
| Mouton | 330°-360° | 25°-50° |
| Chèvre | 320°-340° | 20°-60° |

## b) *Brève revue par ordres*

Au cours de ce paragraphe, nous allons interrompre notre remontée de l'arbre phylogénétique et redescendre vers les ordres de mammifères autres que les primates. Nous pourrons ainsi énoncer quelques généralités permettant d'identifier un certain nombre de divergences entre les yeux de ces différents ordres. Cependant, cette approche doit vite faire face au fait que la vision est bien souvent assez spécifique. La revue de la vision de certains des ordres majeurs qui est tentée, n'est ainsi pas pleinement satisfaisante pour les deux raisons suivantes :

- La vue des diverses espèces de mammifères est très loin d'avoir été étudiée avec la même homogénéité, et si la vision de certaines espèces familières (chat, chien, cheval, bœuf, lapin, rat …) a fait l'objet d'innombrables études, la plupart des autres sont beaucoup moins bien connues.

- La vision est un paramètre à grande variabilité interspécifique, de sorte qu'il est difficile de généraliser à des espèces voisines des études faites sur une espèce particulière. Il est tout à fait évident par exemple que la baleine et l'hippopotame ont des yeux très différents, malgré leur parenté biologique.

Les mammifères comprennent entre 15 et 20 ordres d'animaux, et on retrouve encore une grande disparité à l'intérieur de ces groupes pour ce qui concerne la vue. Une revue exhaustive est donc impossible dans le cadre d'un seul volume. Au moins peut-on tenter de donner quelques indications très générales sur les principales caractéristiques des appareils visuels des ordres et sous-classes, en gardant à l'esprit qu'elles sont susceptibles de ne pas être entièrement applicables à une espèce particulière de l'ordre considéré.

Les ordres de mammifères sont nettement inégaux au regard de la variété des espèces qu'ils contiennent. Afin de mieux comprendre le choix qui a été fait, le tableau ci-dessous donne un ordre de grandeur de la diversité des espèces dans les différents ordres. (Ces nombres sont bien entendu sujets à débats, car si la notion d'espèce est claire en principe, il n'est pas toujours évident de s'assurer si des animaux donnés peuvent ou non être croisés. Les chiffres sont donc nécessairement indicatifs, mais permettent de fixer les idées au moins sur les tailles relatives des divers ordres).

| Ordre | nombre d'espèces |
|---|---|
| Afrosoricidés | 56 |
| Artiodactyles | 260 |
| Carnivores | 272 |
| Cétacés | 115 |
| Chiroptères | 1283 |
| Dermoptères | 2 |
| Hyracoïdés | 5 |
| Insectivores | 491 |
| Lagomorphes | 93 |
| Macroscelidés | 18 |

| Ordre | nombre d'espèces |
|---|---|
| Marsupiaux | 368 |
| Monotrèmes | 5 |
| Périssodactyles | 21 |
| Pholidotes | 8 |
| Pinnipèdes | 36 |
| Primates | 460 |
| Proboscidiens | 3 |
| Rongeurs | 2530 |
| Scandentiens | 20 |
| Siréniens | 6 |
| Tubulidentés | 1 |
| **TOTAL** | **6053** |

### (1)    Périssodactyles

Cet ordre qui ne comprend que les familles des équidés, tapiridés et rhinocérotidés est un ordre assez limité, mais qui contient l'âne et le cheval.

Les périssodactyles comptent parmi les mammifères terrestres présentant les plus gros yeux.

**les yeux du cheval**

Cependant la vision des chevaux n'a qu'une acuité assez moyenne. Ils n'ont pas de fovée et leur meilleure vue est concentrée sur une lunule, où les cellules photoréceptrices sont plus resserrées qu'ailleurs. C'est l'*area striaeformis* qui est similaire à celle des bovins (voir plus bas)

Leur vision est peu sensible à la profondeur et à la couleur.

Elle est par contre très sensible aux mouvements de l'environnement, et ce sur toute la périphérie de l'animal ou presque. Seule une mince bande située à l'arrière, ainsi que deux taches aveugles échappent à son champ de vision, dont il couvre la totalité en dodelinant légèrement de la tête.

On tient pour typique des animaux servant de proies ce type de vision où l'accent est mis sur l'étendue du champ visuel et la perception aiguë du mouvement davantage que sur l'appréciation du détail fin et de la couleur. C'est qu'il est important pour eux de détecter le prédateur au plus tôt, et de quelque direction qu'il tente de s'approcher d'eux.

Le globe oculaire est assez nettement oblong (environ 90% en largeur pour 100% en profondeur).

La cornée est plutôt ovale, plus allongée horizontalement

(~30mm) que verticalement (~25mm). Elle est par ailleurs peu protubérante.

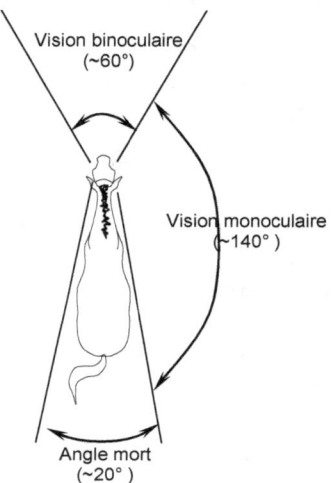

Vision binoculaire
(~60°)

Vision monoculaire
(~140°)

Angle mort
(~20°)

**champ de vision du cheval**

La pupille est en forme de fente horizontale, légèrement plus large vers le nez que vers les tempes. Lorsqu'elle s'ouvre, elle devient de plus en plus ronde mais laisse une petite bande d'iris lors de la mydriase la plus poussée, car la pupille ouverte reste encore elliptique et n'atteint pas le cercle. Cet état de fait n'est pas favorable à l'acuité, car les rayons parvenant par les côtés de la fente brouillent nécessairement l'image.

Par ailleurs, la capacité d'accommodation des chevaux semble limitée (~2 dioptries), ce qui est un élément supplémentaire en défaveur de l'acuité de la vision.

Assez curieusement, certaines études montrent que les chevaux domestiques auraient une tendance à la myopie qu'on ne retrouve pas chez leurs congénères sauvages. Ce point n'est pas admis par tous, et on tient qu'en général la vision du cheval est à peu près emmétrope, avec une tendance légère à l'hypermétropie, ce qui serait d'ailleurs consistant avec l'observation populaire que les chevaux voient bien au loin, et que certains reconnaitraient leurs maîtres avant que celui-ci ne soit en état de le faire.

L'iris est pourvue d'une ou deux excroissances noires appelées corpora nigra ou grains de suie. Le rôle de ces grains de suie n'est pas tout à fait clair, mais ils pourraient bien jouer celui de pare-soleil.

La couleur de l'iris est brune, comme chez la plupart des animaux, mais à la différence de l'homme, il emplit presque tout l'espace compris entre les paupières, de sorte qu'on ne voit que très peu la sclérotique.

grain de suie

membrane nictitante    ora serrata

**L'œil du cheval**

La rétine du cheval est pauvre en cônes, les bâtonnets y étant 20 fois plus nombreux. Elle ne présente que deux sortes de cônes dont les maxima de sensibilité sont situés à 545 et 429 nm respectivement. On peut donc raisonnablement penser que leur vision des couleurs est équivalente à celle de daltoniens dépourvus de cônes « rouges », c'est-à-dire à des personnes affectées de protanopie.

Le tapis clair est un tapis choroïdien à fibres de collagène (*tapetum fibrosum*). Il est situé au-dessus de la tache aveugle, et couvre un secteur de l'ordre de 120°. Sa couleur est variable et peut être jaune, verte ou bleue. Elle diffère parfois entre l'œil droit et l'œil gauche.

Les muscles oculomoteurs du cheval sont au nombre de sept, car il possède, en plus des six muscles ordinaires, un muscle rétracteur du globe.

Bovins, ovins et caprins ont vraisemblablement une vision plus proche de celle des chevaux, que des porcins. Autrement dit, pour ce qui concerne la vue, la division ruminants-suiformes qui s'effectue au sein du même ordre semble plus marquée que la division ruminants-périssodactyles, qui est réalisée entre deux ordres distincts, offrant là encore un exemple de convergence évolutive.

### (2)    cétartiodactyles

Avec environ 300 espèces, l'ordre des cétartiodactyles est l'un des plus importants, et constitue un groupe d'animaux assez divers puisqu'il comprend outre les ruminants (vaches, moutons, chèvres, antilopes, cerfs etc... ...) et les suiformes (porcs, sangliers, pécaris...), les camélidés (chameaux, dromadaires), ainsi que les hippopotamidés et cétacés. Le schéma ci-dessous en résume la structure.

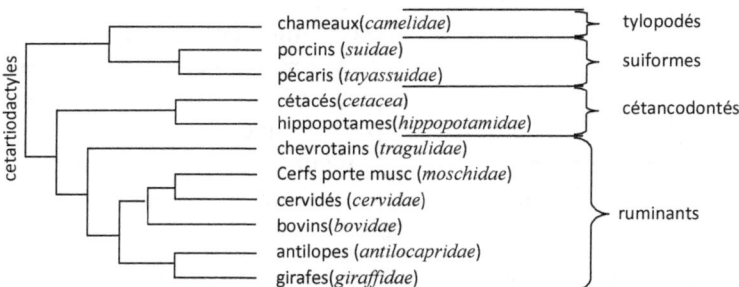

Les cétacés, même s'ils sont apparentés aux hippopotamidés ont des yeux adaptés à la vie marine, ainsi qu'il a déjà été signalé. Ils sont donc d'une configuration assez différente de celle du reste de l'ordre. Pour ce qui est de la vision, les suiformes se distinguent des autres catégories d'espèces. Malgré leur plus grande proximité phylogénétique les hippopotamidés sont ainsi, quant à leur vision, plus éloignés des porcs que des ruminants.

Les artiodactyles ont une vision assez similaire à celle des périssodactyles.

Leurs yeux sont parmi les plus grands du règne animal, le record étant tenu par l'éland (*taurotragus oryx*), c'est-à-dire la grande antilope d'Afrique qu'on appelle parfois oryx pour éviter de la confondre avec son homonyme l'élan qui est une sorte de cerf du grand nord.

Comme les périssodactyles, ils ont un champ visuel panoramique limité par une petite zone en avant et un angle variable allant jusqu'à 30° vers l'arrière. Un autre angle d'une trentaine de degrés vers l'avant de l'animal autorise une vision binoculaire limitée.

D'ailleurs, l'évaluation des distances par le bétail est assez médiocre.

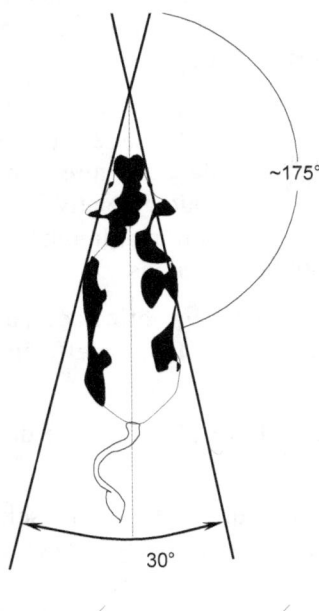

Comme chez les chevaux, la pupille des bovins caprins et ovins est en forme de fente horizontale.

Le mécanisme de l'accommodation est différent du nôtre. En effet, chez ces animaux, le cristallin est naturellement globuleux et l'animal a, muscle ciliaire au repos, une vision de près.

L'accommodation s'effectue pour obtenir la vision de loin, à la différence de ce qui se passe chez nous. Au demeurant, la capacité d'accommodation n'est pas très élevée.

Autrement dit, lorsque l'œil est au repos, le muscle ciliaire est détendu, ainsi que les fibres de la zonule de Zinn, et le cristallin est globuleux.

œil accommodant    œil au repos

Lors de l'accommodation, le muscle ciliaire se contracte et tire sur les fibres zonulaires provoquant un amincissement du cristallin.

Les artiodactyles n'ont pas de fovée. Ils ont cependant, comme les périssodactyles, une area centralis striaeformis, sur laquelle la concentration en cônes et en cellules ganglionnaires est plus élevée qu'ailleurs (voir figure ci-contre).

Cette zone affecte grossièrement la forme d'une virgule, et peut être analysée comme formée d'une aire latérale et d'une aire centrale.

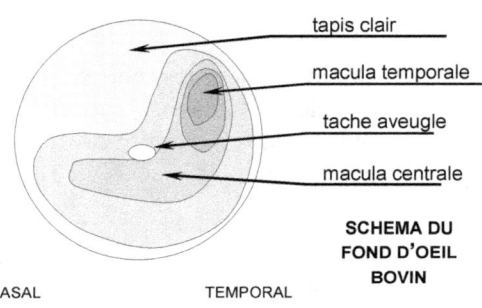

tapis clair

macula temporale

tache aveugle

macula centrale

**SCHEMA DU FOND D'OEIL BOVIN**

NASAL          TEMPORAL

Cependant, la richesse en cônes de cette aire reste toute relative et son maximum est de l'ordre de 30 000/mm², contre 200000 chez nous.

On pense que la vision de près est davantage effectuée sur l'aire latérale, et que la vision de loin s'effectue préférentiellement sur l'aire centrale.

Cependant, l'aire centrale des porcs diffère plus de celle des bovins que celle du cheval.

Comme chez les chevaux, on trouve un septième muscle oculomoteur : le rétracteur du bulbe. Ce muscle permet à l'animal de rentrer légèrement l'œil dans son orbite, ce qu'il fait soit pour se reposer, soit lorsqu'il est soumis à un grand énervement en manière de préparation à la défense. Lorsque l'œil est rentré, le champ frontal de l'animal se réduit et il perd sa vision binoculaire jusqu'à devenir presque aveugle sur un petit angle situé au-devant de la tête. Ce défaut, et le comportement qu'il induit, sont exploités dans les corridas, comme chacun sait.

La rétine des bovins est relativement pauvre en cônes. Néanmoins, elle en comprend deux sortes. Les bovins ovins et caprins distinguent plutôt mal les couleurs, et semblent plus sensibles dans les jaunes rouges ($0,55$ à $0,7\mu$) que dans les bleus ou les violets ($0,4$ à $0,5\ \mu$).

On tient généralement que les bovins sont myopes et n'accomodent pas très bien, en sorte que leur vision de loin n'est pas bonne. Cette vision mieux conçue pour voir de près pourrait être attribuée à la nécessité pour ces animaux de bien voir l'herbe qu'ils ont à manger.

Il est possible que la myopie donne aux vaches ce regard naturellement doux et vague que les anciens Grecs tenaient pour modèle de beauté au point que la reine de l'Olympe, Héra, était qualifiée de déesse aux yeux de vache (*βοοπισ*)

### (3)    Cétacés

Comme chez les autres cétartiodactyles, l'œil des cétacés est situé latéralement, de manière à dégager un grand angle de champ monoculaire, de l'ordre de 120°-130°. Le positionnement est réalisé en sorte que le champ de vision binoculaire est de 20°-30°, en position avant et légèrement ventrale par rapport à l'animal.

Etant donné que les cétacés battent des records de taille, il n'est guère surprenant que leurs yeux le fassent aussi, en conséquence de la loi de Haller. Ainsi la grande baleine bleue (*balaenoptera musculus*), la baleine à bosse (*megaptera novaeangliae*), et le grand cachalot (*physetus macrocephalus*) ont-ils des yeux de l'ordre de 110 mm, 60 mm, et 55 mm respectivement. Ils battent donc tous les records des mammifères, mais ils sont largement dépassés par les yeux des grands calmars (calmar géant et calmar colossal), et les yeux de l'espadon avec leurs 90mm sont loin de faire mauvaise figure, malgré la taille bien plus modeste de cet animal.

Finalement, si on tient compte de leurs longueurs respectives de 30m, 15m, et 20m respectivement, on trouve que les cétacés ont tout compte fait des yeux de taille relativement modeste.

**grande baleine bleue**
(*balaenoptera musculus*)

L'œil des cétacés diffère assez notablement des yeux de leurs congénères artiodactyles : il est mieux adapté à la vie aquatique, comme on pouvait s'y attendre.

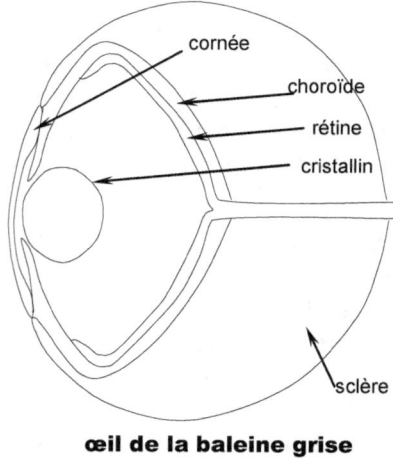

**œil de la baleine grise**
(*Eschrichtius robustus*)

La différence de configuration entre des espèces proches pour des dispositifs aussi élaborés et bien adaptés que les yeux a toujours intrigué les biologistes. Dans le cas particulier de cette adaptation de la vision au retour à la vie marine, nous verrons qu'il s'est également produit pour les tortues. Il se pourrait donc bien que nous ayons tort de nous étonner…

La forme générale de l'œil est beaucoup plus aplatie à l'avant, et tient autant de l'hémisphère que de la sphère. La sclérotique est dure, et extrêmement épaisse à l'arrière, le record étant tenu par la baleine (voir figure ci-contre).

La cornée est très aplatie sur sa face externe et l'est moins sur la face interne, en sorte qu'elle forme une lentille concave, plus épaisse sur les bords qu'au centre. Cet aplatissement externe peut être considéré comme une adaptation à l'ambiance aquatique, prenant acte de la faible différence d'indice optique entre l'eau et les tissus de la cornée.

Le fait que la cornée forme une lentille concave donc légèrement divergente provoque une baisse de la puissance optique de l'œil. Néanmoins, l'optique globale de l'œil est emmétrope dans l'eau.

Le cristallin est quasi sphérique, et constitue une lentille de Matthiessen d'indice optique variable (voir section poissons).

Par ailleurs, la rétine se présente grossièrement comme une hémisphère, dont le cristallin occuperait le centre, de sorte que les rayons provenant de directions assez différentes peuvent être focalisés, au lieu que la symétrie de l'œil n'autorise que la focalisation des rayons para-axiaux sur les yeux des mammifères terrestres.

L'acuité visuelle des dauphins est assez bonne (de l'ordre de la dizaine de minutes d'arc à 1m dans l'eau, et du même ordre à 2.5m dans l'air).

**dauphin commun**
(*delphinus delphis*)

Le pouvoir d'accommodation de l'œil des cétacés est médiocre. C'est que l'œil n'accommode pas au moyen d'une déformation du cristallin par le muscle ciliaire, mais par le déplacement du cristallin d'avant en arrière. Ce déplacement est obtenu par une modification de la pression oculaire à l'aide des muscles protracteur et rétracteur du globe. Lorsque l'œil est rentré dans l'orbite, la pression oculaire augmente ce qui cause une avancée du cristallin. L'effet contraire est obtenu en sortant l'œil de l'orbite.

**contraction de la pupille chez le dauphin commun**

La forme de la pupille est également spécifique. L'iris comporte, chez le dauphin un opercule, similaire dans le principe à ce qui se produit sur l'œil de sèche – voir plus bas.

Le schéma ci-dessus représente la fermeture de cet opercule, fermeture qui s'effectue, bien entendu, lorsque l'œil est soumis à des éclairements de plus en plus violents.

La vision en couleur a été bien étudiée chez le dauphin.

Celui-ci est monochromate (une seule série de cônes dont le pic de sensibilité est de l'ordre de 525 nm – et des bâtonnets sensibles à 488 nm), et sa sensibilité à la couleur est significativement décalée vers le bleu par rapport à ses parents terrestres, ce qui n'est pas autrement étonnant : on observe le même genre de décalage chez les poissons ; il s'interprète aisément comme une adaptation à la vie marine.

Le plus souvent, la qualité de la vision des dauphins d'eau douce (dauphins d'Amazonie en particulier) n'est pas significativement réduite par leur habitat en eaux turbides, mais ce n'est pas le cas du dauphin du Gange *platanista gangetica*, dont la vision est médiocre.

Le tapis clair des cétacés couvre l'ensemble de la surface de la rétine au lieu qu'il n'en couvre qu'une partie seulement chez les ruminants.

La rétine des dauphins ne présente pas d'area centralis avascularisée, telle qu'on peut en observer chez la plupart des vertébrés terrestres. En revanche on y trouve deux aires de concentration maximale en cellules ganglionnaires, reliées par une bande de concentration intermédiaire, et cette disposition se rencontre chez les autres espèces de dauphins, à un degré plus ou moins net.

La raison de l'existence de ces deux zones n'est pas entièrement claire ; elle est tout à la fois susceptible de compenser partiellement la moindre mobilité de la tête, d'augmenter le champ de vision, et peut-être d'améliorer la vision en profondeur, ainsi que le fait l'usage de nos deux yeux. Ces zones sont par ailleurs sollicitées de manière différente lors de la vision aérienne et de la vision aquatique.

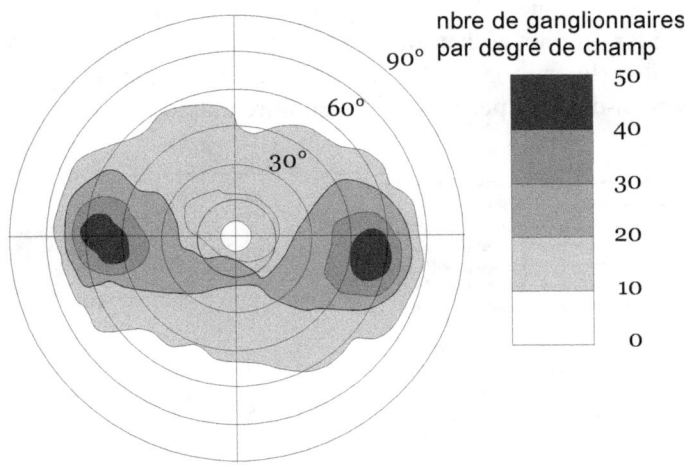

**distribution des cellules ganglionnaires sur la rétine du dauphin commun**
*(tursiops truncatus)*

Comme cette forme est largement utilisée par les cétacés, alors qu'elle ne l'est pas par les mammifères terrestres, certains auteurs pensent que la différentiation vision aérienne/vision aquatique en constitue l'avantage principal. Cependant, l'existence de fovées doubles chez un assez grand nombre d'oiseaux parmi les mieux voyants, suggère que les yeux « à deux fovées » pourraient aussi être utilisés par les cétacés à d'autres fins.

Les causes possibles d'amélioration ne manquent pas comme on le voit, mais, ici comme ailleurs, abondance de possibles est loin de valoir explication...

### (4)   Carnivores

Les carnivores forment également un ordre varié comprenant plus de 200 espèces divisées en deux sous-ordres : d'une part les caniformes c'est à dire les canidés (chien...), les mustélidés (loutre, furet...), les procyonidés (raton laveur...), les ursidés (ours...), les otariidés (otaries...), les odobénidés (morse), les phocidés (phoques...), d'autre part les féliformes regroupant les félidés ou félins (chat, lion...), les viverridés (civettes...), les hyénidés (hyène...), et les herpestidés (mangoustes...). Le schéma ci-dessous permettra de s'en faire une idée.

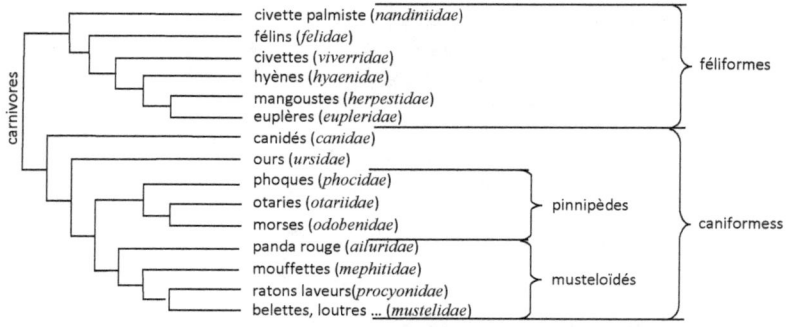

Savoir s'il faut regrouper les phoques les otaries et les morses au sein des pinnipèdes, ou associer les premiers aux mustélidés et le dernier aux ursidés est un objet de débat de la phylogénie. Ce n'en est pas un pour leur vision qui est

**les yeux du guépard**

distincte de celle des autres carnivores et que nous discutons séparément.

Les féliformes ont en général un comportement qui fait davantage appel à la vision que les caniformes, mais en définitive, les carnivores sont des animaux moins visuels que les primates et compensent ce handicap par une ouïe et un odorat singulièrement plus développés.

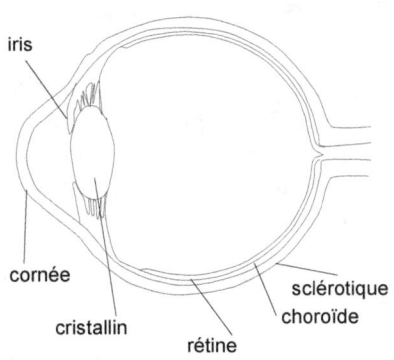

iris

cornée

cristallin

rétine

sclérotique

choroïde

**L'œil du chat**

L'œil présente un cristallin mince et flexible, ainsi qu'une cornée protubérante.

La rétine des carnivores (chats, chiens,...) comprend une bande visuelle plus ou moins allongée, dans laquelle les cônes sont particulièrement concentrés. Cette bande est d'une grande finesse chez le guépard.

Les chats et les chiens sont dichromates, et les cônes qu'ils utilisent sont les S (« short wave length » vers $4,5\mu$) et les M « medium wave length » vers $5,5\,\mu$). Le maximum de densité des cônes est pour eux aussi, sensiblement inférieur au nôtre, et de l'ordre de 20 000/mm$^2$, soit du même ordre et plutôt moins que chez le bétail évoqué au

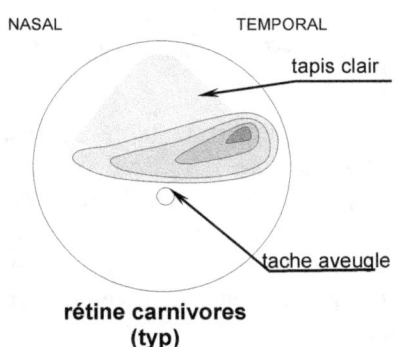

NASAL                    TEMPORAL

tapis clair

tache aveugle

**rétine carnivores (typ)**

paragraphe précédent.

Le tapis clair est moins développé que chez les ruminants, et consiste en une sorte de triangle dont la base est légèrement dorsale par rapport à la tache aveugle.

Aussi l'optique des yeux des carnivores a-t-elle bien les trois principales caractéristiques requises pour favoriser l'acuité du regard : grande taille de l'oeil – fort grossissement oculaire – forte concentration en photorécepteurs. Ce n'est donc pas en vain qu'on parle des yeux du lynx.

Néanmoins, les carnivores ne semblent pas avoir une acuité supérieure à la nôtre au contraire, et cela est probablement dû principalement à l'absence de fovéa et à une vision des couleurs dégradée (vision bichromate au lieu de trichromate), ainsi que, pour certains au moins, à une moins bonne vision binoculaire.

### (5)    Pinnipèdes

Les pinnipèdes font partie des carnivores. Cependant, leurs organes visuels diffèrent assez de ceux du reste de l'ordre, et est bien sûr adaptée à leur qualité d'animaux aquatiques.

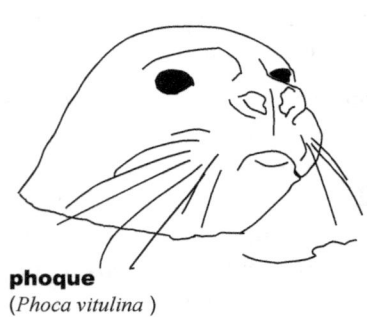

**phoque**
(*Phoca vitulina* )

A l'exception du morse, c'est à dire qu'ils soient du type de l'otarie ou de celui du phoque, ils ont de grands yeux aussi bien dans l'absolu qu'après déduction de l'effet de Haller.

Mise à part la taille qui est supérieure, l'œil des pinnipèdes généralement est assez proche de celui des cétacés. Cette proximité, et la différence avec la structure oculaire des carnivores montre, une fois de plus, l'importance des phénomènes de convergence dans la configuration des appareils visuels.

Comme chez les cétacés, le cristallin est sphérique, ce que l'on interprète comme une adaptation à la vision sous-marine.

Le caractère amphibie de ces animaux exige d'eux une vision efficace à la fois en milieu marin et aérien. On pense que c'est la raison pour laquelle ils ont développé la cornée aplatie.

Le fait pour la cornée de n'être pas courbée lui ôte, certes son pouvoir grossissant, mais, présente l'avantage de ne pas modifier le grossissement de l'image lorsque l'animal passe de l'eau à l'air ou vice versa.

La chambre intérieure est très développée, lorsqu'on la compare à celle des cétacés.

Le vitré des pinnipèdes est particulièrement rigide, et cette rigidité favorise certainement la formation de la cornée plate en autorisant une pression oculaire peu élevée.

L'iris des pinnipèdes est très développé et particulièrement bien vascularisé.

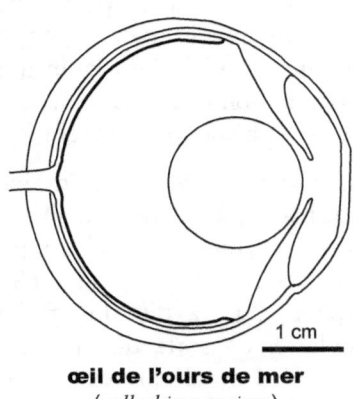

**œil de l'ours de mer**
(*callorhinus ursinus*)

1 cm

Leurs facultés d'accommodation semblent modérées. En revanche, l'ouverture de la pupille peut varier dans des proportions particulièrement larges. Corrélativement, le muscle ciliaire est très développé.

Les yeux ont un tapis clair très important. Contrairement à celui des cétacés, il s'agit d'un tapetum cellulosum ; il couvre la totalité du fond de l'œil.

## (6) Lagomorphes

Les lièvres et les lapins semblent avoir des yeux de taille comparable, mais ceux des pikas sont plus petits.

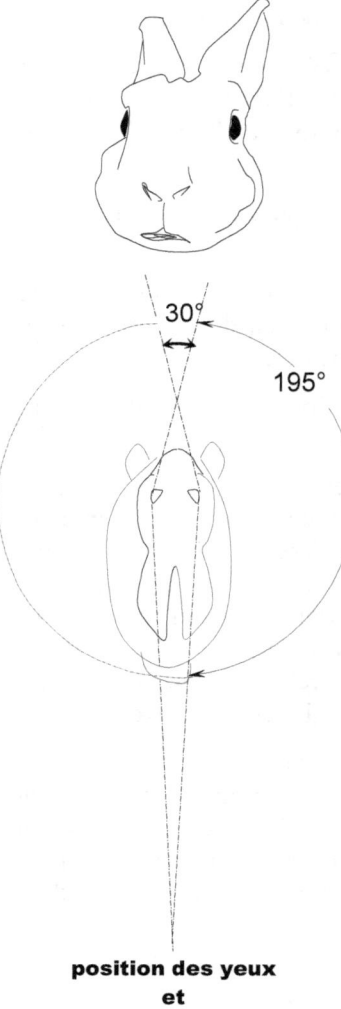

**position des yeux
et
champ de vision du lapin**

L'œil du lapin est camérulaire et assez semblable à celui de l'homme. Il présente un diamètre de l'ordre de 15mm.

La disposition des yeux est très latérale, et le lapin semble surtout se servir de deux visions monoculaires de plus d'un demi-tour chacune, qui lui fournissent un champ d'observation proche du tour complet. Il ne dirige ses deux yeux vers le même point que pour mieux observer un objet mobile : la vision du lapin n'a pas une bonne acuité, mais est très sensible au mouvement.

La cornée est beaucoup moins courbée que chez l'homme. Son rayon de courbure d'environ 14mm est très proche du rayon du globe oculaire, en sorte que l'allure générale de l'œil est celui d'une boule (voir schéma).

Le cristallin du lapin est relativement significativement plus gros que celui de l'homme.

Il se déforme beaucoup moins

sous l'action du muscle ciliaire.

Le lapin peut le déplacer légèrement d'avant en arrière pour maintenir l'image sur la rétine, mais au total, son œil accommode mal et reste réglé sur une vision de loin.

L'iris est le plus souvent marron, et relativement plus étendu que celui de l'homme, en sorte qu'on ne voit pas ou très peu la choroïde blanche.

De même que le cheval, le lapin n'a pas de fovée. Sa rétine présente cependant une zone plus riche en cônes couvrant environ 30° de champ.

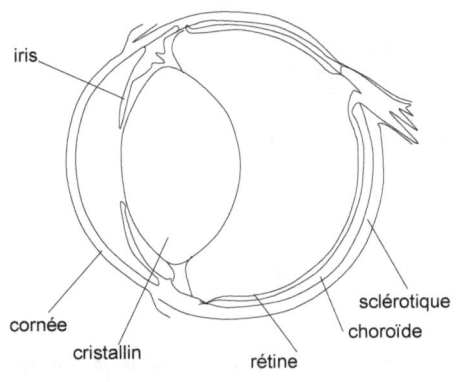

**L'œil du lapin**

Le lapin est dichromate, et n'a pas de cônes rouges, mais seulement des cônes verts (sensibilité maximale à $509\mu$ ) et des cônes bleus (sensibilité maximale à $465\mu$ ). Sa vision nocturne est bonne ; d'ailleurs, en comparaison de l'homme, il a relativement beaucoup plus de bâtonnets que de cônes.

## (7)    Rongeurs

Avec plus de vingt familles et près de 2000 espèces, l'ordre des rongeurs est, de loin le plus fourni parmi les mammifères. Les familles les plus connues et les plus abondantes sont les castoridés, les sciuridés (écureuils et marmottes), les muridés (souris), les hystricidés (porcs épics), les echimyidés (ragondins), les caviidés (cobayes), et les anomaluridés (écureuils volants). Les cabiais sont uniques et remarquables par leur taille.

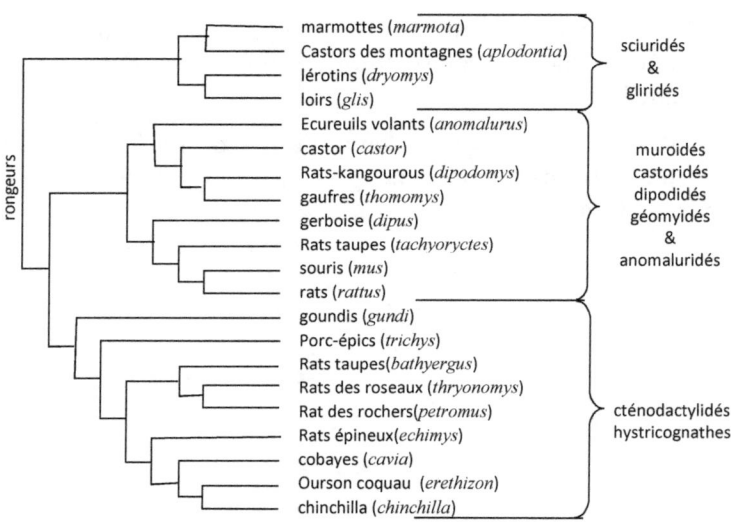

**Note** : La phylogénie des rongeurs semble encore légèrement en débat. L'arbre ci-dessous permettra néanmoins de se faire une idée de cet ordre et de ses familles.

**taille des yeux de l'écureuil volant**
*Glaucomys volans*

Il existe des rongeurs nocturnes et diurnes, des espèces fouisseuses comme le rat taupe, aériennes comme l'écureuil volant, aquatiques comme les castors, ragondins et autres rats musqués, arboricoles comme l'écureuil, commensales de l'homme comme les souris, les rats, ou encore les cochons d'Inde et les hamsters !

Les rongeurs sont des mammifères

de taille plutôt modeste. Si le célèbre cabiai d'Amérique du Sud peut peser dans les 50kg, et avec plus d'un mètre de long, est un animal de taille honorable, c'est pour les rongeurs un cas hors norme.

**rat des moissons**
(*Micromys minutus*)

Il existe en revanche des rongeurs très petits, comme le rat des moissons (micromys minutus) qui ne mesure que trois ou quatre centimètres et ne pèse que quelques grammes : les tiges du blé sont pour lui des troncs d'arbres !

Parmi les familles les plus importantes, les muridés sont à tendance nocturne alors que les sciuridés et les caviidés sont diurnes.

Compte tenu d'une si grande variété de comportements, nous devons nous attendre également à des divergences substantielles au sein de l'ordre pour ce qui se rapporte à la vision.

En général, les rongeurs ont une vue assez médiocre, mais la taille des yeux des écureuils volants et leur habileté à se déplacer rapidement dans des environnements boisés laisse augurer d'une vision mieux que correcte.

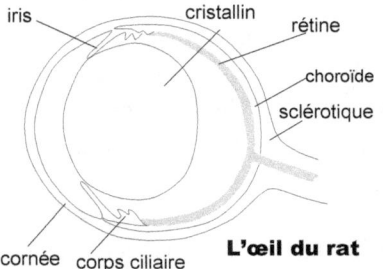

**L'œil du rat**

Tous les rongeurs souterrains ne sont pas aveugles. Le caruro, les tuco-tucos et les géomidés ont une vision colorée diurne, quoi qu'ils passent leur temps enfermés dans leurs terriers. Cependant, la plupart des rats taupes (*heliophobius, fukomys, heterocephalus glaber*) voient vraiment très mal. Quant à *Spalax ehrenbergi*, il est lui complètement aveugle, comme il a déjà été signalé.

On retrouve chez le rat des caractéristiques que nous avons rencontrées chez le lapin. En particulier, l'œil est rond : la cornée est peu protubérante.

Le cristallin est relativement beaucoup plus gros que chez l'homme et même que chez le lapin. Il ne se déforme pratiquement plus : le rat accommode très mal.

Cet état de fait est certainement corrélé à la mauvaise qualité de son acuité, ainsi qu'il sera vu plus loin lorsque nous discuterons de la profondeur focale.

La contraction de la pupille chez le rat est significativement plus importante que chez l'homme, puisqu'elle varie en diamètre de 0.2 à 1.2 mm et plus, soit d'un coefficient 6 au moins, au lieu d'un modeste trois à quatre chez nous. Par ailleurs, le myosis est très rapide et ne dure que cinq secondes environ.

Comme les autres rongeurs, les rats n'ont que deux sortes de cônes : les M et les S. Leur vision dans les rouges est donc probablement moins bonne que la nôtre, et ils sont affectés de daltonisme. En revanche, leur vision dans l'ultraviolet proche est bien meilleure que la nôtre, puisque leur opsine S est sensible à des longueurs d'onde plus faibles, et que leur cristallin est beaucoup plus transparent à ces longueurs d'onde.

La rétine des rats est moins riche en cônes que la nôtre : leur population de cônes ne s'élève qu'à environ 1% des photorécepteurs, au lieu des 5% dont nous bénéficions.

Par ailleurs le champ récepteur de leurs cellules ganglionnaires est près de 10 fois moins serré que le nôtre. C'est que, non seulement les photorécepteurs sont disposés moins densément, mais aussi que chaque ganglionnaire est connectée à un nombre plus grand de photorécepteurs, d'où l'on présume que, par rapport à la nôtre, leur vision devrait privilégier la sensibilité sur l'acuité.

Il n'en va pas de même chez les sciuridés (marmottes, chiens de prairie,...) dont la rétine est constituée majoritairement de cônes, et qui pourraient avoir une vision trichromatique, quoi qu'ils semblent ne posséder que des cônes M et S (pas d'erythrolabe).

La rétine des écureuils est également différente, puisque ces animaux sont trichromates et possèdent trois sortes de cônes.

### (8)     Insectivores

On limite maintenant les insectivores aux eulipotyphles, c'est à dire les soricomorphes (taupes et musaraignes) et les érinaceomorphes (hérissons et porc-épics), soit plus de 300 espèces, ainsi que le solénodon, seule espèce à part du groupe et en voie d'extinction.

A ce groupe, on adjoignait naguère les afrosoricidés, scandentiens, dermoptères, et macroscélidés pour former le tableau ci-dessous d'animaux dont la génétique est certes très différente, mais qui présentent des similitudes macroscopiques qui ont pu les fait tenir pour proches parents, lorsque seuls ces critères étaient à notre disposition.

La vision des eulipotyphles en général compte parmi les plus mauvaises des mammifères. Les taupes, en particulier, voient extrêmement mal. Certaines espèces sont complètement aveugles et n'ont que des yeux vestigiaux.

**hérisson (allure générale)**

Les hérissons, qui ont des yeux de taille plus conséquente y voient cependant mal. Leur rétine ne semble pas présenter de cônes. Leur perception du relief est médiocre ; on rapporte qu'un hérisson placé sur une table risque fort d'en tomber car il voit mal la différence de distance entre table et sol.

La rétine des insectivores ressemble à celle des souris et des rats et présente deux zones de concentration en cônes : une ventrale (cônes S) et l'autre dorsale (cônes M).

### (9)    Scandentiens et dermoptères

Ces animaux assez rares sont tenus pour être nos plus proches cousins vertébrés après les primates.

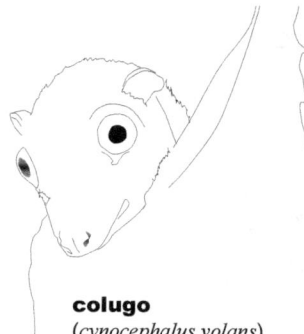

**colugo**
(*cynocephalus volans*)

Les dermoptères sont bien peu nombreux, puisqu'ils ne comprennent que les deux espèces de colugos *cynocephalus volans* et *cynocephalus variegatus* qui sont endémiques des Philippines et de Malaisie respectivement. Ces animaux planants, qu'on appelle parfois à tort lémurs volants, et dont l'aspect est intermédiaire entre écureuils volants et des chauves souris, appartiennent en fait à un ordre distinct.

Leurs yeux sont grands, et ils semblent dotés d'une excellente vision. La taille des yeux et la bonne qualité de la vision ne sont d'ailleurs que moyennement étonnantes pour des animaux noctunes ayant à se déplacer à grande vitesse entre les arbres....

A l'instar des primates catarrhiniens et des écureuils, les colugos sont trichromates et la dominance des bâtonnets est moins nette que pour le reste des mammifères. Cette communauté anatomique qui s'exerce par delà les ordres ne laisse pas d'être étonnante et on n'en peut rendre compte qu'en évoquant la convergence évolutive.

Les Toupayes forment le gros des troupes de l'ordre des scandentiens. Ils ressemblent assez à des écureuils, mais sont plutôt insectivores. Ils ont des yeux de taille moyenne.

**Leur vue est excellente et comparable à celle des primates. Leur rétine contient des cônes à longueur d'ondes longues (LWS) et courtes (SWS), ainsi que des bâtonnets, mais les cônes LWS y sont majoritaires. Ce sont avec les écureuils les seuls mammifères dont la rétine soit constituée majoritairement de cônes.**

## (10)   Chiroptères

Avec plus d'un millier d'espèces, c'est, après celui des rongeurs, l'ordre des mammifères le plus abondant.

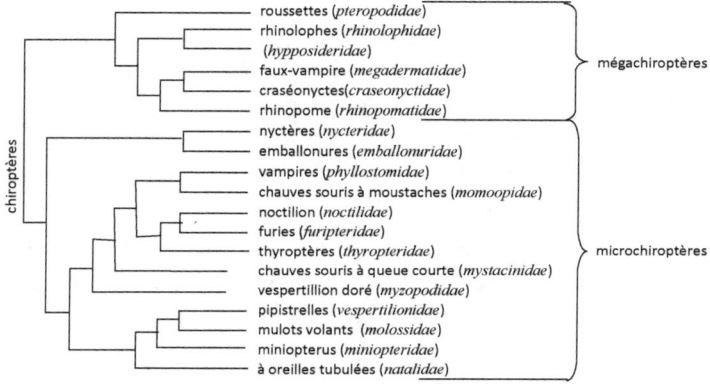

roussettes (*pteropodidae*)
rhinolophes (*rhinolophidae*)
(*hypposideridae*)
faux-vampire (*megadermatidae*)
craséonyctes(*craseonyctidae*)
rhinopome (*rhinopomatidae*)
} mégachiroptères

nyctères (*nycteridae*)
emballonures (*emballonuridae*)
vampires (*phyllostomidae*)
chauves souris à moustaches (*momoopidae*)
noctilion (*noctilidae*)
furies (*furipteridae*)
thyroptères (*thyropteridae*)
chauves souris à queue courte (*mystacinidae*)
vespertillion doré (*myzopodidae*)
pipistrelles (*vespertilionidae*)
mulots volants (*molossidae*)
miniopterus (*miniopteridae*)
à oreilles tubulées (*natalidae*)
} microchiroptères

chiroptères

**phylogénie des chiroptères**

Le tableau ci-dessus donne une idée des principales familles de cet ordre. (On distingue principalement les mégachiroptères qui sont frugivores (ptéropodidés), des autres familles microchiroptères qui sont insectivores. Cependant, la phylogénie des chiroptères est en révision depuis quelques années)

Les chiroptères ont des poids variables, mais assez modestes, variant de quelques grammes à un peu plus de cent grammes.

La taille de leurs yeux est un bon exemple de la variabilité de la vision, même dans des groupes assez restreints d'espèces.

Les espèces carnivores et frugivores ont tendance à avoir des yeux de taille moyenne et

**Roussette de Malaisie**
(*pteropus vampyrus*)

une vision correcte.

Par exemple, la roussette de Malaisie, plus grand chiroptère au monde et qui malgré son nom latin de vampyrus est un frugivore inoffensif, a des yeux de taille raisonnable.

Au contraire, les espèces insectivores telle que la pipistrelle de nos greniers ont le plus souvent de petits yeux, allant de ~7mm chez Macroderma gigas à ~0,66mm chez Natalus tumidirostris. Leur vision est souvent médiocre même si Macrotus californicus est un chiroptère insectivore à vision correcte, donc une exception infirmant la règle.

L'acuité visuelle des chauves-souris est également assez variable puisque *Macrotus californicus* que nous venons d'évoquer aurait une vision

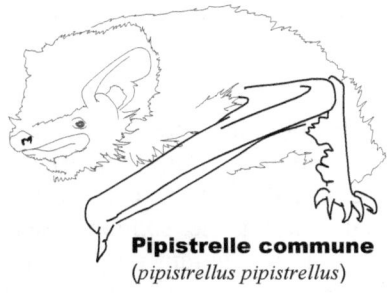

**Pipistrelle commune**
(*pipistrellus pipistrellus*)

comparable au chat avec une acuité de 0.06°, alors que beaucoup d'espèces ne font qu'un peu mieux que le degré, et que d'autres telles *Myotis daubentonii* avec une acuité visuelle de plusieurs degrés sont parmi les plus malvoyantes des mammifères.

Pour compenser leur vision de qualité variable, mais parfois modeste, les chauves souris ont recours à l'écholocation : elles émettent des cris extrêmement aigus, largement situés dans les ultrasons, et se repèrent grâce à l'écho que leur renvoient les obstacles environnants.

### (11)    Afrothériens

Le superordre des afrothériens regroupe six ordres de mammifères : afrosoricidés, macroscélidés, siréniens, tubulidentés, hyracoïdés et proboscidiens. Ce sont tous des ordres peu abondants aujourd'hui, et le nombre des espèces d'afrothériens n'atteint pas la centaine.

Les afrosoricidés (taupes africaines, tenrecs, etc...) ressemblent assez, selon les espèces, aux musaraignes, taupes et hérissons, malgré leur relatif éloignement génétique. Ils en ont la mauvaise vue.

L'ordre des macroscélidés ne comprend plus que la musaraigne à trompe, qui a des yeux de taille moyenne.

Les hyracoïdés s'identifient aujourd'hui aux damans. Leurs yeux sont protubérants et de taille moyenne. L'iris présente une forme spécifique qui dépasse légèrement de la pupille, formant une sorte de parasol.

L'ordre des tubulidentés fut jadis abondant, mais ne comprend plus qu'une espèce, l'oryctérope du Cap, qui est un insectivore aux petits yeux et à la vue mauvaise.

Les siréniens comprennent les lamantins et dugongs. Ce sont de gros animaux pouvant atteindre plusieurs mètres. Ils sont herbivores et aquatiques. Compte tenu de leur taille imposante, leurs yeux sont petits (de 1 à 2 cm de diamètre). Ils n'ont pas véritablement de paupières, mais un muscle sphincter leur permet fermer l'orifice oculaire en le recouvrant de peau. Ils possèdent par ailleurs une membrane nictitante transparente avec laquelle ils protègent leurs yeux lorsqu'ils sont sous l'eau. A la différence des autres mammifères, leur cornée est légèrement vascularisée.

La rétine présente des bâtonnets et deux sortes de cônes, comme la grande majorité des mammifères. Leur acuité visuelle est limitée.

A la différence de la plupart des autres mammifères aquatiques, le cristallin des siréniens est lenticulaire et non sphérique. Leur vision est emmétrope sous l'eau et myope dans l'air.

Les proboscidiens sont les éléphants. Il n'en existe plus que deux branches aujourd'hui (éléphants d'Afrique (*loxodonta*) et d'Asie (*elephas*)), mais leurs parents furent autrefois nombreux, et les mammouths ont longtemps cohabité avec les hommes préhistoriques, comme chacun sait. Ce sont les plus massifs des mammifères terrestres actuellement vivants.

La taille des yeux des éléphants (35 à 38mm de diamètre) est

limitée compte tenu des dimensions générales de l'animal. Ils ont de très longs cils. Les paupières sont lourdes et épaisses. Une membrane nictitante qui se ferme verticalement leur sert à protéger l'œil lors des bains d'eau et de boue qu'ils prennent volontiers.

Leurs yeux sont peu mobiles, et comme ils sont positionnés latéralement, la vision

**Eléphant**
*loxodonta africana*

binoculaire est faible.

Les éléphants n'aiment ni l'obscurité ni la lumière violente et préfèrent les zones ombragées, l'aube et le crépuscule, c'est-à-dire les ambiances présentant d'une manière ou de l'autre un éclairage modéré.

D'une manière générale les éléphants ne passent pas pour être des mammifères « visuels », et quoique leur vision soit correcte ils ont, par rapport à d'autres, davantage recours à l'odorat et à l'ouïe qu'à la vue, comme en témoigne d'ailleurs la taille de leur trompe et de leurs oreilles...

### (12)    Xénarthres et pholidotes

Ces ordres, autrefois abondants, sont maintenant réduits à un petit nombre d'espèces.

Les xénarthres forment un ordre de mammifères originaires d'Amérique du Sud, plutôt discret, et qui ne comprend plus que les tatous, les fourmiliers et les paresseux. Les yeux des tatous sont petits et leur vision médiocre. Ceux des fourmiliers et des paresseux sont également de taille modeste, et plus petits par exemple que ceux des ours auxquels ils ressemblent assez par ailleurs. Leurs performances visuelles sont également moyennes, et le fourmilier géant passe pour ne pas voir au-delà de la dizaine de mètres.

L'ordre des pholidotes ne comprend que les pangolins qui sont des fourmiliers à écailles que l'on trouve en Afrique et en Asie. Ils ont également de petits yeux.

### (13)   Marsupiaux
Avec ces animaux, nous passons d'un ordre à une sous-classe.

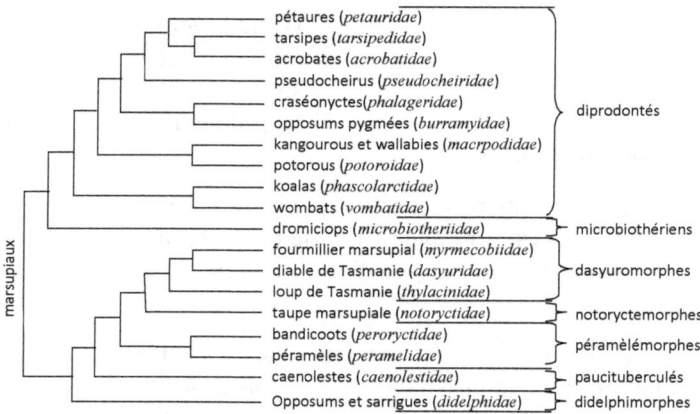

La diversité génétique des marsupiaux est grande, et il existe parmi eux des comportements diurnes et nocturnes, des herbivores, frugivores, insectivores, carnivores, omnivores etc… Les marsupiaux occupent à peu près les mêmes niches écologiques que le reste des mammifères. La grande majorité des marsupiaux vit en Australie et dans les îles associées du

Pacifique. Les paucituberculés et didelphimorphes habitent eux l'Amérique du Sud.

La vision chez les marsupiaux n'est pas identique à celle des mammifères placentaires « homologues ».

**dunnart à pieds étroits**
(*Sminthopsis crassicaudata*)

Les études ne sont pas très nombreuses, mais on sait, par exemple, qu'il existe non seulement des marsupiaux dichromates, mais aussi des trichromates.

Ainsi en est-il du dunnart à pieds étroit, qui, malgré sa ressemblance externe avec une musaraigne et des habitudes alimentaires comparables, a des yeux beaucoup plus gros et possède trois sortes de cônes au lieu de deux.

Les marsupiaux, à la différence des mammifères placentaires, possèdent, comme les oiseaux et certains reptiles, des cellules du type double cône, et des gouttelettes d'huile colorée à la base de leurs cônes.

### (14)    Monotrèmes

Il n'existe que très peu d'espèces de monotrèmes, mais leurs yeux sont assez différents de ceux du reste des mammifères, et ont une légère tendance à se rapprocher de ceux des oiseaux et reptiles.

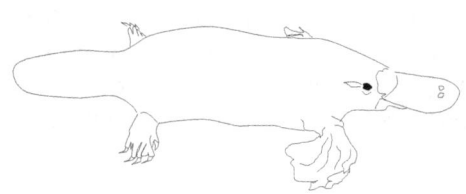

En particulier, les yeux des monotrèmes présentent un anneau scléral sur la partie antérieure, à la

**ornithorynque**
(*ornithorynchus*

manière des oiseaux et de certains reptiles. Comme chez les oiseaux, les reptiles et les marsupiaux, leurs rétines présentent des doubles cônes, à la différence des autres mammifères.

L'ornithorynque a de petits yeux d'un diamètre d'environ 6mm seulement. Il n'a pas de paupière, mais une membrane nictitante. Sa cornée est peu courbée, mais en revanche, la face arrière du cristallin l'est beaucoup. La rétine est riche en cônes. Les aires visuelles cérébrales sont peu étendues. Néanmoins l'observation de l'animal montre qu'il possède une bonne vision.

Cependant, il ne s'en sert pas lorsqu'il plonge sous l'eau pour chasser : l'ornithorynque ferme en effet ses yeux lorsqu'il chasse, ainsi d'ailleurs que ses oreilles et ses narines !

Les yeux des échidnés sont petits. Au demeurant ces animaux voient plutôt mal, et survivent assez bien même complètement aveugles. Leur rétine est riche en cônes (17%), mais ceux-ci sont répartis beaucoup plus régulièrement sur la surface rétinienne que chez les autres mammifères.

### c) *Conclusions et innovations*

Le passage des primates aux vertébrés a élargi bien sûr la plage des variations de l'acuité et de la taille des yeux, ou encore la variété des types de tapis clair ou celle des formes d'aires centrales, par exemple, mais les innovations de principe sont rares et limitées à l'apparition d'un muscle choanoïde, d'une membrane nictitante ou de pupilles horizontales chez certaines espèces, ainsi que dans les branches plus éloignées des marsupiaux et monotrèmes à la présence de cônes doubles et de gouttelettes d'huile.

Compte tenu du grand gain en variétés d'espèces, lorsqu'on est passé des primates (soit ~450 epèces) aux mammifères ( plus de ~6000 espèces) il est assez étonnant que ces innovations soient aussi limitées : La grande majorité des variations du design de l'oeil qu'on observe chez les mammifères avait déjà été expérimentée chez les seuls primates. On ne peut rendre compte de cette particularité qu'en ayant recours à des arguments de convergence ce qui revient au fond à dire que la vision dépend du mode de vie à un degré très significatif.

A la fin de ce tour rapide de la vision des mammifères, et quoique nous ayons vu apparaître chez les non primates des yeux significativement plus grands que les nôtres, il n'est pas certain que les animaux correspondants voient beaucoup mieux que nous, et il est encore assez vraisemblable que nous soyons parmi les mieux voyants des mammifères. En tout cas, c'est sur notre rétine qu'on observe les plus fortes concentrations en photorécepteurs, et nous sommes également parmi les rares mammifères à posséder trois types de cônes.

Le tableau ci-après présente quelques traits essentiels relatifs à la rétine.

| Classe | Pic de densité bâtonnets (/mm2) | Pic de densité cônes (/mm2) | Rapport cônes/bâtonnets (rétine centrale) |
|--------|--------|--------|--------|
| homme | 150 000 | 200 000 | ∞ |
| singe | 180 000 | 141 000 | ~ 30 |
| lapin | 300 000 | 18 000 | > 15 |
| chat | 460 000 | 27 000 | > 10 |
| porc | 162 000 | 26 000 | > 5 |

La position particulière de la rétine humaine se confirme. Notre fovée présente une concentration en cônes tout à fait hors norme, et cet aspect est encore renforcé par notre trichromatisme qui est lui aussi exceptionnel pour un mammifère.

Cette opinion favorable de nous-mêmes doit cependant être nuancée.

Evidemment, les mammifères marins voient mieux que nous sous l'eau ; la vision des espèces nocturnes peut être mieux adaptée à la vision de nuit, etc....

D'ailleurs ainsi qu'il est évoqué en seconde partie, les visions entre proies et prédateurs sont souvent distinctes. Les premiers semblent avoir une vision beaucoup plus sensible au mouvement : certains chevaux passent pour repérer leur maître avant que celui-ci ne le fasse, probablement en utilisant des spécificités de leur vision distinctes de ce que nous appelons acuité, et qui pourraient être une meilleure sensibilité au mouvement.

Notre vision périphérique, est par ailleurs très inférieure à celle de beaucoup d'autres.

Etc... C'est que si un classement grossier de la vision est peut-être envisageable, et qu'on peut souvent dire de deux animaux distincts que l'un y voit mieux que l'autre, lorsqu'on tente d'affiner ce classement, on atteind vite des limites. La vision est aussi un phénomène complexe qui dans ses détails ne se laisse pas classer en termes de plus ou moindre qualité. Il est nécessaire d'en séparer certaines composantes pour y parvenir, et notamment, outre l'acuité, la vision de jour et de nuit, celle des couleurs, la perception panoramique et l'appréhension du mouvement.

Il ressort également de cette rapide revue que le paramètre le plus solide pour apprécier rapidement la qualité de la vision est vraisemblablement la taille des yeux : les espèces très mal voyantes ont toujours de petits yeux ; les espèces à grands yeux voient correctement, ce qui ne veut pas nécessairement dire que leur acuité soit exceptionnelle car la vue peut être dévolue aux autres composantes de la vision comme la perception de larges champs, la sensibilité à la lumière et au mouvement, la qualité de la vision de nuit, etc...

Ce critère de taille, si simple, présente une corrélation étrange avec la phylogénie des mammifères : certains ordres semblent suivre assez docilement une loi qui les associerait directement à une taille d'yeux, et on imagine mal un ruminant qui ait des yeux tout petits ou un insectivore qui en ait de très grands. Mais d'autres y sont rétifs et, même avec un mode de vie proche, les chiroptères frugivores et insectivores par exemple, semblent résolument divisés sur la meilleure taille d'yeux à retenir pour assurer leur survie.

D'ailleurs, si la taille des yeux n'obéit que mal à la phylogénie, ce n'est aussi que la plus évidente des difficultés que l'on éprouve à relier propriétés de l'appareil visuel et arbre phylogénétique, et ces difficultés que l'on rencontre dès l'étude des mammifères ne s'amenuisent pas lorsqu'on élargit le sujet, comme nous allons le voir.

## 3. Autres vertébrés

En passant des mammifères aux vertébrés nous quittons une classe et passons à un embranchement, pour rester dans la terminologie classique.

Le nombre et la diversité des animaux considérés augmente clairement de manière considérable. Le tableau suivant permet de fixer les idées et les ordres de grandeur.

| Ordre | nombre d'espèces | grande espèce | petite espèce |
|---|---|---|---|
| mammifères | 5 500 | grande baleine bleue | musaraigne étrusque |
| oiseaux | 10 000 | autruche | colibri abeille |
| reptiles | 9 000 | crocodile marin | gecko nain de Jaraguà |
| amphibiens | 4 500 | salamandre de Chine | grenouille dorée du Brésil |
| poissons | 31 000 | régalec - poisson lune | paedocypris progenetica |
| **TOTAL** | **60 000** | | |

Si la vision des espèces de mammifères était déjà passablement diversifiée, que dire de celle des vertébrés ! Afin de permettre d'énoncer quelques généralités, on a dû effectuer une revue par classe.

La manière la plus pertinente pour la description des systèmes visuels a semblé demeurer l'ancienne division en oiseaux, reptiles, batraciens et poissons, alors qu'on pense depuis déjà longtemps que les poissons et les reptiles ne sont pas des groupes monophylétiques (voir arbre simplifié ci-contre).

C'est là un phénomène assez notable qui pourrait avoir deux causes non exclusives mutuellement : Un effet de convergence évolutive ayant séparé la vision de ces êtres essentiellement spatiaux que sont les oiseaux ou les poissons de leurs cousins rampants sur deux dimensions, ou tout simplement une connaissance insuffisante…

Note : L'ampleur des effets de convergence à laquelle on se trouve obligé de recourir pour rendre compte de certaines proximités interspécifiques d'appareils visuels est tout à fait notable et étonnante. Cet aspect peu satisfaisant et présentant parfois l'aspect d'explications ad hoc, est utilisé, souvent avec grande naïveté, par les adversaires de la théorie de l'évolution. Cependant, les arguments qu'ils mettent en avant présentent des défauts bien supérieurs...

La présence d'yeux chez les vertébrés est une règle quasi-absolue.

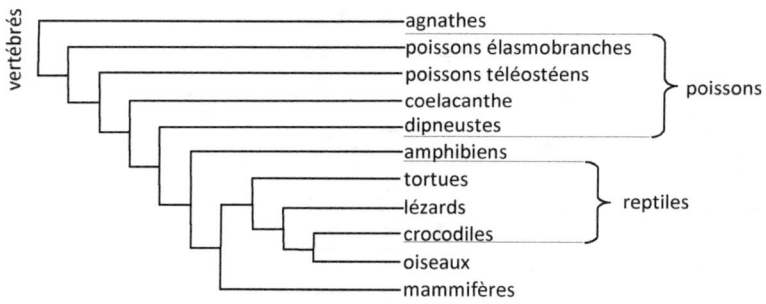

**phylogénie des vertébrés**

Les exceptions sont rares, mais d'assez nombreux animaux des profondeurs marines sont aveugles et ne possèdent que des yeux vestigiaux.

Parmi les espèces aériennes, seules sont anophtalmes des espèces cavernicoles ou fouisseuses pour lesquelles les yeux ont régressé. On a déjà cité certaines taupes chez les mammifères, et on retrouve ce phénomène chez des salamandres, poissons ou reptiles, mais jamais chez les oiseaux.

Tous les systèmes d'yeux des vertébrés sont d'un fonctionnement tellement similaire à celui de l'homme et des primates qu'il est, ici encore, plus facile de passer en revue les différences que les points communs. En particulier, les yeux de toutes ces espèces présentent cornée, cristallin, rétine, et humeurs aqueuse et vitrée. Une choroïde et une sclérotique achèvent de déterminer un globe oculaire inséré dans la tête et pourvu de muscles oculomoteurs.

Ces yeux sont appelés camérulaires, pour indiquer qu'ils fonctionnent sur le principe de la chambre noire, et leur grande similitude est assez remarquable, lorsqu'on en juge à l'aune des différences qui existent dans d'autres branches du monde animal.

On pourrait être tenté d'attribuer cette stabilité à une sorte d'aboutissement évolutif de la configuration camérulaire, mais la plus grande prudence est de mise sur ce type de présomption…

Sans préjuger de ce qui va être développé dans la suite, disons que la qualité des yeux des vertébrés nous semble assez comparable à celle des mammifères.

Les oiseaux tendent cependant à voir mieux que les autres, et la primauté de l'homme qui avait été confortée de la comparaison de sa vision avec celle des autres mammifères, se trouve battue en brèche par certains de nos compagnons volants.

### a)    *Oiseaux*

On tient, en général, que l'optique et la rétine des yeux aviaires est supérieure à celle des autres espèces : dans presque toutes les spécificités pour lesquelles des mesures peuvent être effectuées, l'œil aviaire paraît en effet surclasser les autres.

L'acuité visuelle des aigles et des faucons est légendaire, et cette légende semble confirmée par les études récentes qui tendent à la reconnaître comme la meilleure du monde animal. Nous allons le voir, tout ou presque chez les oiseaux, semble être conçu pour améliorer l'organe de la vue, même si, évidemment, compte tenu de l'existence de quelques 10 000 espèces, l'œil aviaire n'est clairement pas un objet unique, et qu'on ne saurait espérer que le même organe équippât une autruche de 2,5 m de haut pesant dans les 130 kg, et un colibri abeille de 5cm pesant moins de 2 grammes.

Note :L'ancienne classification en échassiers, palmipèdes, grimpeurs, rapaces, gallinacés et passereaux ne tient plus, et on distingue près d'une trentaine d'ordres distincts d'oiseaux.

Ce sont :

Les paléognathes (autruches, nandous, émeus, ainsi que les tinamous parfois classés à part ...), gruiformes (grues), ardéidés (hérons), charadriiformes (bécasses, vanneaux, mouettes goélands...), ciconiiformes (cigognes et marabouts), phoenicopteriformes (flamants), ansériformes (canards, cygnes), pélécaniformes (pélicans), procellariformes (albatros, pétrels), spénisciformes (manchots), podicipédiformes (grèbes), gaviiformes (plongeons), piciformes (pics, toucans, ...), psittaciformes (perruches, perroquets...), cuculiformes (coucous), galliformes ou gallinacés (poules, pintades,...), columbiformes (pigeons), falconiformes (aigles, vautours, faucons...), strigiformes (chouettes, hiboux, ducs...), cathartiformes (vautours Américains), caprimulgiformes (engoulevents), apodiformes (martinets et colibris), coliiformes (colious ou oiseaux-souris), coraciiformes (martins pêcheurs, ...), phaethontiformes (phaétons), pteroclidiformes (gangas et syrrhaptes), opisthocomiformes (hoazin), trogoniformes (quetzals), et enfin bien sûr, les passereaux ou passériformes qui restent de très loin l'ordre le plus abondant des oiseaux.

# dans le monde animal

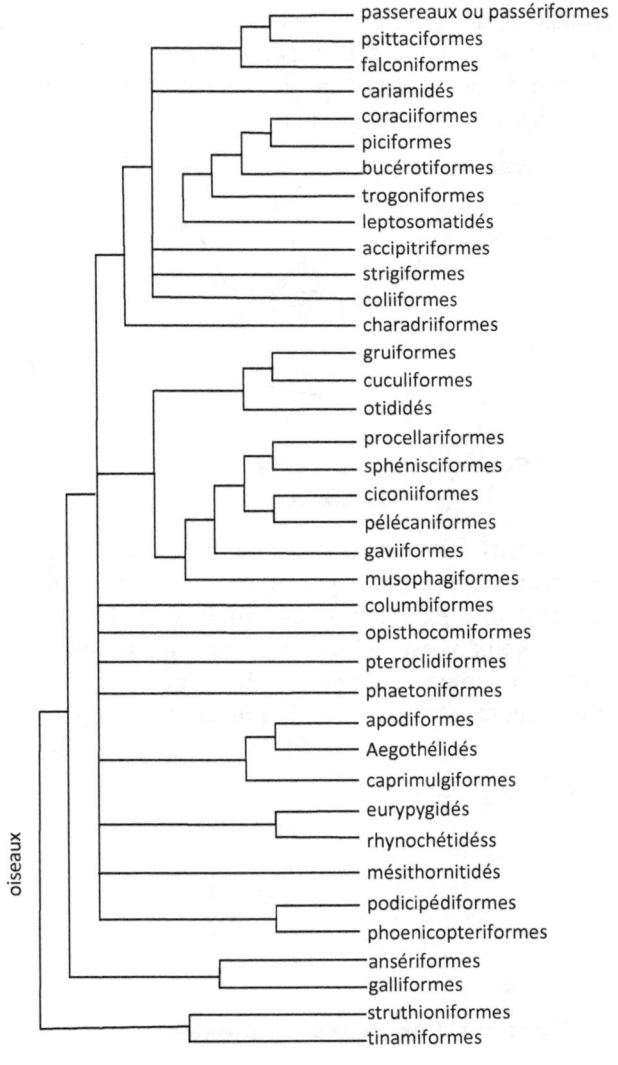

**phylogénie des oiseaux**

### (1)    Taille des yeux

En comparaison des mammifères, les oiseaux sont, en moyenne, des êtres tout à la fois plus petits et plus légers, et si on tient compte de cet élément de manière réaliste, on trouve qu'ils ont en définitive de très grands yeux.

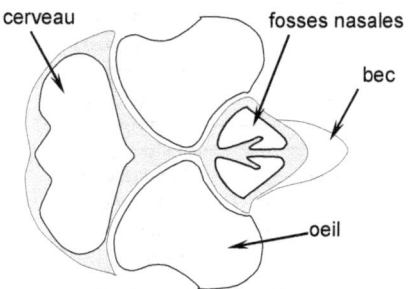

**Schéma d'un crâne de hibou
(vue de dessus)**

Le croquis ci-dessus schématise la coupe du crâne d'un hibou. On y voit la masse osseuse (en grisé), et l'encombrement des globes oculaires, des fosses nasales, du bec et du cerveau. L'énormité des yeux y est évidemment tout à fait frappante. Elle l'est un peu moins, quoiqu'elle soit encore tout à fait notable sur un schéma similaire établi pour une mésange.

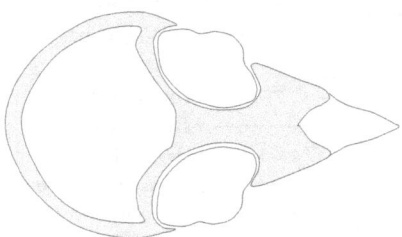

**Schéma d'un crâne de mésange**

Comme pour les mammifères, on trouve que la taille des yeux est à peu près proportionnelle non pas à la taille du corps, mais à sa puissance 0,7 environ, de sorte que les petites espèces d'oiseaux ont tendance à avoir, en proportion, des yeux plus grands que les autres. (La corrélation de la taille des yeux à la profondeur du crâne est excellente chez les oiseaux).

**grand albatros**
(*diomedia exulans*)

Au milieu de ces espèces à grands yeux, trois familles se distinguent encore par la grande taille de leurs yeux, ce sont par ordre croissant les procellariiformes (albatros, pétrels, …), les falconiformes (faucons, aigles, vautours, …), et enfin les strigiformes (hiboux, ducs, chouettes ….) qui ont, compte tenu de leur taille, les plus grands yeux de tous les oiseaux, et d'ailleurs de tous les vertébrés.

Ce sont encore des yeux d'oiseaux, les Autruches, qui détiennent le record de taille des yeux parmi les vertébrés terrestres, même s'ils restent plus modestes que ceux de la baleine ou de l'espadon.

**Autruche**
(*struthio camelus* )

Pour fixer les idées, le tableau ci-après donne une taille typique pour la profondeur des yeux d'un certain nombre d'oiseaux (on ne peut pas parler d'un diamètre de l'œil aviaire, compte tenu de sa forme ; on parle donc soit de diamètre équatorial pour désigner la taille de la section circulaire la plus grande, soit de distance axiale ou de profondeur pour désigner la dimension axiale du globe).

| nom de l'espèce | | profondeur mm |
|---|---|---|
| autruche | struthio camelus | 50 |
| albatros | diomedea | 39 |
| grand-duc d'Amérique | bubo virginianus | 39 |
| manchot royal | aptenodytes patagonicus | 26 |
| aigle d'Australie | aquila audax | 33 |
| chouette hulotte | strix aluco | 29 |
| courlis de terre | Burhinus oedicnemus | 21 |
| Bihoreau gris | nycticorax nycticorax | 18 |
| bécasse des bois | scolopax rusticola | 17 |
| héron garde bœufs | bubulcus ibis | 13 |
| puffin des Anglais | puffinus puffinus | 12 |
| pigeon | columba livia | 12 |
| étourneau | sturnus vulgaris | 8 |

**kiwi**
(*apterix australis* )

Pour illustrer la fréquente absence de règles absolues concernant les dispositions visuelles des groupes d'animaux, on notera que si l'autruche a bien les plus grands yeux des animaux terrestres, son proche parent, le kiwi, a probablement les plus petits yeux de tous les oiseaux si on tient compte de la taille. D'ailleurs les lobes optiques de son cerveau sont peu développés, et son comportement confirme une vision médiocre.

Cet étrange oiseau apporte ainsi un démenti à deux règles

simultanément : car non seulement le kiwi est-il un oiseau, mais c'est également un animal nocturne.

La grande taille des yeux aviaires a fait l'objet de conjectures visant à la justifier en tant que différentiateur positif de l'évolution.

1 cm

**colibris abeille**
(*mellisuga hellenae* )

Effectivement, les oiseaux ayant à se mouvoir dans les trois dimensions à la différence de leurs proches parents reptiles ou des mammifères, on conçoit que de bons yeux puissent représenter un avantage concurentiel particulièrement significatif dans la lutte Darwinienne pour la survie : se poser sur une branche d'arbre, par exemple, demande de toute évidence une bonne vue, et on attend à tout le moins d'un oiseau qu'il ne percute pas le sol à chaque aterrisage.

Cette idée convenablement généralisée à l'ensemble du monde animal est parfois appelée « loi de Leuckart », et peut s'énoncer comme le lien statistique entre l'agilité et la rapidité d'un animal avec la taille de ses yeux :

« Plus un animal est véloce et agile, plus grands seront ses yeux ».

On justifie ainsi la taille respectable des yeux de l'éland ou du guépard par la célérité de leur propriétaire.

Il y a vraisemblablement quelque raison dans cette loi, mais il convient d'être prudent dans son application. Malgré leurs petits yeux et leur petite taille, les microchiroptères ont une agilité et une vitesse plus qu'honorable, si on la compare à leurs congénères mammifères. Les canards ont une vitesse record de vol au long cours, alors que leurs yeux sont loin d'avoir une taille exceptionnelle pour des yeux d'oiseaux. On peut bien sûr trouver des raisons aux « exceptions » précédentes, aussi la loi de Leuckardt présente-t-elle une espèce de fondement, d'ailleurs assez intuitif.

Signalons que lorsqu'on utilise concuremment les lois de Leuckardt et de Haller, il faut prendre garde aux biais : bien évidemment, les grands animaux ont aussi tendance à aller plus vite…

### (2)    Optique

La forme de l'œil varie assez fortement selon les espèces, mais n'est jamais sphérique.

Le globe oculaire présente en effet fréquemment, au droit du cristallin, une sorte de rétrécissement alors que la rétine possède elle un diamètre significativement plus grand que le reste de l'œil.

Cette forme est particulièrement accusée chez les rapaces nocturnes (strigidés) ainsi que chez les engoulevents (caprimulgidés) ; on la qualifie de tubulaire. On la retrouve d'ailleurs chez certains poissons.

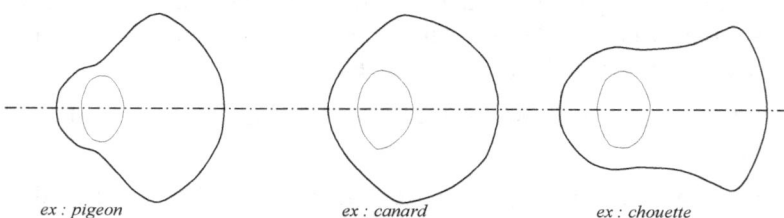

ex : pigeon            ex : canard            ex : chouette

**Formes d'yeux d'oiseaux**

L'optique de l'œil aviaire est plus complexe que celle de l'œil des mammifères. On pense qu'elle contient des zones de vision émétrope et d'autres de vision myope. La zone supérieure (au dessus de l'horizon) étant plutôt émétrope, et la zone inférieure (direction du sol) myope. Ces phénomènes ne sont pas entièrement compris, même si on peut penser qu'ils sont vraisemblablement liées à la grande variabilité requise dans la profondeur de champ par la mobilité aérienne des oiseaux (déplacements rapides dans les trois dimensions).

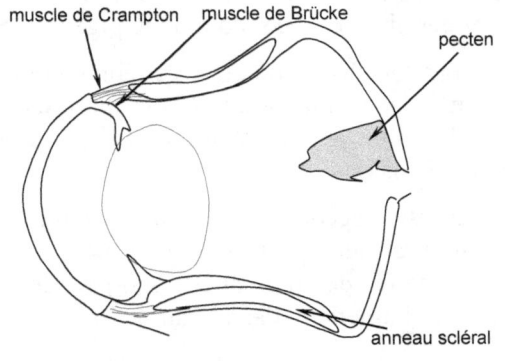

**Œil de grand duc**

Les oiseaux possèdent la faculté de contrôler les mouvements de l'iris à l'aide de muscles striés. Autrement dit on peut raisonnablement penser que ce contrôle peut être commandé, alors qu'il est exclusivement réflexe chez les mammifères.

Ils possèdent également un anneau scléral osseux qui assure à l'œil aviaire une rigidité supérieure à celui des mammifères, mais limite en revanche la mobilité de l'œil dans l'orbite.

Le muscle ciliaire est directement attaché au cristallin, sans passer par l'intermédiaire d'un équivalent filamenteux de la zonule de Zinn.

Chez certaines espèces (gallinacés et rapaces notamment), le muscle ciliaire comprend outre le muscle de Brücke utilisé pour l'accomodation de la pupille, un muscle spécifique dont l'action provoque la déformation de la cornée. C'est le muscle de Crampton. L'accomodation est alors effectuée non seulement par le cristallin mais également par la cornée.

Outre l'action des muscles de Crampton, l'effet de déformation de la cornée est obtenu par sécrétion d'humeur aqueuse : l'insertion de l'œil dans l'anneau sclérotique cartilagineux assure l'ancrage de la paroi cornéenne et autorise son gonflement par augmentation de pression interne. L'accomodation cornéenne est même supérieure à celle dûe au cristallin chez certaines espèces comme le pigeon.

Les oiseaux sont les champions des vertébrés pour ce qui est de leur capacité d'accommodation, et on interprète en général cet état de fait comme une adaptation au déplacement rapide dans les trois dimensions.

Chez les canards, l'accomodation du cristallin lors de la plongée est tout à fait spectaculaire et permet à l'œil de compenser la perte de puissance optique de la cornée consécutive à son immersion dans l'eau.

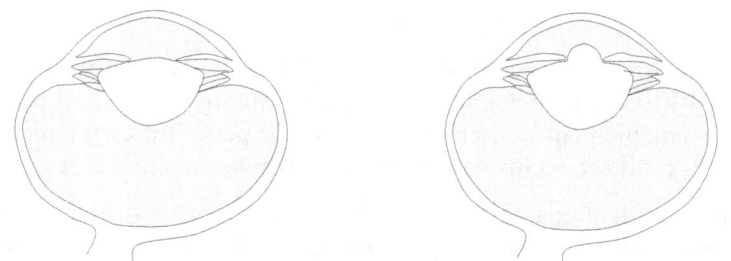

**Déformation du cristallin
d'un œil de canard lors de la plongée**

On notera également la grande variété de la forme des cristallins, et notamment de leur courbure antérieure qui peut être quasi nulle comme chez les perroquets ou à courbure nette (canards, chouettes, engoulevents).

Pour ce qui concerne l'esthétique, l'iris des oiseaux est toujours coloré. Les nuances sont extrêmement variées et on trouve du rouge, du bleu, du jaune, du vert, parfois plus ou moins doré, même si la couleur la plus fréquente reste le brun.

## dans le monde animal

La figure ci-dessous récapitule ce qui précède sur une forme d'œil « archétypique », qui pourrait être celui d'un pigeon.

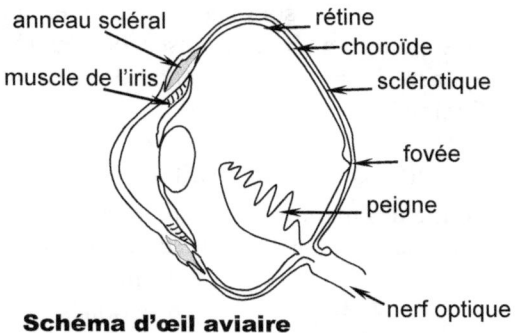

**Schéma d'œil aviaire**

Lors du myosis, la pupille des oiseaux demeure toujours circulaire. La contraction en fente ou en lunule qu'on observe souvent chez les reptiles ou les mammifères ne semble pas utlisée.

### (3)    Insertion de l'œil et appareil moteur

Les yeux des oiseaux sont moins mobiles dans le crâne que ceux des mammifères : Ils s'insèrent sur les orbites par l'intermédiaire d'un anneau cartilagineux situé à l'intérieur de la sclère au voisinage du cristallin. La direction du regard est essentiellement modifiée par la tête qui est, elle, extrêmement mobile.

Cependant, les oiseaux ont des muscles oculomoteurs et effectuent des mouvements des yeux même si ceux-ci sont d'amplitude plus réduite que chez les mammifères de par l'ancrage de l'œil réalisé par l'anneau scléral.

Les mouvements du regard aviaire incluent non seulement des saccades, la dérive et le micro-tremblement, mais également une  sorte de mouvement inconnu chez les mammifères et que l'on qualifie d'oscillation.

Ces oscillations s'effectuent en rafales brèves ; elles ont une fréquence élevée de l'ordre de 30Hz et peuvent atteindre plusieurs degrés d'amplitude. Leur fonction est mal comprise.

Les saccades et la dérive ne sont pas permanentes comme chez l'homme ; elles pourraient n'être mises en œuvre que sous forme de réponse à des mouvements de l'environnement extérieurs à l'animal.

### (4)    Rétine et photoréception

Alors que la rétine des mammifères est largement vascularisée, celle des oiseaux ne l'est pas du tout ce qui lui évite les effets d'ombre et de diffusion provoqués par la présence des vaisseaux sanguins. L'oxygénation et la nourriture du tissu rétinien sont assurées par une structure spécifique : le pecten (voir plus bas).

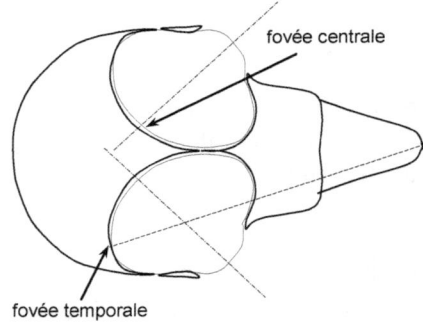

**Les deux fovées d'un falconiforme**

La densité des cellules photoréceptrices de la rétine des oiseaux est sensiblement supérieure à celle des mammifères. Ainsi, avec une densité de près de $10^6$ cellules/mm$^2$, la rétine du faucon est cinq fois mieux dotée que celle de l'homme !

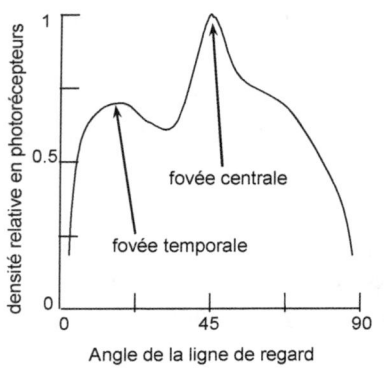

Densité des récepteurs de la rétine

Un petit nombre d'espèces d'oiseaux ne possèdent pas de fovée. C'est le cas par exemple des poulets, de certaines cailles, et des pintades. Cependant, presque tous les oiseaux diurnes possèdent une fovée, et certains en possèdent même plusieurs ! En particulier, les rapaces ont deux fovées, l'une centrale et l'autre temporale.

Ils sont d'ailleurs loin d'être les seuls oiseaux dans ce cas, et il en va de même d'espèces aussi diverses que les martin pêcheurs, les hirondelles et même les colibris.

La forme de la fovée des oiseaux est différente de celle des mammifères. Alors que cette dernière affecte la forme d'une coupelle, la fovée des oiseaux, à tout le moins la fovée centrale pour les espèces à deux fovées, a une forme beaucoup plus creusée.

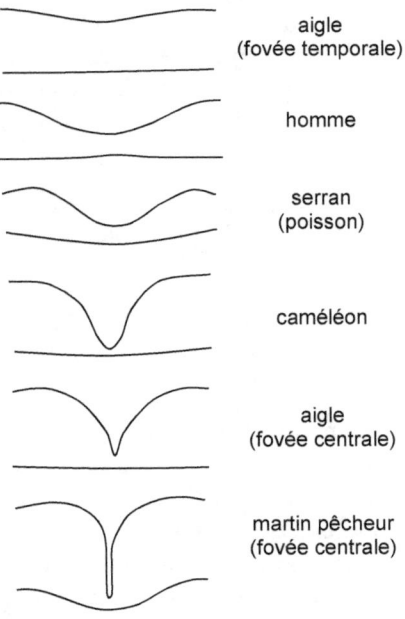

aigle
(fovée temporale)

homme

serran
(poisson)

caméléon

aigle
(fovée centrale)

martin pêcheur
(fovée centrale)

Cette particularité est d'ailleurs notable même chez les poissons ou les reptiles, ainsi qu'il ressort du schéma ci-contre montrant la forme de la fovée d'un certain nombre d'espèces.

La raison de ce creusement, et en particulier le fait qu'on l'observe chez des espèces dont l'acuité visuelle est excellente, a bien entendu fait l'objet de conjectures diverses. L'une des plus séduisantes concerne l'effet de lentille créé par la concavité de l'interface entre la rétine et le vitré.

Cependant, cette explication n'emporte qu'une adhésion partielle, et la raison profonde de ces différences ne semble pas expliquée de manière définitive.

**faucon sacre**
(*falco cherrug*)

L'argument le plus convaincant est que la forme biconvexe avec un puits central très accusé, malgré des propriétés optiques défavorables au niveau de l'acuité, présente vraisemblablement une grande qualité directionnelle permettant une différenciation exceptionnelle du mouvement dans la direction du regard, au détriment de la qualité statique de l'image.

Les deux fovéas lorsqu'elles existent sont reliées par une bande sur laquelle la densité des photorécepteurs est augmentée, et qu'on appelle l'infula.

La variété des cellules photoréceptrices est beaucoup plus grande chez les oiseaux, les reptiles et les poissons que chez les mammifères.

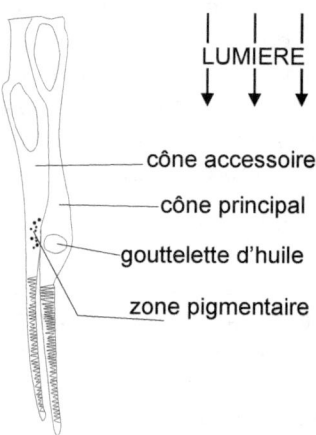

LUMIÈRE

cône accessoire
cône principal
gouttelette d'huile
zone pigmentaire

**schéma d'un double cône**

Comme chez les mammifères, les espèces nocturnes ne présentent souvent que des bâtonnets, cependant chez les variétés diurnes, au lieu de deux ou trois chez les mammifères, le nombre de sortes de cônes atteint souvent quatre, et dépassse parfois ce nombre. Par exemple, la rétine du pigeon est pentachromatique.

Quoique ce facteur soit variable selon les espèces, il y a, « en moyenne » une grande différence avec la rétine des mammifères pour ce qui concerne la proportion entre cônes et bâtonnets. Chez certaines espèces d'oiseaux diurnes les cônes constituent plus de 80% des photorécepteurs.

Les oiseaux possèdent également des photorécepteurs de type double cône en proportions variables allant de 50% de la population totale des cônes jusqu'à l'absence totale chez quelques espèces.

Les cônes présentent souvent des goutellettes d'huile colorée qui modifient l'absorbtion de la lumière dans l'optique oculaire, et dont on pense qu'elles accroissent les impressions de couleur au prix d'une légère perte de sensibilité à l'intensité lumineuse. Les colorants utilisés sont à base de carotinoïdes, et il en existe 6 sortes, une d'elles étant d'ailleurs incolore.

Les gouttelettes rouges sont associées aux cônes à fréquence faible. Les gouttelettes jaunes à des cônes verts, etc..., en sorte que la couleur filtrée est décalée vers le rouge par rapport au pic de sensitivité du pigment associé. Les gouttelettes incolores étant en général associées à des cônes bleus ou violets, ont tient qu'ils sont destinés à filtrer l'ultraviolet.

La disposition des cônes sur la rétine n'est en général pas aléatoire. Elle obéit souvent à une loi reliant espacement et densité. Cette loi est spécifique, mais identique pour les diverses sortes de photorécepteurs d'une même espèce, en sorte que considéré dans son ensemble, le pavage de la rétine présente un caractère assez régulier.

Les oiseaux perçoivent un spectre lumineux plus large que les mammifères, notamment vers l'ultra-violet.

Au niveau de la variété des cellules photoréceptrices, la rétine des oiseaux n'est cependant pas supérieure à celle des reptiles.

La rétine des oiseaux présente également des différences notables avec celle des mammifères lorsqu'on observe les couches de la rétine autres que les couches pigmentaires et des photorécepteurs.

En général, d'ailleurs, la comparaison est favorable aux oiseaux chez lesquels les réseaux d'interneurones rétiniens sont particulièrement développés.

En particulier :

- La couche plexiforme interne est plus épaisse chez les oiseaux.

- La couche nucléaire interne est plus riche en amacrines et en horizontales.

- Il y a deux espèces différentes de cellules bipolaires : les bipolaires externes (dites aussi grandes bipolaires), et les bipolaires internes (petites bipolaires). Au demeurant les bipolaires ont une structure plus arborescente dans la couche plexiforme interne, ce qui pourrait faciliter la détection de faibles contrastes, et/ou améliorer la détection de mouvement et de fréquences spatiales basses.

- Les oiseaux présentent également un nombre significativement plus élevé de cellules ganglionnaires (1 million chez le macaque rhésus à comparer à plus de 2 millions chez le poulet, le pigeon ou la caille).

Ces données semblent aller dans le même sens : un traitement par la rétine de l'information plus important chez les oiseaux que chez les mammifères.

Corrélativement, les aires visuelles cérébrales des oiseaux sont beaucoup moins développées que chez les mammifères.

D'une manière générale, il semble d'ailleurs exister une sorte de corrélation inverse entre la complexité du traitement effectué par les neurones d'interconnexion rétiniens et l'importance des aires cérébrales visuelles. C'est un peu comme si le traitement de l'influx nerveux pouvait se faire soit plutôt en amont dans la rétine, soit plutôt en aval, dans le système central…

### (5)     Persistance rétinienne

En ce qui concerne la détection des mouvements rapides, les yeux aviaires semblent également d'une qualité extrême. On a montré chez les perruches et les poules que des images d'une fréquence supérieure à 100 Hz ne fusionnaient pas. C'est au minimum deux fois mieux que chez l'homme.

L'épervier de Cooper chasse dans les bois en effectuant des vols rapides de surprise pour attraper sa proie. Son agilité à éviter les obstacles est impressionante, même s'il lui arrive, malheureusement, de se fracasser le crâne de temps à autres…

### (6)     Vision binoculaire

**aigle royal**
(*aquila chrysaetos*)

Les yeux sont situés sur les côtés, sauf chez les rapaces nocturnes (strigiformes). Le champ binoculaire est également significatif chez les rapaces diurnes (falconiformes). Cependant, chez la plupart des espèces les yeux sont nettement orientés sur les côtés, de sorte que le recouvrement des champs monoculaire n'est pas très important.

### (7)     Paupières et système lacrymal

La présence d'une membrane nictitante est systématique. Cette membrane est souvent utilisée lors du vol pour limiter le dessèchement de la cornée.

Les oiseaux ont un système lacrymal développé et produisent des larmes ainsi qu'un produit plus gras principalement destiné à lubrifier la membrane nictitante, et qui est secrété par les glandes de Harder.

(8)     Peigne ou pecten oculi

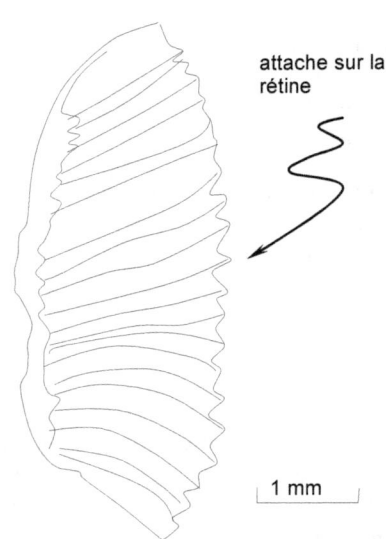

attache sur la rétine

1 mm

**pecten de la caille domestique**
(*coturnix coturnix japonica*)

La rétine aviaire n'est pas vascularisée. En revanche, les oiseaux possèdent un organe de vascularisation de l'œil assez spécifique appelé pecten oculi ou peigne. Cette structure est localisée à l'entrée du nerf optique et s'étend plus ou moins à l'intérieur du vitré, parfois même presque jusqu'au cristallin. La forme et la taille du pecten est variable selon les espèces, mais consiste en une membrane plissée et ressemble plutôt à un éventail qu'à un peigne. Le nombre des plis est variable de 5 à 30. Il y en a le plus souvent une quinzaine.

La forme en éventail n'est pas applicable au kiwi qui a un pecten réduit et conique ressemblant au cône des reptiles, ni à l'autruche et au nandou dont le peigne est en forme d'arbre à auges.

Il est établi que cet organe sert à la nourriture et à l'oxygénation de l'œil, et notamment de la rétine. Il participe aussi à la régulation du pH.

La fonction optique du pecten n'est pas certaine. Il est évident qu'il contribue à stabiliser le vitré. Il pourrait encore servir à mettre la fovée ou l'area centralis à l'ombre du soleil, à renforcer la détection de mouvement par filtrage de l'image au travers d'une structure lamellaire, voire à servir de navigateur en estimant la position du soleil. On lui a trouvé nombre d'autres utilités possibles.

L'importance du pecten est bien corrélée avec la densité des cellules photoréceptrices, dont on sait qu'elles consomment une grande quantité d'énergie. Ainsi, le pecten des rapaces est particulièrement développé, alors que la rétine de ces espèces a la plus forte concentration en photorécepteurs de tout le monde animal.

Bien évidemment, il est très probable que l'absence de vaisseaux sanguins sur la rétine puisse contribuer à améliorer l'acuité visuelle, et c'est donc le rôle évolutif que l'on assigne en général au pecten que celui d'avoir permis de dévasculariser la rétine.

Les serpents et certains poissons présentent des organes similaires, quoique moins développés.

### (9)    Tapetum lucidum

En règle générale, les oiseaux n'ont pas de tapetum lucidum à proprement parler, et les exceptions sont très rares. Le cas de l'engoulvent (caprimulgus Europaeus), avec son tapis rétinien diffus, à l'éclat blanc, disposé sur la moitié dorsale de l'œil est notoire, mais ce n'est pas une espèce bien répandue.

Certains columbiformes ont un tapetum iridien. Des cellules iridocytes situées sur l'iris y sont réfléchissantes. Cette disposition donne un reflet aux yeux, mais ne participe pas à proprement parler de la vision.

Par ailleurs, compte tenu du manque de pigments de la choroïde, un léger reflet rosâtre peut être observé sur l'œil des oiseaux de nuit strigiformes, mais les yeux phosphorescents des chouettes relèvent plus de la légende que de la réalité, et ce reflet est bien plus ténu que celui du tapetum des mammifères nocturnes.

## (10)   Acuité

En conclusion de ce paragraphe sur les mieux voyants des animaux, et afin de préciser cette notion intuitive, on pourra consulter le schéma ci-dessous.

Même si les valeurs absolues données sur le graphique peuvent diverger selon les études et les méthodes de détermination de l'acuité, le classement relatif permet de fixer les idées. Il montre que la majorité des oiseaux voit mieux que le chat, qui est, pourtant pour sa taille, un mammifère « bien voyant ».

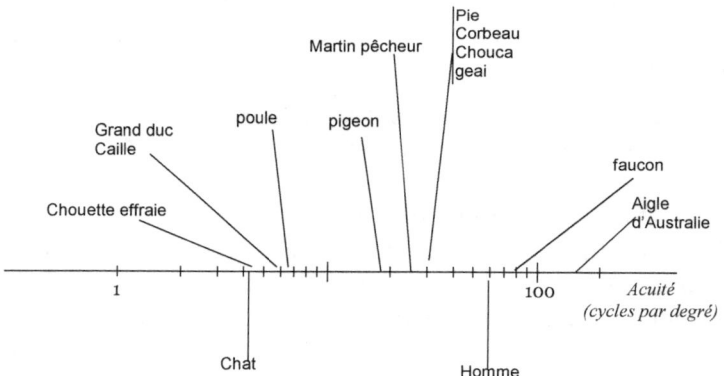

Cependant, on y constate également que l'acuité de la vision humaine, si elle est certes inférieure à celle des faucons ou des aigles, reste très honorable, même pour un oiseau. Evidemment l'effet de taille n'y est pas pour rien, et le fait qu'un simple martin pêcheur de quelques 20cm de longueur y voit quasiment aussi bien qu'un homme presque dix fois plus long et plusieurs centaines de fois plus massif, reste à porter au crédit de l'œil aviaire.

On peut penser que c'est principalement leur grande taille qui avantage les yeux aviaires par rapport aux nôtres. A taille égale, les différences s'estompent et, par exemple, le faucon brun d'Australie (*falco berigora*) a tout ensemble des yeux d'une taille et d'une acuité visuelle comparables à nous.

dans le monde animal

## (11)  Principales différences

Les étapes précédentes de notre remontée dans l'arbre du vivant pouvaient nous avoir laissés sur un sentiment de supériorité : en tant qu'instrument d'optique, l'œil humain restait inégalé, au moins pour ce qui concerne la vision diurne des détails. La considération des yeux aviaires nous oblige à nuancer ce jugement. Notre œil reste vraisemblablement l'un des meilleurs de la planète, mais semble bien surclassé par celui de plusieurs espèces d'oiseaux.

Parmi l'ensemble des vertébrés, ce sont les oiseaux qui semblent avoir la vue la meilleure : Ce sont des animaux visuels et il n'est pas rare que leurs yeux soient de taille comparable à celle de leur cerveau tout entier.

Les oiseaux se différentient des mammifères par les points principaux suivants, qui sont comme des « innovations » sur le design de l'œil, innovations auxquelles il est difficile de ne pas accorder le qualificatif d'améliorations :

– Pas de vascularisation de la rétine, mais présence dans le vitré d'un organe spécifique : le pecten,

– Augmentation de la variété des photorécepteurs : jusqu'à cinq types d'opsines, parfois même plus ; doubles cônes ; cônes triples et quadruples,

– Présence de gouttelettes d'huile dans les cônes,

– Mobilité supérieure de la tête

– Forte densité de photorécepteurs et fovée double

– Augmentation de l'intervalle des couleurs visibles, notamment vers les UVs

– Possibilité d'accommodation non seulement à l'aide du cristallin mais aussi de la cornée

– Contrôle volontaire de l'ouverture de la pupille.

La moindre mobilité de l'œil dans l'orbite, d'ailleurs partiellement compensée par une mobilité supérieure de la tête, est également un différenciateur de la vision aviaire mais on peut cette fois se demander s'il s'agit bien d'un différenciateur positif.

L'œil aviaire apporte donc plusieurs innovations significatives lorsqu'on le compare à celui des mammifères, la principale étant bien entendu sa taille.

Certaines « innovations » déjà observées chez les mammifères marginaux que sont les marsupiaux et les monotrèmes sont généralisées (doubles cônes ; gouttelettes d'huile).

La variété des cellules photoréceptrices est augmentée (quadri et même pentachromatisme), l'usage de fovées est généralisé et il apparaît des yeux à deux fovées de formes distinctes. Par ailleurs, la rétine est dévascularisée et son approvisionnement en oxygène notamment est effectué par un organite entièrement nouveau : le pecten.

Les innovations vont maintenant se rallentir au fil de notre exploration de l'arbre phylogénétique des animaux. Bien évidemment, la diversité du design des yeux ne va cesser de croître au fur et à mesure qu'on incluera plus d'espèces. Mais la palette des principales variables utilisées couramment par la nature pour définir un œil camérulaire est maintenant quasi-complète, et nous allons devoir attendre jusqu'aux céphalopodes avant d'en découvrir les ultimes variations.

### b) Reptiles

La classe des reptiles ne constitue pas un groupement monophylétique, et il faudrait lui adjoindre les oiseaux pour qu'il en soit ainsi. Ce n'est pas non plus un groupement très homogène. Elle comprend neuf à dix mille espèces dont l'essentiel est constitué des squamates, divisés en lézards ou sauriens (3 000), une majorité de serpents ou ophidiens et quelques amphisbènes, le reste étant réparti en crocodiliens (25), testudines, dits aussi chéloniens ou tortues (300), et sphénodontiens (2 espèces de sphénodons).

## dans le monde animal

Note : La classification des reptiles est l'une des plus délicates, compte tenu des nombreuses espèces fossiles à prendre en compte.

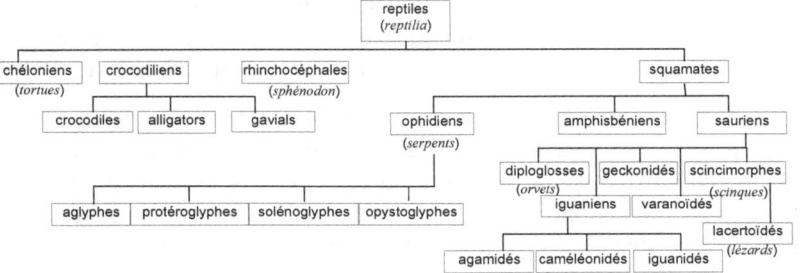

Toute classification phylogénétique devrait d'ailleurs y inclure les oiseaux. Le tableau ci-dessus n'est destiné qu'à fixer les idées sur les principaux genres de reptiles (tortues, crocodiles, serpents, amphisbènes, lézards, iguanes, geckos, varans, orvets, tégus, agames, caméléons, sans bien sûr oublier les célèbres sphénodons, rhinchocéphales notoires).

Les yeux des reptiles présentent assez peu de caractéristiques uniques ; ils tiennent surtout des yeux des oiseaux et un peu des poissons, tout en n'atteignant pas la qualité des premiers.

### (1)    Taille des yeux

**python réticulé**
(*broghammerus reticulatus*)

Comme pour toutes les classes, la taille des yeux est reliée à la taille de l'animal, en sorte que les yeux du python réticulé, du crocodile du Nil, ou de la tortue luth qui sont les géants des reptiles, sont évidemment plus gros que ceux du gecko nain de Jaraguà (*sphaerodactylus ariasae*) qui est parmi les plus petits. Une fois compte tenu de la grandeur de l'animal, on trouve que, par rapport à celle des autres vertébrés, la taille des yeux des reptiles est variable. Plutôt modeste chez les serpents et les tortues, elle est honorable chez les crocodiles et même assez grande chez certains squamates, en particulier des geckos.

Le tableau ci-après présente un petit nombre de reptiles, et la taille approximative de leurs yeux :

| | | taille de l'œil |
|---|---|---|
| crocodile du Nil | Nile crocodile | 35 mm |
| tortue peinte | Painted Turtle | 8mm |
| serpent à sonnette | Rattlesnake | 8mm |
| python indien | Indian python | 8mm |

(2)    Optique

L'œil des reptiles est d'allure générale ovoïde, avec une tendance importante à ce que la profondeur soit inférieure à la largeur, comme chez beaucoup d'oiseaux. Chez les lézards et les tortues (lacertilia et chelonia), la face antérieure de la sphère est renforcée par un osselet intérieur, également comme chez les oiseaux.

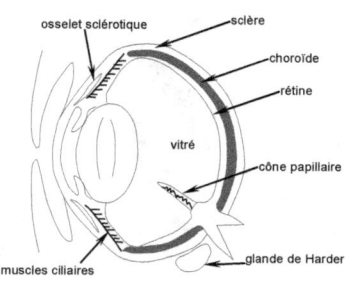

œil de lézard (typ)

La forme de la pupille est variable. Elle est assez souvent circulaire (serpent des blés elaphe guttata), mais peut être en fente verticale (crotales, vipères). Elle est horizontale chez le genre *Ahaethulla*. Les serpents fouisseurs (typhlopidae) sont aveugles.

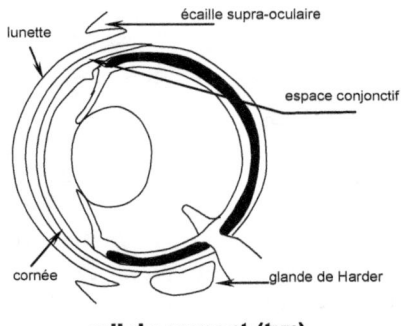

**œil de serpent (typ)**

Le système d'accomodation est également variable. Il peut se faire soit par déformation du cristallin, comme chez les lézards, soit par déplacement d'avant en arrière de la lentille (serpents), se rapprochant du fonctionnement des oiseaux dans le premier cas et de celui des poissons dans le second.

La présence de paupières n'est pas systématique chez les reptiles. Les serpents n'en n'ont pas en général. En revanche, les lézards en ont, sauf la plupart des geckos. Chez ces derniers, seuls les eublépharinés possèdent des paupières, à la différence des geckonidés ou geckos vrais qui en sont dépourvus.

Les serpents et les geckos vrais ont remplacé la paupière de leurs parents par une membrane transparente qui couvre leurs yeux en permanence et qu'ils se nettoient avec la langue. On l'appelle parfois la lunette (voir vue en coupe précédente).

Lors des mues, cette écaille se détache comme le reste de la peau de l'animal, ce qui cause en général une baisse momentanée de l'acuité visuelle qui peut durer tout au long de la mue.

### (3)    Rétine et photoréception

Les lézards ont fréquemment des yeux à fovée, mais tous les reptiles n'en n'ont pas.

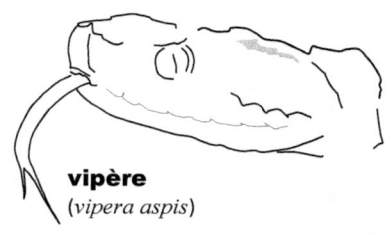

**vipère**
(*vipera aspis*)

Pour ce qui concerne les photorécepteurs, le monde des reptiles est celui qui présente la plus grande variété parmi les vertébrés. On trouve des rétines ne comprenant que des bâtonnets (ex le typhlops commun d'ailleurs pratiquement aveugle), des rétines à cônes et bâtonnets (pythons, boas), mais aussi des rétines à 4 types de cellules visuelles, avec en plus des cônes et des bâtonnets des « cônes épais simples » et des « cônes épais doubles ». Tel est le cas par exemple de la vipère.

Les cônes normaux sont en revanche absents des rétines des crotales, et certaines couleuvres n'ont pas de bâtonnets en sorte que leurs rétines ne présente que deux types de photorécepteurs mais « anormaux » pourrait-on dire.

On trouve chez les reptiles une structure vascularisée qui pénètre dans le vitré d'une manière similaire au peigne des oiseaux ; c'est le cône papillaire.

On trouve également les six ou sept muscles oculomoteurs.

Les petits mouvements des yeux des reptiles ne semblent pas avoir été très étudiés. L'œil de la tortue de mer présenterait un mouvement de dérive, et un mouvement périodique comparable au micro-tremblement, mais de fréquence plus basse.

Les crocodiles ont un tapetum lucidum assez particulier, que l'on qualifie de rétinien, car il est situé non pas sur la choroïde, mais sur la rétine. Ils partagent cette particularité avec les marsupiaux, les poissons téléostes, ainsi que certaines chauve-souris.

Chez certains animaux à sang froid (reptiles, bactraciens, poissons,) le métabolisme prévoit de surélever la température des yeux et du cerveau par rapport à celle du reste du corps.

### (4)    Œil pinéal

Chez certains reptiles, on trouve une espèce de troisième œil, sorte de tache luminosensible située sur le dessus du crâne, entre les deux yeux : c'est l'œil pinéal.

**sphénodon**
(*sphenodon punctatus*)

Cet œil n'est relativement développé que chez le sphénodon, fossile vivant de Nouvelle Zélande, mais on le trouve également chez certains lézards (Lacerta vivipara, Anguis fragilis, etc.), sous une forme plus réduite.

Le rôle de cet organe n'est pas entièrement clair, mais il semble bien participer à la régulation du rythme circadien de l'animal. Comme il communique avec l'encéphale par un orifice que l'on retrouve chez de nombreuses variétés fossiles, on pense qu'il était beaucoup plus répandu naguère.

Des yeux similaires se retrouvent également chez certains batraciens (grenouilles) et poissons (lamproies).

Il n'y a d'œil pinéal ni chez les oiseaux ni chez les mammifères.

### (5) Quelques catégories et espèces particulières

Ainsi que nous l'avons déjà indiqué, la grande variabilité des espèces de la classe des reptiles fait que les généralités concernant leur vision sont limitées. C'est pourquoi nous présentons ici quelques descriptions plus spécifiques relatives à quelques ordres importants.

### *(a) Crocodiles*

On pense en général que les crocodiliens sont les plus proches parents vivants des oiseaux, et que ces deux classes prises ensemble formeraient, phylogénétiquement, le groupe monophylétique des archosauriens. Quoiqu'il en soit de cette parenté probable, elle n'est pas à remettre en cause par leurs yeux qui présentent effectivement un certain nombre de caractères communs avec ceux des oiseaux.

**crocodile du Nil**
(*crocodylus niloticus*)

D'abord, les yeux des crocodiles sont plutôt grands.

Ils sont situés sur le dessus du crâne et sont peu espacés l'un de l'autre. L'orientation assez oblique des orbites par rapport à l'axe de symétrie de l'animal leur laisse un angle disponible pour la vision binoculaire d'une dizaine de degrés.

La cornée est assez plate, mais possède tout de même, dans l'air, une puissance optique non négligeable (typiquement 30 à 50 $\delta$). Le cristallin est plus globuleux que chez les oiseaux, et d'une manière générale l'accomodation des crocodiles ne semble pas excellente. En particulier, les crocodiles ne semblent pas accomoder assez sous l'eau en sorte que leur vision sous-marine est probablement floue.

La sclère est fixée à l'orbite par un cartilage à la manière des poissons.

L'iris est épais et muni de lipophores qui lui donnent une coloration brune souvent assez claire. La pupille se ferme selon une lunule verticale.

Les crocodiles ont des paupières, d'ailleurs très épaisses, ainsi qu'une membrane nictitante. Cette membrane, qui se ferme d'avant vers l'arrière, est transparente comme celle des geckos, et l'animal la ferme lorsqu'il est sous l'eau.

Ils possèdent un muscle rétracteur du globe, qui leur permet d'abriter l'œil sous la voûte cranienne, ce qu'ils font en particulier lorsqu'ils attaquent leurs proies.

Conformément à la légende, les crocodiles ont des glandes lacrymales, et peuvent donc verser des larmes. Ils ont de plus, comme les oiseaux, une série de petites glandes, dites de Harder, qui sécrètent un produit huileux qui leur permet de lubrifier la membrane nictitante.

Leur rétine présente, au dessus du disque optique, une bande horizontale sur laquelle la concentration en cellules photoréceptrices est particulièrement élevée.

Cette bande est analogue à l'area centralis des mammifères ou à l'infula des oiseaux. Ils possèdent deux sortes de cônes, mais leur rétine est à dominance nette de bâtonnets, comme on aurait pu s'attendre d'animaux au comportement à tendance nocturne prononcée.

Curieusement, compte tenu de leur parenté avec les oiseaux, le cône papillaire des crocodiles est extrêmement réduit.

Encore à la différence des oiseaux qui n'en possèdent jamais, les crocodiles possèdent un tapetum lucidum couvrant un peu moins que l'hémisphère située au dessus de la papille. Ce tapetum rétinien donne un éclat rouge aux yeux lorsqu'ils sont éclairés la nuit.

### (b) Tortues

Les tortues forment un groupe de reptiles beaucoup plus varié que les crocodiles. Il existe des tortues terrestres, des tortues aquatiques (tortue de rivière), et des tortues marines.

Ce sont des animaux extrêmement anciens pour des vertébrés, et on en trouve des fossiles datant de 200 millions d'années et plus.

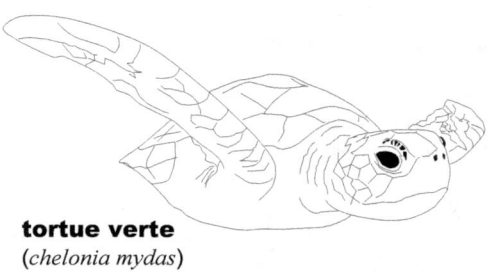

**tortue verte**
(*chelonia mydas*)

La taille des tortues est très variable et la différence entre une tortue luth (*dermochelys coriacea*) de 500kg et 1,80m ou plus et un homopode marqué (*homopus signatus*) de 150g et de moins de 10cm serait notée par le moins attentif des observateurs.

Les yeux des tortues sont petits, comme d'ailleurs le reste de leur tête.

On peut observer sur le seul groupe des tortues l'adaptation de l'optique à la vie marine. La forme de l'œil des tortues marine est oblongue et irrégulière. Elle présente sur la face interne une sclère épaisse à la manière des cétacés, ainsi qu'un os scléral comme les oiseaux et les lézards. La sclère s'épaissit au fil de la croissance de l'animal.

Le cristallin est sphérique.

Les tortues marines ont une sensibilité moyenne à la lumière et leurs yeux ont une ouverture plus grande

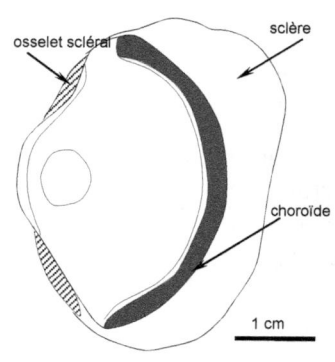

osselet scléral
sclère
choroïde
1 cm

**œil de tortue luth**

que les poissons (nous entendons par ouverture, le rapport $d/f$ du diamètre de la pupille à lafocale de l'œil).

En revanche leur acuité estimée vers le 1/10 de degré est raisonnablement bonne dans l'eau et comparable à celle de l'espadon qui a pourtant des yeux bien plus gros. Cependant, elles accomodent mal et leur acuité en vision terrestre est médiocre.

Au demeurant, les tortues n'ont pas une rétine riche en bâtonnets. Elles y voient mal de nuit.

La plupart des tortues ont 4 espèces de pigments distincts, et leur rétine couvre une plage de vision colorée importante. Elle est par exemple de 390nm à 640 nm chez les tortues franches, ce que recoupe le fait qu'elles réagissent à des signaux situés dans l'UV proche. Leur rétine est par ailleurs parsemée de gouttelettes d'huile colorée, comme celle des oiseaux, et on peut donc penser que les tortues dfférencient finement les couleurs.

Malgré la sensibilité moyenne, la fréquence de fusion des tortues est élevée, et plutôt meilleure que celle des poissons.

En confirmation de la variabilité de l'optique oculaire avec les espèces, on notera que l'œil des tortues terrestres ne porte pas les marques d'adaptation à la vie marine que nous devons de décrire. En particulier, leur cornée est bombée et le cristallin n'est pas sphérique. Par ailleurs, elles n'ont pas de canal lacrymal.

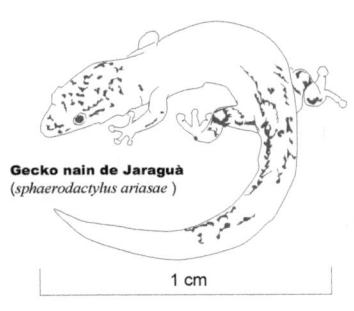

**Gecko nain de Jaraguà**
(*sphaerodactylus ariasae* )

1 cm

### (c)  Geckos

Avec environ 700 espèces, la famille des geckos est l'une des plus riches des sauriens.

Ces animaux sont souvent de taille moyenne, allant en gros de 5 à 40 cm, même si certaines familles comme les sphaerodactyles sont naines avec des longueurs de l'ordre de 2 cm, voire moins.

Ils sont remarquables par les ventouses qui terminent leurs doigts et qui leur permettent de se déplacer sur des surfaces invraisemblables comme des parois de verre verticales. La plupart d'entre eux sont nocturnes, et seuls ¼ environ sont diurnes.

Les geckos sont des animaux visuels et possèdent en général de grands yeux. Ce sont d'ailleurs les champions de la bonne vue parmi les lézards. Ils perçoivent les couleurs.

L'œil est quasiment dépourvu de blanc, et la couleur de l'iris est très variable selon les espèces : gris, marron, orange, doré, rosé. L'iris présente souvent des motifs, sous forme de stries plus sombres en forme de bandes ou de lignes fines.

Lors du myosis, la forme de leur pupille contractée est variable. Les espèces diurnes ont des pupilles rondes ; les nocturnes ont des pupilles verticales formant soit des lunules, comme les chats, soit des fentes similaires à celles des geckos à queue plate dont nous allons parler maintenant et qui sont parmi les plus étranges des geckos.

**gecko à queue plate**
(*uroplatus fimbricus*)

Les yeux de ces geckos (uroplatus) passent pour être particulièrement efficaces de nuit. Ces animaux, endémiques à Madagascar et qui ne le cèdent qu'aux caméléons pour la qualité de leur camouflage, possèdent de gros yeux à l'iris strié.

# dans le monde animal

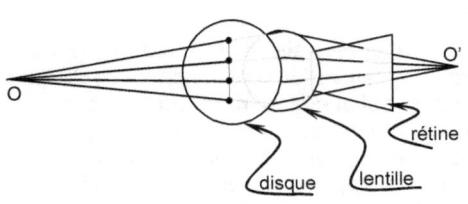

**principe du disque de Scheiner** : L'image O' du point O ne sera nette sur la rétine que pour les points O situés dans le plan focal. Pour les autres points, comme sur la figure, l'image de O est multiple, donc les objets sont perçus flous.

Un objet situé dans le plan focal va donc se détacher du reste du paysage : il paraît net sur fond flou, comme sur les vues prises au téléobjectif.

De jour, leur pupille se contracte en une fente quasi fermée, et ne laissant ouverts qu'une série d'orifices minuscules disposés comme des pointillés le long du méridien central.

Cette forme de pupille pourrait agir à la manière d'un disque de Scheiner et permettre à l'animal une accommodation particulièrement précise, renforçant ainsi son évaluation des distances.

Avec une taille adulte d'une bonne trentaine de centimètres, *uroplatus fimbricus* est l'un des plus grands d'entre eux, et son aspect insolite lui vaut d'être reconnu comme un animal de compagnie choisi, quoique délicat d'élevage...

La qualité de sa vision nocturne est légendaire. On dit qu'il y voit mieux que les chats dans l'obscurité.

**Note** : Le Jésuite Allemand Christoph Scheiner est l'un des savants emblématiques de l'opposition à Galilée. Il lui dispute d'ailleurs la découverte des taches solaires. Sa position inconditionnellement papiste et toute « jésuitique » vis-à-vis du problème de l'héliocentrisme était une caricature qui, venant d'un homme si visiblement intelligent, ne laissait pas d'inquiéter Descartes. Elle lui était presque évidemment inspirée par un déchirement entre la fidélité à son serment d'obéissance à la hiérarchie de l'Eglise, et l'évidence de ses observations personnelles. La figure de Scheiner est donc perçue de nos jours au mieux comme un peu molle au pire comme louvoyante, et on en oublierait presque que c'était aussi un esprit authentiquement curieux.

En 1619, Scheiner observe une lumière située au loin au travers d'un disque perforé de petits trous, et fait varier la distance de ce disque à l'œil. Il remarque que la lumière est vue en général comme formée de points distincts correspondants aux trous du disque, sauf pour une certaine distance, pour laquelle les points semblent fusionner. Cette observation constitue ce qu'on appelle désormais le principe du disque de Scheiner. La méthode peut servir à juger du caractère myope ou hypermétrope de l'optique oculaire, et est à la base de certains aberromètres modernes.

### *(d)    Caméléons*

La vision du caméléon est spécifique. Cet animal possède deux yeux, assez gros et globuleux, situés latéralement de chaque côté de la tête. C'est un insectivore qui attrappe ses proies en sortant de sa bouche à toute vitesse une langue gluante deux fois longue comme sa tête.

Ses yeux sont recouverts d'une paupière circulaire épaisse qui ne laisse libre qu'une petite ouverture au droit de la pupille. Cette paupière circulaire est formée par la fusion des deux paupières ; elle fournit à l'œil une excellente protection mécanique, mais limite sa mobilité et son champ de vision.

Peut-être pour compenser ce handicap, les deux yeux se meuvent indépendamment l'un de l'autre. C'est une faculté très rare que le caméléon ne partage à peu près qu'avec le lançon, espèce de poisson évoquée plus loin.

**caméléon**

Ces yeux mobiles chacun de leur côté permettent finalement à l'animal de voir dans presque toutes les directions situées au devant de lui, à l'exception de la partie située au dessus de sa tête.

Lorsqu'il a saisi un objet digne de son attention, le caméléon parvient à fixer son regard en orientant ses yeux vers cette direction. Cela pourrait contribuer à lui permettre d'apprécier avec finesse la distance dont sa proie est éloignée pour évaluer le mouvement à effectuer pour la capturer avec sa langue.

Cependant, il n'est pas certain que l'orientation des deux yeux soit le facteur prédominant, car le caméléon ne semble pas doué d'une vision stéréoscopique nette, et parvient bien à capturer ses proies à l'aide d'un seul œil.

Ce qui est plus exceptionnel, et pour tout dire unique chez les vertébrés c'est la faible puissance optique du cristallin. Au repos, le cristallin du caméléon a même une puissance négative, et son œil est très myope ; de l'ordre de 12 dioptries.

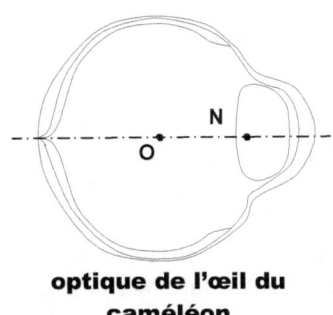

**optique de l'œil du caméléon**

L'accomodation diminue un peu la myopie, mais il subsiste un grossissement très significatif de l'image, ainsi qu'un déplacement net du point nodal du centre géométrique vers l'iris. On pense que cette disposition aide le caméléon à évaluer avec une très bonne précision la distance où se trouvent ses proies.

En effet, lors de la rotation de l'œil autour de son centre **O**, le point nodal **N** est également très déplacé.

Les images d'objets situés à des profondeurs différentes se trouvent donc subir des déplacements différentiels sur l'image rétinienne, ce qui autorise une vision en relief monoculaire. (voir le schéma développé pour le lançon au chapitre sur les poissons)

Au total, le caméléon a une excellente acuité visuelle, et

perçoit des couleurs entre 0.375 et 0.61 µ. Sa rétine ne contient pas de bâtonnets, mais une grande variété de cônes. Il possède églement un œil pariétal rudimentaire.

### c)  *Amphibiens*

Sur les quelques 4500 espèces de batraciens, 4000 sont des grenouilles ou des crapauds (anoures), 400 sont des salamandres ou des tritons (urodèles) et moins de 200 sont des gymnophiones.

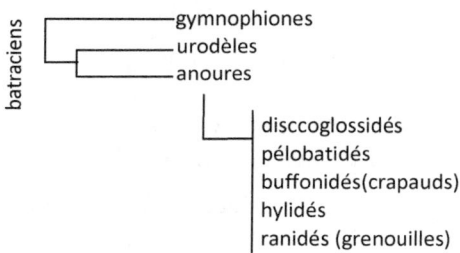

**phylogénie des batraciens**

La taille du corps des amphibiens, varie de 1cm et moins pour la grenouille dorée du Brésil (*brachycephalus didactylus*) ou la grenouille de Nouvelle Guinée (*paedophryne amauensis*), à plus de 30 cm pour la grenouille Goliath (*conraua goliath*), et les salamandres géantes de Chine et du Japon (*andrias davidianus* et *japonicus*) atteignent les 1.5 m de longueur. Il y a donc dans cette classe une variété de taille notable, mais cependant plus limitée que dans les autres classes de vertébrés.

Les gymnophiones sont des animaux fouisseurs. Leur vision est toujours extrêmement mauvaise, ainsi que l'indique leur autre nom commun de cécilies. Leurs yeux sont souvent vestigiaux et situés

1 cm

**grenouille dorée du Brésil**
*(brachycephalus didactylus)*

122

sous la peau, parfois même sous le crâne.

Tous les autres bactraciens ont des yeux, même si le protée, espèce de salamandre cavernicole d'Europe et son parent Texan *eurycea rathbuni* n'ont que des yeux vestigiaux et sont complètement aveugles. Eu égard à la petite taille des corps, les yeux des batraciens sont même comparativement grands.

Les yeux des batraciens sont assez semblables à ceux des autres vertébrés, et se situent assez bien entre les reptiles et les poissons.

La taille des yeux des grenouilles varie évidemment avec celle de l'animal. Elle a également tendance à être plus importante chez les variétés arboricoles et terrestres que chez les espèces aquatiques (tritons) ou fouisseuses.

Evidemment les yeux des grenouilles et des crapauds sont, comme chacun sait, très remarquables, et semblent comme sortir de leur tête. Leur champ de vision est très étendu et proche du tour complet.

**Grenouille aux yeux rouges**
*(agalychnis callidrias)*

La sclère est dure et cartilagineuse.

Comme chez les reptiles, la forme de la pupille est variable selon les espèces, et peut être aussi bien verticale qu'horizontale.

La couleur de l'iris est souvent magnifique allant de tons métalliques dorés aux argentés en passant par les rouges, les orangés, les jaunes et les bleus dans des tons les plus vifs ou les plus pâles selon les espèces.

Le cristallin des amphibiens est spérique comme chez les poissons, et comme chez les poissons, l'accomodation est réalisée par déplacement d'ensemble (voir section poissons).

Cependant, le déplacement pour la vision de loin s'effectue vers l'avant et non pas vers l'arrière. Au demeurant l'accomodation des amphibiens est souvent médiocre, et bon nombre d'espèces n'accomodent pas du tout.

Les grenouilles possèdent un muscle rétracteur du globe qui leur permet de rentrer leurs yeux à l'intérieur du crâne vers la cavité buccale. L'animal s'aide d'ailleurs de ce mouvement pour ingérer ses proies.

**salamandre commune**
*(salamandra salamandra)*

La plupart des anoures et des urodèles possèdent des paupières. La paupière supérieure de la grenouille est une membrane épaisse et peu mobile. Elle se contente de masquer l'œil lors de sa rétraction à l'intérieur de la tête. Les grenouilles posssèdent une membrane nictitante transparente, qui leur sert à protéger l'œil lors de leurs déplacements sous l'eau. Cette membrane est située sous la paupière inférieure lorsque l'œil est ouvert.

Les crapauds pipides (pipidae), les gymnophiones, et les salamandres aquatiques (pennibranches) n'ont pas de paupières.

La présence d'une fovée sur la rétine est variable : les grenouilles et les crapauds n'en possèdent pas à la différence des salamandres.

Beaucoup d'amphibiens ont une assez bonne vision, avec une prédilection pour la vision de nuit. Les grenouilles estiment bien les distances, même sous faible luminosité, et se fient principalement à leurs yeux pour repérer et capturer leurs proies.

Dans cet exercice, elles semblent d'ailleurs s'en rapporter surtout au mouvement, et on raconte qu'elles ne s'intéressent pas à des insectes disposés morts autour d'elles alors qu'elles s'efforcent de les capturer lorsqu'on les agite au bout d'un fil.

Les batraciens ont une vision colorée médiocre, mais leur vision est par contre très sensible au mouvement.

Evidemment, sur un ordre regroupant autant d'espèces, la vision est nécessairement de qualité variable. Certains crapauds ne détectent pas de mouvement à plus de deux ou trois mètres de distance, alors que les grenouilles volantes du sud-est asiatique (*racophorus*) doivent avoir une excellente vision de loin pour arriver à sauter d'arbre en arbre sur des distances excédant 10 mètres, tout en étant capable, grâce à leurs longues langues, d'intercepter des insectes au passage.

Les mouvements de fixation (saccades, micro-tremblements et dérive) sont absents chez la grenouille. Certains corrélent ce fait avec le constat que ces animaux ne se nourissent que de proies mobiles ; l'animal ne verrait rien ou presque de tout ce qui est immobile autour de lui.

La rétine des amphibiens est essentiellement tapissée de bâtonnets, quoiqu'elle contienne des cônes en plus petit nombre.

### d) *Poissons*

Les poissons ne constituent pas un groupe monophylétique, et nous sommes tous des poissons à mieux y réfléchir, ou plus exactement des gnathostomes (voir l'arbre des deutérostomiens en fin de section ou celui des vertébrés plus haut).

Cependant, ils forment la classe la plus variée parmi les vertébrés. Cette classe comprend un tout petit nombre de « monstres » (dipneustes, esturgeons, lamproies, bichirs, poisson castor, lépisosté et autres chimères), tous poissons très différents les uns des autres et dont l'attribution d'une place dans l'arbre du vivant fait la joie des cladistes, et deux grands groupes très riches en espèces diverses : les téléostes et les élasmobranches.

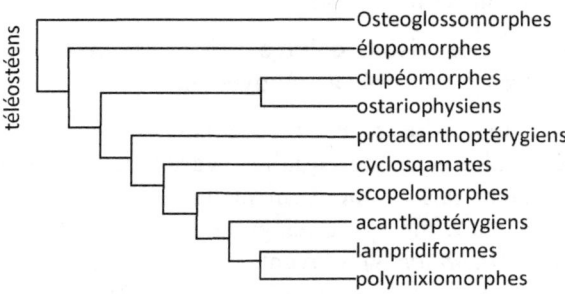

**phylogénie des poissons**

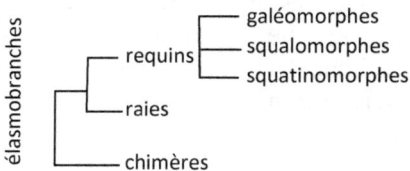

La disparité génétique des poissons est sans commune mesure avec celle des groupes d'animaux évoqués précédemment.

L'abondance, c'est-à-dire le nombre des espèces est également très grande, et à elle seule la classe des téléostéens avec près de 25 000 espèces est presque aussi fournie que le reste des vertébrés.

Note : Les poissons téléostes ou téléostéens comprennent quelques ordres significatifs : les acanthoptérygiens (principal super-ordre des téléostéens, incluant notamment les perciformes), les ostariophysiens (second super-ordre comprenant quelques 8000 espèces, dont des espèces d'eau douce en particulier,...), les élopomorphes (anguilles, murènes...), les protacanthoptérygiens (brochets, éperlans, saumons...), et les clupéomorphes (harengs, anchois, ...), ainsi que des ordres aux effectifs plus limités osteoglossomorphes (osteoglossum) ; cyclosquamates (poissons abyssaux...), scopelomorphes (autres poissons abyssaux plutôt bioluminescents…), lampridiformes (lampris royal, régalec,…), polymixiomorphes (poissons à barbe).

Les élasmobranches, quant à eux comprennent surtout les requins et les raies. On y rattache également les chimères.

La phylogénie des poissons est encore objet de débat. Elle a évolué significativement ces 20 dernières années. Les schémas ci-contre sont indicatifs.

Les signes externes, que l'on s'efforce de définir pour caractériser les groupements d'espèces de poissons ne constituent plus le principal critère de classification. Il reste digne d'être noté que ces signes ne concernent jamais les yeux, mais bien plutôt la structure osseuse de la tête, celle des nageoires ou même des écailles, les spécificités de l'appareil respiratoire, etc… Cela confirme que « depuis toujours », les yeux n'ont pas été jugés être des marqueurs fiables de la phylogénie.

paracanthoptérygiens

**ophidie barbue**
( *ophidion barbatum* )

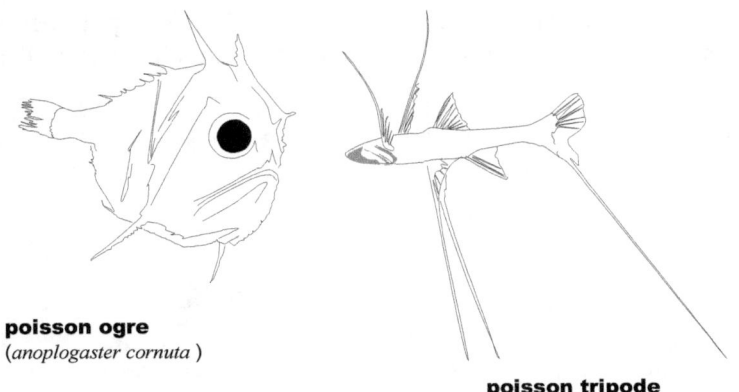

**poisson ogre**
(*anoplogaster cornuta* )

**poisson tripode**
( *bathypterois grallator* )

**des yeux contrastés dans les abysses**

Ceci ne constitue plus une surprise pour nous, mais plutôt une sorte de confirmation du fait déjà signalé maintes fois que la morphologie oculaire n'est pas un très bon indice de la parenté génétique.

Les yeux des poissons sont camérulaires et donc encore similaires dans leurs grandes lignes à ceux des autres vertébrés, mais cette classe présente une diversité telle que les normes évoquées sont susceptibles d'exceptions notables.

### (1) Taille des yeux

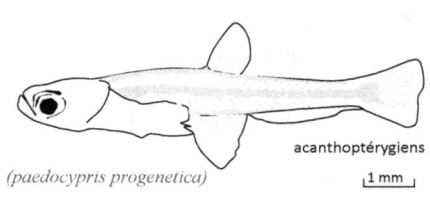

acanthoptérygiens

*(paedocypris progenetica)*

⌐1 mm ⌐

Les monstres marins que sont le requin baleine (*rhincodon typus*) qui peut atteindre quinze mètres ou le mythique régalec (*regalescus glesne*) qui pourrait être plus long encore, ou le poisson lune (*mola mola*), ne le cèdent que peu aux cétacés pour le gigantisme. A l'opposé, avec 7 ou 8 millimètres, paedocypris progenetica que l'on trouve dans les marais de la forêt indonésienne, est l'un des plus petits vertébrés vivants, et ne dispute ce titre qu'aux grenouilles naines.

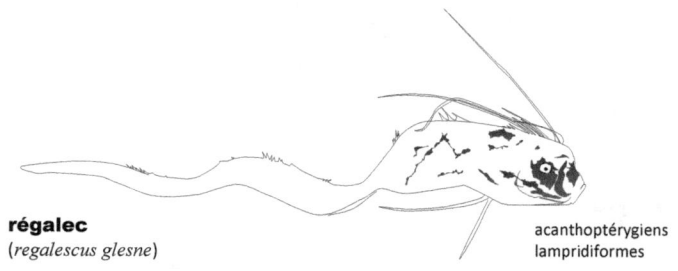

**régalec**
(*regalescus glesne*)

acanthoptérygiens
lampridiformes

L'espadon a de grands yeux bleus pouvant atteindre un diamètre de 90mm ; les plus grands chez les poissons.

Compte tenu de la structure très particulière de l'œil de baleine avec la sclérotique très épaisse évoquée plus haut, l'œil de l'espadon lui est même tout à fait comparable en taille pour ce qui concerne la partie optique (pupille et profondeur rétinienne). Comme ce poisson chasseur plonge parfois dans

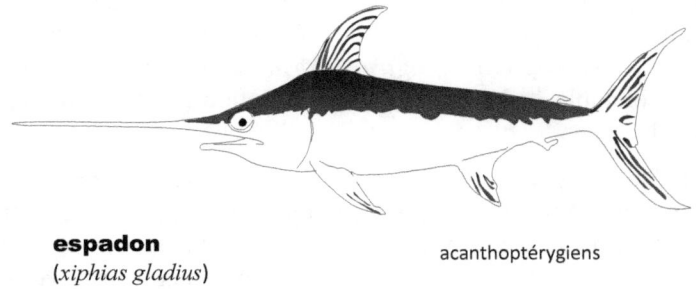

**espadon**
(*xiphias gladius*)

acanthoptérygiens

les abysses, ses yeux présentent un système de chauffage qui lui permet de les garder à bonne température malgré la fraîcheur de l'eau des bas fonds. Ce maintien en température pourrait notamment permettre de conserver une fréquence de fusion raisonnable. Ce dernier paramètre décroît en effet très vite avec la température lorsqu'il est déduit de mesures sur des rétines d'animaux morts.

La loi de Haller s'applique évidemment aux poissons comme au reste du monde animal, et on voit que la taille des yeux des poissons varie sur plusieurs puissances de dix.

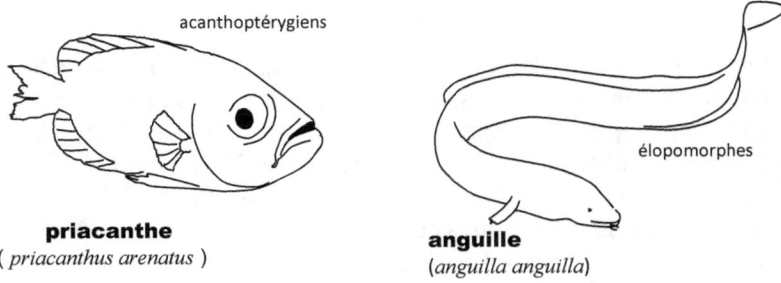

acanthoptérygiens

élopomorphes

**priacanthe**
( *priacanthus arenatus* )

**anguille**
(*anguilla anguilla*)

Même corrigée des effets de la loi de Haller, la taille des yeux des poissons est encore très variable. Les anguilles et les silures ont par exemple de petits yeux, alors que le priacanthe ou les épigonidés en ont de grands.

Certains poissons, notamment beaucoup de ceux vivants à une certaine profondeur possèdent de très grands yeux. Ainsi le célèbre poisson ogre *anoplogaster cornuta* a des yeux de taille très raisonnable, même s'il est surtout connu pour la taille de ses dents.

Cependant, *abyssobrotula galatheae*, le poisson vivant à la profondeur la plus élevée que l'on connaisse est probablement aveugle et ne possède que des yeux minuscules, et il existe également de nombreux poissons abyssaux aux yeux minuscules voire même vestigiaux comme l'étrange poisson tripode *bathypterois grallator*, et la plupart des cetomiidés. (le poisson tripode dont le corps est long d'une trentaine de centimètres passe le plus clair de son temps immobile au-dessus des fonds marins, posé sur les extrémités allongées de trois nageoires qu'il bande pour qu'elles lui servent pour ainsi dire de béquilles, et qu'il ne relâche que lors de ses rares déplacements).

D'autres poissons cavernicoles cette fois, comme le tétra aveugle, (*astayanax fasciatus mexicanus*) ou encore *Draconectes narinosus* ne possèdent pas non plus d'yeux.

On trouve encore des espèces quasi aveugles vivant dans des conditions moins sévères, comme le gobie *odontamblyopus rubicundus* qui habite dans les fonds des estuaires de l'Asie du Sud-est. D'ailleurs, d'une manière générale, la qualité des yeux varie avec le biotope, et les poissons d'eau claire ont tendance à mieux voir que ceux d'eaux turbides.

### (2)   Disposition des yeux

Les yeux sont localisés la plupart du temps de part et d'autre

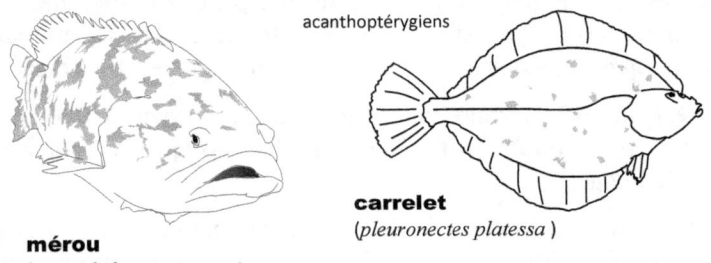

acanthoptérygiens

**mérou**
(*epinephelus marginatus*)

**carrelet**
(*pleuronectes platessa* )

de la tête. Cependant, chez les pleuronectes adultes (poissons plats - plies, soles), ils sont situés du même côté. On les trouve sur le dessus du crâne chez plusieurs espèces des fonds marins comme la baudroie ou l'uranoscope, ainsi que chez certains poissons des abysses comme les revenants (opisthoproctidés), qui ont des yeux tubulaires, un peu comme les chouettes, mais dirigés vers le dessus du corps, donc perpendiculairement au déplacement (voir plus bas).

paracanthoptérygiens

**baudroie**
( *lophius piscatorius* )

**requin marteau**
(*sphyrna mokkaran*)

Chez le requin marteau, les yeux sont situés au bout des extensions en T de la tête, en sorte qu'ils jouissent d'une vision hémisphérique presque complète.

En harmonie avec la localisation des yeux, le champ de vision des poissons est noté comme généralement élevé, et il ne semble pas qu'ils aient de vision binoculaire importante.

### (3)     Morphologie générale et optique

L'œil est dépourvu de paupière et la cornée est applatie et protégée par une pellicule fixe de peau transparente. Le manque de courbure de la cornée est fréquent chez les animaux aquatiques, et a déjà été noté chez les pinnipèdes et les cétacés.

C'est qu'une courbure serait de toute façon peu utile compte tenu de la faible différence d'indice optique à l'interface cornée-eau.

La pupille présente une taille fixe chez la majorité des poissons téléostéens. Elle est modifiable chez les élasmobranches (requins et raies). C'est cette absence de mouvements des paupières et de l'iris qui donne au regard du poisson l'impression d'être vide d'émotion.

La forme de la pupille est particulièrement curieuse chez l'anableps qui a les yeux divisés en deux horizontalement (voir plus bas).

La sclérotique est épaisse et dure, toujours cartilagineuse avec une tendance à l'ossification.

Il n'y a pas en général de corps ciliaire pour sécréter l'humeur aqueuse. Chez les poissons d'eau douce et les élasmobranches, c'est directement la membrane cornéenne qui maintient la dilatation du globe oculaire par régulation osmotique avec l'eau extérieure. Les élasmobranches parviennent à ce résultat grâce à un liquide oculaire extrêmement salé. La manière qui crée la pression oculaire chez les téléostes marins ne semble pas entièrement éclaircie.

Une autre spécificité de l'œil de poisson est d'avoir un cristallin sphérique, au moins pour l'immense majorité des espèces.

Comme chez les amphibiens et même les cétacés, l'accommodation chez les téléostes ne se fait plus par déformation du cristallin mais par son déplacement d'arrière en avant. A cet effet, un muscle interne à l'œil s'insère entre la sclérotique et le cristallin. On l'appelle rétracteur du cristallin. L'œil des téléostes est emmétrope de près, et l'accomodation c'est-à-dire la contraction du rétracteur, se fait pour la vision de loin.

Le cristallin n'est pas seulement sphérique : sa taille et sa position sont tout à fait particulières. En effet, la distance du centre du cristallin à la rétine présente un rapport à peu près constant avec le rayon du cristallin, et ce nombre, qui vaut environ 2,5 en moyenne et varie de 2,2 à 2,7 entre les différents poissons, est caractéristique de l'espèce à l'âge adulte : c'est le coefficient de Matthiessen.

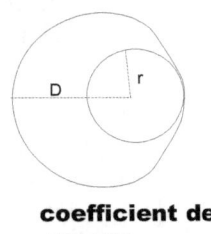

**coefficient de Matthiessen**
D/r

La valeur du coefficient de Matthiessen s'établit dans les premiers jours de la vie de l'animal.

A l'éclosion, les larves ont des cristalllins plus petits relativement, en sorte que le coefficient de Matthiessen des yeux est de l'ordre de 4 ou plus. Il chute très rapidement au cours des premières semaines de la vie pour s'établir à son niveau spécifique.

La valeur de 2,5 est faible. Comme l'a signalé Ludwig Matthiessen en 1877, si la sphère cristalline était homogène, il faudrait un indice optique de 5/3 pour l'atteindre ! C'est une valeur élevée ; pratiquement irréaliste pour un corps organique.

Une autre façon de dire est que, en utilisant un cristallin sphérique homogène d'indice élevé mais réaliste (1,5 environ par exemple), le coefficient de Matthiessen serait plus près de 4 que de 2,5.

La réalité est que l'indice optique du cristallin n'est pas homogène, mais varie du centre vers la périphérie, en décroissant d'un peu plus de 1,5 à moins de 1,4. L'effet de cette variation est double : d'abord une réduction de la distance focale due au fait que le rayon de lumière est constamment courbé dans tout son parcours au travers la lentille et non pas seulement infléchie à sa périphérie. Cet effet est équivalent à une augmentation du rapport d'ouverture, ou si l'on préfère du grossissement de l'image. D'autre part, à condition d'une disposition convenable du gradient, cette variation de l'indice optique est susceptible de corriger l'aberration géométrique très importante des lentilles sphériques.

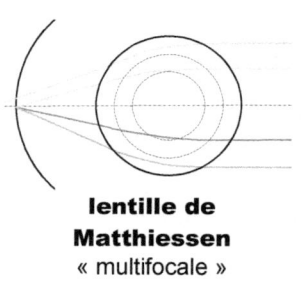

**lentille de
Matthiessen**
« multifocale »

Les études sur ce sujet montrent que le gradient optique des cristallins de type Matthiessen n'est pas disposé de manière à annuler l'aberration géométrique. S'il la réduit, un compromis est réalisé avec l'aberration chromatique. Le cristallin des poissons concernés est dit « multifocal ».

Il est intéressant de noter que les lentilles sphériques de Matthiessen (indice optique variable. Distance focale ~2.5 fois le diamètre) sont présentes dans plusieurs branches éloignées du vivant, en sorte qu'elles semblent avoir été « re-découvertes » plusieurs fois par l'évolution.

Outre les cétacés, les pinnipèdes, les tortues de mer et les poissons que nous avons déjà évoqués, ces branches sont :

- mollusques :
    o céphalopodes (calmars, pieuvres,…)
    o gastéropodes des familles littorinides (bigorneaux),
    o strombides (strombes),
    o hétéropodes et
    o certains pulmonates,
- chez les arthropodes, certains crustacés copépodes

dans le monde animal

- annélides
  o alciopides
  o polychaetes

La lentille de Matthiessen est donc un cas d'école pour la convergence évolutive.

### (4)    Tapetum lucidum

La présence d'un tapis clair chez les poissons est fréquente.

La tapetum des poissons peut être rétinien ou choroïdien. Lorsqu'il est choroïdien il est à cristaux de guanine. Au demeurant les tapis choroïdiens se rencontrent surtout chez les élasmobranches et beaucoup plus rarement chez les téléostes.

Chez ces derniers, le tapetum est donc presque toujours rétinien, mais peut être aussi bien diffusant que réfléchissant. Dans le premier des cas, les éléments réfléchissants peuvent être des matières variées, tel que lipides, acide urique, mélanoïdes, etc... Les tapis rétiniens réfléchissants agissent, comme les tapis choroïdiens, par réflexion sur des cristaux disposés perpendiculairement au rayon lumineux.

Les tapis clairs des poissons sont souvent d'aspect blanc lorsqu'ils sont diffusants et argenté lorsqu'ils sont réfléchissants. Cependant les tapis colorés ne sont pas rares. En particulier, les tapis à cristaux de guanine sont souvent arrangés en couches et produisent un effet coloré par interférence. Dans les abysses les donzelles utilisent la diffusion de Mie pour produire une réflexion bleutée.

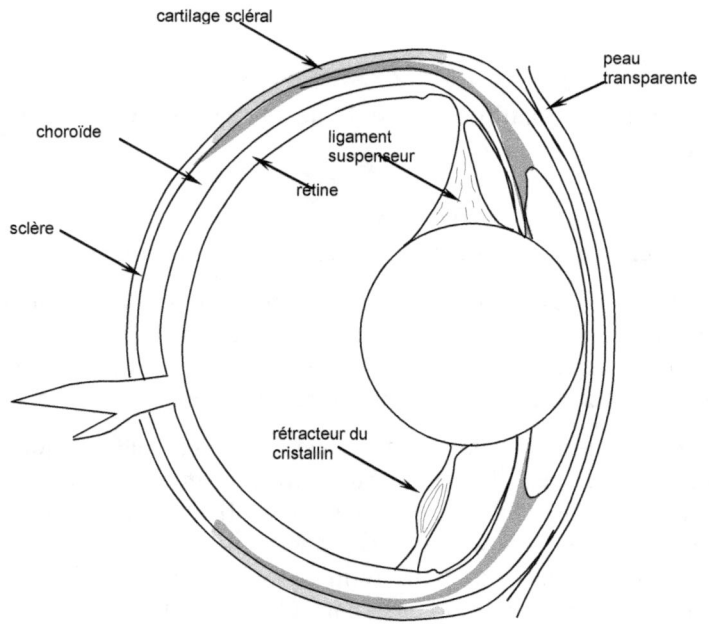

**coupe typique de l'œil d'un poisson téléostéen**

### (5) Rétine et photoréception

Il existe des poisons dont la rétine est munie d'une fovée.

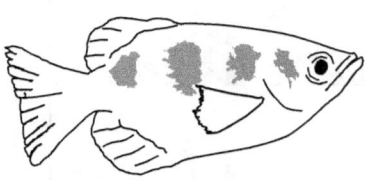

**Toxote ou poisson archer**
( *toxotes jaculatrix* )

Ainsi en va-t-il du toxote ou poisson archer, dont l'adresse à capturer des proies en les aspergeant d'eau est légendaire.

On connait ainsi une cinquantaine d'espèces munies de fovée, comme le lançon *limnichtyes fasciatus*, le bar américain *parabalax clathratus*, le gobie *gobiesox strunosus* ou encore la perche de sable *parapercis nebulosus*.

La forme de la fovée des poissons est souvent biconvexe comme la fovée centrale des oiseaux de proie. Cependant, il existe également des fovées concaves en cupule, comme la nôtre.

Il reste que dans leur immense majorité, les poissons n'ont pas de fovée.

En revanche les yeux des poissons présentent en général une *area centralis*, dont la forme est variable, mais prend le plus souvent celle d'une bande horizontale. Les formes alternatives sont dans leurs grandes lignes similaires à celles que nous avons déjà décrites chez les mammifères. On trouve par exemple une forme en virgule comparable à l'*area striaeformis* des artiodactyles chez *choerodon albigena*, ou une aire à deux taches rappelant celle du dauphin chez *parapercis cylindrica*. Certains poissons ont même une aire centrale verticale, comme le bar des abysses *howella sherborni*.

Les cônes et doubles-cônes sont souvent disposés les uns par rapport aux autres selon des motifs géométriques simples.

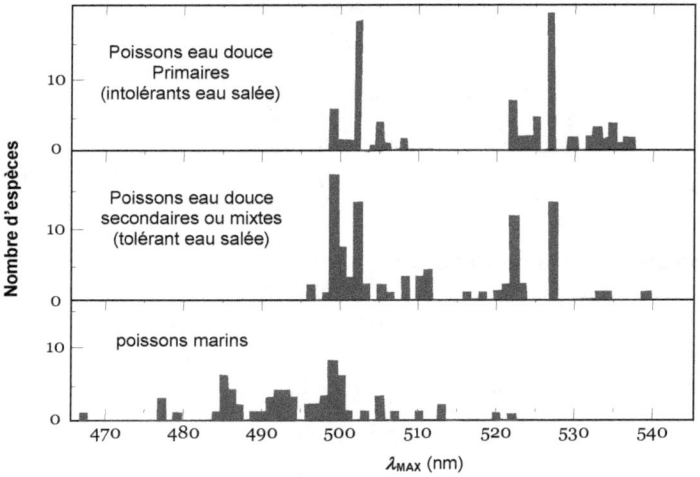

**distribution des pigments visuels chez les poissons**

(les histogrammes donnent la fréquence d'apparition d'une valeur $\lambda_{MAX}$ pour le pigment. Chacun des trois genres identifiés est représenté par une soixantaine d'espèces testées.)

Les photopigments des poissons sont très variables, et leur sensibilité à la couleur est décalée vers le bleu par rapport aux espèces terrestres.

L'opsine des bâtonnets est parfois constituée non pas de rhodopsine mais d'un composé voisin appelé porphyropsine, qu'on trouve d'ailleurs aussi chez certains bactraciens (voir aussi plus bas en fin de section).

Il semble que les opsines des poissons vivant dans les hauts fonds soient sensibles à des radiations plus élevées (vers le violet) que celles des habitants des eaux de surface. Par ailleurs, ces poissons ont tendance à n'avoir plus que des bâtonnets, de même que les requins et les raies (voir figure).

D'une manière générale, les espèces vivant en profondeur ont tendance à avoir plus d'espèces de cônes (3 ou 4), alors que les habitants des eaux turbides n'en ont souvent que deux.

Les cônes présentent souvent des zones membraneuses contenant des pigments cytochromes appelées ellipsosomes.

Comme chez les reptiles et les oiseaux, la rétine des poissons présente fréquemment des cônes multiples.

En particulier, les doubles cônes sont très répandus. Ces cellules sont présentes chez la plupart des poissons, et parfois majoritaires. La variabilité est grande, puisque les anchois n'ont pas d'autre espèce de cône alors que les poissons cartilagineux (raies, requins) et le poisson chat n'en ont pas.

En plus des doubles cônes, on trouve chez certaines espèces des doubles cônes inégaux ainsi que des triples et même des quadruples cônes.

Les doubles cônes et les cônes sont souvent disposés les uns par rapport aux autres selon des motifs géométriques.

L'utilité des cônes multiples n'est pas clairement établie. Il semble toutefois que les opsines exprimées par les deux cônes d'une paire soient de natures différentes. Les cônes multiples pourraient alors participer à l'augmentation de la sensibilité à la couleur en effectuant une sorte de préliminaire au traitement habituellement effectué dans les couches rétiniennes aval.

### (6)    Elasmobranches et téléostéens

Les élasmobranches (requins et raies) diffèrent un peu des téléostéens en ce qui concerne leur vue.

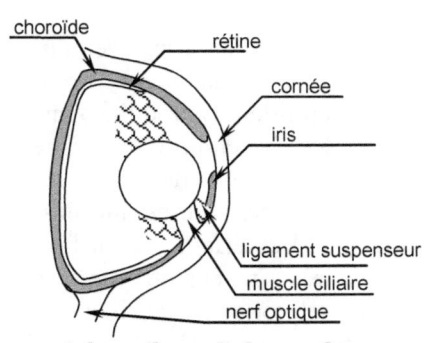

Ainsi qu'il a déjà été signalé, ils ont une membrane nictitante qui les autorise à fermer les yeux, à la différence des téléostéens.

La taille de la pupille peut être ajustée par les muscles de l'iris, et les requins sont à même de la faire varier

choroïde
rétine
cornée
iris
ligament suspenseur
muscle ciliaire
nerf optique

**schéma d'un œil de requin**

très rapidement. On pense que cette faculté leur procure un avantage : lors de la poursuite verticale des proies, leur vision peut s'adapter vite aux rapides changements de luminosité, ce qui devrait les aider à ne pas perdre leurs proies de vue...

L'accommodation se fait également de manière différente chez les poissons cartilagineux. En effet, chez eux, le muscle ciliaire est un protracteur du cristallin et non pas un rétracteur : sa contraction éloigne le cristallin de la rétine au lieu de l'en rapprocher comme chez les téléostes. En conséquence, les élasmobranches

**poisson chat**
(*panaque nigrolineatus*)

accommodent c'est-à-dire contractent leur muscle ciliaire, pour voir de près. Autrement dit encore, au repos, l'œil a une vision de loin.

Cette faculté d'ajustement de la section pupillaire est absente chez les téléostéens, même si chez certains poissons chats notamment les loricariidés ou encore chez les vives, l'iris présente une invagination dilatable qu'on appelle opercule et qui permet de réduire la pupille à une sorte de croissant de plus en plus petit. On l'appelle iris $\Omega$ en raison de sa forme, qu'on retrouve d'ailleurs plus ou moins chez la seiche (voir ci-contre).

Les yeux des requins sont également plus mobiles. Le requin blanc les retourne même complètement lors de ses attaques, présentant ainsi à l'extérieur la surface très résistante de sa sclérotique au lieu de

**grand requin blanc**
(*carcharodon carcharias*)

celle plus fragile de sa cornée.

La rétine des élasmobranches est moins variée que celle des téléostes ; elle ne contient souvent que des bâtonnets, et, dans l'alternative contraire, une seule sorte de cônes.

Les yeux de la plupart des élasmobranches sont pourvus d'un tapis clair.

### (7)    Paupières

On trouve des membranes nictitantes chez beaucoup d'élasmobranches (requins bleus et requins marteaux).

**poisson porc épic**
(*diodon holacanthus* )

En revanche les paupières sont absentes chez les poissons téléostéens, mais quoiqu'ils soient dépourvus de paupières mobiles, leur cornée est en permanence recouverte d'une membrane de peau transparente, comme pour certains reptiles.

Plus rarement, et en particulier chez certains poissons ballons (tétraodontes et poissons porc épics), la membrane transparente, détachée de la cornée, est suceptible de jouer un rôle de paupière (le poisson ferme ses yeux par injection de liquide coloré entre les deux membranes cornéennes).

### (8)    Campanule de Haller

Chez les poissons téléostéens, une structure vasculaire d'origine choroïdienne pénètre dans le vitré. C'est le campanule de Haller appelé aussi processus falciforme, dont le rôle optique est mal connu, et que l'on rapproche volontiers du peigne des oiseaux et du cône des reptiles.

### (9) Quelques exemples particuliers

Dans ce paragraphe, sont présentés quelques poissons particuliers, sans qu'il soit même tenté de les envisager sous un ordre phylogénétique quelconque. C'est que la classe des poissons étant d'une grande diversité, certains de ses membres ont une vision qui sort nettement de toute norme.

#### (a) L'anableps

L'anableps est un poisson appartenant à l'ordre des acanthoptérygiens qui ne dépasse guère les 35 cm.

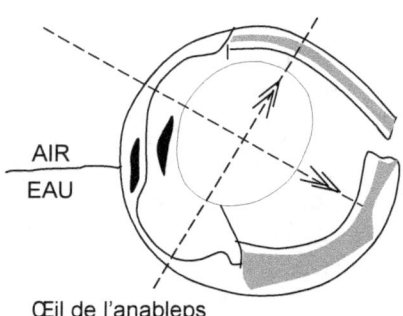

AIR
EAU

Œil de l'anableps

Il vit dans les eaux douces et dormantes des côtes de l'Amérique centrale, et se reproduit en mer.

C'est un insectivore qui passe le plus clair de son temps à guetter ses proies à la surface de l'eau.

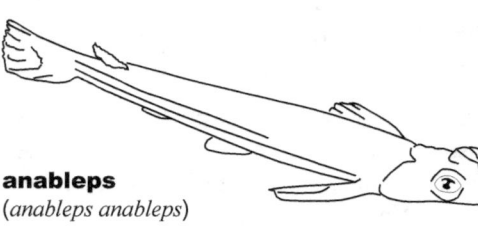

**anableps**
(*anableps anableps*)

L'optique de ses yeux est tout à fait spécifique : son œil est en effet divisé en un compartiment supérieur et aérien et un autre inférieur et aquatique.

Ces compartiments sont séparés l'un de l'autre par une bande opaque, et chacun a sa propre pupille, ce qui fait que l'animal semble presque avoir deux yeux au lieu d'un ce qui lui vaut le nom de « four eyed fish » en Anglais, « Vieraugen » en Allemand, « czworookowate » en Polonais, etc...

dans le monde animal

Ce dispositif spécial permet à l'anableps de voir en même temps ce qui se passe en dessus et en dessous de la surface de l'eau, et on peut penser qu'il utilise cette facilité à la fois pour guetter ses proies aériennes tout en ne perdant pas de vue ses potentiels prédateurs aquatiques.

Afin de permettre une mise au point de qualité similaire pour la vision aérienne et aquatique, le cristallin présente une forme elliptique qui permet une accommodation différenciée sur les deux parties de rétine concernées.

Lors des plongées, la portion supérieure de la rétine se retrouve très dé focalisée, mais ces occasions ne sont pas si fréquentes, même si l'anableps doit régulièrement mettre ses yeux sous l'eau pour permettre leur humidification.

### *(b) Le revenant à museau brun (dolychopteryx longipes)*

Les revenants (*opisthoproctidae*) sont des poissons des abysses dont les yeux sont tubulaires, un peu à la manière de ceux des chouettes, et dont l'axe est dirigé vers le haut, c'est-à-dire vers la lumière... D'ailleurs, les Anglais les nomment parfois « spookfish » qui est l'équivalent de notre revenant, mais aussi « barreleyes », c'est-à-dire « dont les yeux sont en forme de tonneau ».

Leurs yeux sont grands et sont situés sur le haut de la tête. Leurs rétines présentent une densité de bâtonnets et une teneur en rhodopsine exceptionnelles, ainsi qu'il convient à des animaux vivant dans des ambiances très obscures. Leur tête entière est formée de tissus transparents, en sorte qu'il est possible qu'ils s'en servent comme de lentille... Ils peuvent prendre trois sortes de formes : Les genres *opisthoproctus* et *macropinna* sont épais et ramasssés, alors que *dolychopteryx* et *bathylychnops* sont au contraire d'aspect mince et élancé. Les genres *winteria* et *rhynchohyalus* sont intermédiaires.

Au milieu de ces espèces à la vue déjà particulière, le revenant à museau brun, *dolichopteryx longipes*, se distingue encore par la singularrité de sa vision.

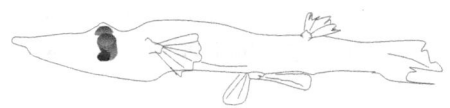

**revenant à museau brun**
*(dolichopteryx longipes)*

Ce poisson, qui vit à plus de 1 000 mètres de profondeur, est de taille modeste puisqu'il ne mesure que dix à vingt centimètres de long. A l'instar de ses congénères revenants, sa tête est de texture quasi transparente, ainsi du reste que la plupart de son corps, à l'exception des organes internes dont les yeux, ce qui procure à l'ensemble une sorte de caractère impudique et fantômatique.

Le poisson avait été identifié depuis environ 120 ans, mais il a fallu attendre 2008, avant qu'il ne soit capturé vivant.

Ce revenant a des yeux doubles. Les deux premiers regardent vers le haut, et les seconds observent les bas fonds. Il ne s'agit pas d'ailleurs de deux paires d'yeux, mais bien de deux yeux présentant deux compartiments chacun. Le second compartiment est qualifié de diverticulaire ; c'est celui qui regarde vers le bas (voir schéma).

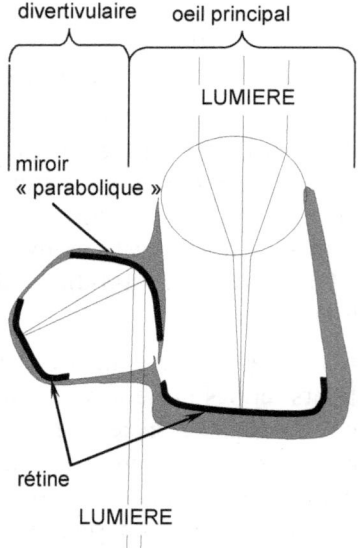

**principe des yeux du revenant à museau brun**

Hormis sa forme et la richesse en bâtonnets de sa rétine, l'œil principal n'est guère différent des yeux d'autres revenants, mais la structure du diverticulaire est, elle, unique chez les vertébrés, puisque son fonctionnement est basé sur le principe du miroir grossissant et non sur celui de la lentille.

Ce miroir serait constitué de cristaux de guanine, comme le tapetum de certaines espèces. Il réfléchit la lumière en provenance des bas-fonds, ce qui, à tout bien considérer est vraisemblablement une excellente solution optique au problème du captage de lumières faibles (Pour mémoire, les télescopes, à miroirs, ont remplacé les lunettes, à lentilles, dans la quasi-totalité des applications astronomiques non seulement à cause de leur prix, mais aussi parce que le captage de quantités de lumière extrêmement faible est une exigence primordiale).

### (c)    *Macropinna microstoma*

Encore un revenant de taille modeste (dans les 5 cm), mais, au lieu d'avoir des yeux doubles comme le revenant à museau, macropinna a des yeux simples orientables. Ce poisson vit dans des profondeurs de 600 à 800m. Il est reconnaissable au dôme transparent qui occupe le dessus de son crâne et qui ressemble assez à un cockpit d'avion de chasse.

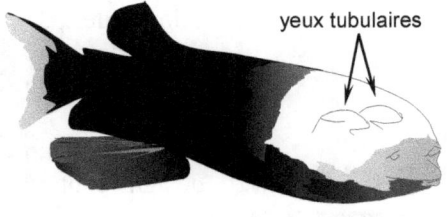

yeux tubulaires

*macropinna microstoma*

Il n'est pas évident à observer, puisqu'il faut disposer d'un bathyscaphe ! En effet, le dôme ne résiste pas à la variation de pression consécutive à une remontée à la surface, en sorte que la compréhension de la vision de ce poisson est récente : il n'a été photographié vivant pour la première fois qu'en 2004.

Ses yeux ont un cristallin d'une nuance jaune-vert, qui baigne dans un gel transparent qui emplit le dôme dont nous venons de parler.

Les yeux sont tubulaires et orientables.

Le plus souvent, le poisson reste assez immobile, et dirige ses yeux vers le dessus. On peut bien penser qu'il observe depuis l'obscurité ambiante des bas-fonds les silhouettes se détachant sur le fond plus clair formé par la lointaine surface de l'eau. Lorsque son attention est attirée suffisamment pour le motiver à remonter, il rabat ses yeux dans la direction de son déplacement, c'est-à-dire vers l'avant de la tête.

### (d)    Le lançon limnichthyes fasciatus

Le lançon *Limnichthyes fasciatus* est un petit poisson perciforme de la famille des creediidae qui vit enterré dans le sable et qui, en bondissant sur eux à grande vitesse, se nourrit de petits crustacés principalement copépodes qui passent à sa portée.

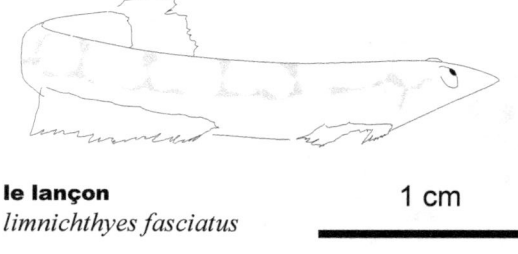

**le lançon**
*limnichthyes fasciatus*

1 cm

Ses yeux sont minuscules, d'un diamètre de l'ordre du millimètre, mais ont un design tout à fait particulier qui présente d'ailleurs quelques similitudes avec celui des yeux du caméléon.

Comme les yeux du caméléon, ceux de ce lançon sont globuleux et sont mobiles indépendamment l'un de l'autre.

Là ne s'arrête pas l'analogie, car à la différence des autres poissons, la cornée du lançon *limnichthyes fasciatus* est significativement bombée, et son cristallin n'est pas sphérique,

# dans le monde animal

en sorte que le grossissement de l'œil est significatif et que le point nodal est également assez éloigné du centre géométrique.

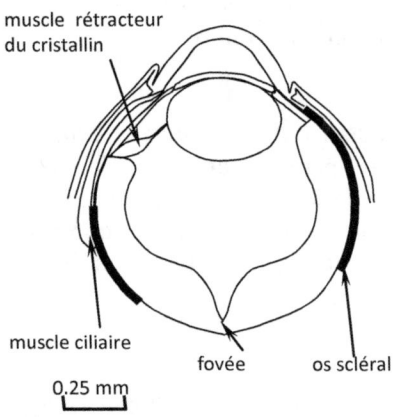

muscle rétracteur du cristallin

muscle ciliaire

fovée    os scléral

0.25 mm

**schéma de l'œil du lançon**

La cornée protubérante et courbée possède un rayon de courbure de l'ordre du 1/4 mm ! Cela lui permet d'avoir non seulement une puissance optique unique de l'ordre de 200 dioptries dans l'eau, mais également un champ de vision monoculaire très important de l'ordre de 180° x 90° (horizontal x vertical).

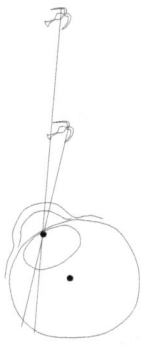

**évaluation monoculaire de la distance**

Lorsque l'œil tourne, l'animal peut observer un déplacement significatif de l'image sur la rétine grâce à l'éloignement important entre le centre de rotation **O** et

Le schéma ci-contre présente l'œil de ce lançon. On y note la cornée protubérante et le caractère nettement elliptique du cristallin.

La rétine présente une dépression très sensible, et qui constitue une fovée, ce qui est également un fait rare chez les poissons.

L'habileté et la vitesse de ce poisson à localiser ses proies et à s'en saisir est tout à fait remarquable, et comparable à la vitesse à laquelle le caméléon projette sa langue.

Elle nécessite de toute évidence d'avoir auparavant évalué précisément la distance à franchir, ce que le poisson fait dans le repos le plus absolu, mis à part un léger mouvement de ses yeux.

Cependant, chez le lançon comme chez le

caméléon, il ne semble pas que l'animal cherche à faire converger ses yeux sur sa proie, ce qui laisse supposer qu'il arrive à évaluer la distance en vision monoculaire.

L'évaluation monoculaire de la distance pourrait être effectuée en accord avec le schéma ci-contre, par évaluation de l'impact des mouvements de l'œil. En effet la distance importante entre le point nodal **N** et le centre de rotation **O** de l'œil fait que les objets situés à des distances différentes effectuent des déplacements bien distincts sur la rétine.

### (e)     Le brochet de mer

Encore un acanthoptérygien, et plus précisément, un perciforme.

C'est un poisson nocturne qui habite les estuaires boueux, et les eaux côtières Américaines.

La rétine de ce poisson contient des bâtonnets, deux sortes de cônes simples (S et L), ainsi que des cônes doubles.

**brochet de mer**
(*centropomus undecimalis* )

Les cônes sont disposés en mosaïque; les bâtonnets sont extrêmement nombreux et les segments externes sont courts et de longueurs inégales.

Mais c'est l'efficacité de son tapis clair rétinien qui rend ce poisson un peu particulier.

Les mitochondries du corps ellipsoïde subissent des modifications morphologiques le long de l'axe vitréo-sclérotique, telles l'apparition de crêtes allongées et le développement de matrices opaques qui cachent presque entièrement les crêtes. Les mitochondries périphériques libèrent des éléments tubulaires dans les prolongements en calices. Les cellules épithéliales pigmentaires portent de longs prolongements qui s'étendent en direction de l'humeur vitrée jusqu'aux corps ellipsoïdes des cônes et contiennent les sphères du tapetum (0.3 à 0.5 µm).

Les prolongements forment un tapetum réfléchissant diffus, d'une épaisseur d'environ 80 µm.

Dans l'œil scotopique, le tapetum se trouve découvert lorsque le pigment rétinien se retire à la base des cellules. La substance réfléchissante est composée de triglycérides, surtout le tridocosahexaenoate de glycéryl. Son indice de réfraction élevé (n = 1.50) et le rapprochement serré des sphères font que la lumière est réfléchie de façon dispersée. La réflexion sur les tapis réflecteurs blancs lipidiques est d'environ 50%; le captage de quanta au niveau de la rétine est augmenté d'un facteur de 1.5 environ à cause du tapetum.

### (f) Le toxote

Nous avons déjà mentionné ce poisson, qu'on appelle aussi poisson archer, pour indiquer que la rétine de ses yeux avait une fovée. Il mérite encore l'attention car les performances visuelles de cet animal sont véritablement impressionnantes.

Les toxotes, qui sont des poissons de taille moyenne allant jusqu'aux 30cm, parviennent en effet à capturer leurs proies en les aspergeant d'eau qu'ils crachent à grande vitesse. La distance qu'ils peuvent atteindre avec ce jet d'eau est de l'ordre d'une cinquantaine de centimètres. La force et la précision de leur tir est

**chasse du poisson archer**

saisissante.

La proie est renversée par le jet et pour s'en saisir, le toxote anticipe avec une telle précision l'endroit où elle va tomber dans l'eau, qu'il ne laisse pratiquement aucune chance de s'enfuir à l'animal qui est la plupart du temps un insecte volant.

Il est fascinant de constater que les yeux de ces poissons présentent des mouvements de fixation similaires aux nôtres : micro saccades, micro dérive et tremblement, même si les saccades sont assez rares.

### (g)    *L'éléphant de mer*

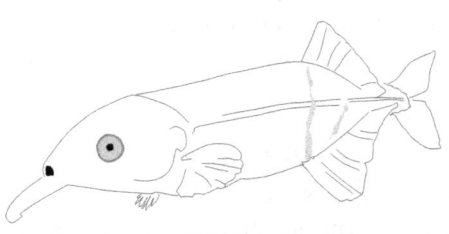

**poisson éléphant**
*gnathonemus petersii*

L'éléphant de mer est un poisson que l'on trouve dans les rivières de l'ouest de l'Afrique (bassin du Congo, cours inférieur du Niger, etc…).

Sa vision est mauvaise, selon les critères standards.

Cependant ces critères sont évidemment inadaptés à l'environnement de ce poisson qui habite des eaux boueuses à demi opaques, dans lesquelles nous ne verrions rien, alors que lui échappe très raisonnablement bien à ses prédateurs et se nourrit convenablement d'insectes et de vers qu'il trouve en s'aidant, il est vrai, d'un système sensoriel rare basé sur la localisation électrique.

L'éléphant de mer, comme d'ailleurs bien d'autres poissons qui hantent les eaux boueuses, possède un tapis clair rétinien à cristaux de guanine.

Les couches externes de la rétine (couche des photorécepteurs et épithélium pigmentaire) sont d'une épaisseur relative exceptionnelle, en sorte que les couches internes qui contiennent les neurones de traitement (horizontales, amacrines, bipolaires et ganglionnaires) occupent tout juste un tiers de l'épaisseur totale.

Les photorécepteurs sont essentiellement des bâtonnets mais il y a également des cônes. La disposition des photorécepteurs est particulière : ils ne sont pas disposés uniformément, mais en paquets ou en faisceaux selon le terme qu'on préfère.

Les cellules de la couche pigmentaire contiennent à la fois des mélanosomes absorbant la lumière et des cristaux de guanine qui la reflètent. Ces cristaux sont arrangés selon deux systèmes superposés l'un à l'autre : une distribution irrégulière de petits grains et des lamelles superposées à la répartition plus régulière. Les grains diffusent la lumière dans toutes les directions, alors que les lamelles disposées en tas, sont spécialement arrangées pour la réfléchir sur les faisceaux de photorécepteurs, et même sur leurs extrémités actives.

### (h)    L'ipnops

Encore un poisson des profondeurs marines, d'ailleurs parent proche du poisson tripode que nous avons mentionné plus haut comme anophtalme.

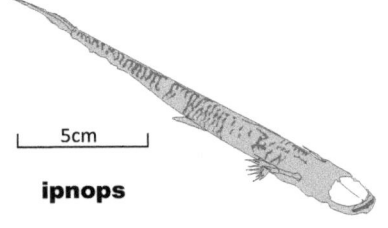

5cm

**ipnops**

L'ipnops, peut être vaudrait-il mieux dire les ipnops puisqu'il en existe trois espèces, habitent les abysses océaniques au dela de 1000 m de profondeur.

Ce sont des poissons mal connus et qu'on a peu observé dans leur milieu naturel. Ils possèdent deux organes applatis sur le dessus de la tête, qu'on a pu prendre dans le passé pour des organes luminophores, mais qui semblent bien être des yeux.

Cependant, leur structure n'est pas camérulaire, ce qui est très rare chez les vertébrés, et ces organes sont extrêmement applatis.

La rétine est disposée immédiatement en dessous de la membrane extérieure transparente, que l'on peut qualifier de cornée, mais qui a une puissance optique très faible et d'ailleurs négative. Il n'y a pas de cristallin. La rétine est irriguée directement par le sang.

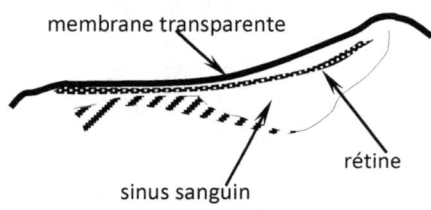

schéma des yeux de l'ipnops

On pense que ces organes permettent la détection de bioluminescence extrêmement ténue au milieu de l'ambiance très obscure où se meuvent ces animaux.

### e)   *Agnathes*

On entend par agnathes les myxines et les lamproies. Ces animaux sont parfois groupés et classés chez les vertébrés. Certains les scindent en deux de manière radicale ; continuant à rattacher les lamproies aux vertébrés en créant le sous embranchement des pétromyzontidés, ils font des myxines un embranchement distinct, les myxinoïdes. Il en résulte les deux variantes suivantes de l'arbre phylogénétique.

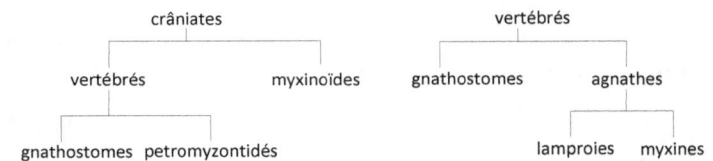

**variantes de l'arbre phylogénétique des mixines**

Qu'on le désigne sous le terme de crâniates ou de vertébrés, les espèces en question sont à la limite d'un groupe très important d'animaux.

### (1)   Lamproies

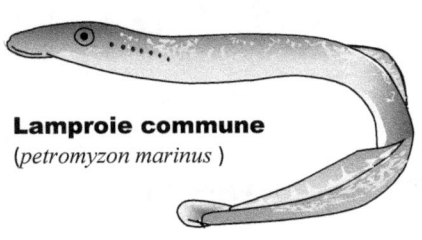

**Lamproie commune**
(*petromyzon marinus* )

Il existe trois familles de lamproies : Les géotriines, dont la seule espèce représentante est la lamproie à poche *geotria        australis* originaire de Nouvelle Zélande,            les mordacines dont le représentant majeur est la lamproie d'Australie *mordacia    mordax*, enfin les petromyzontines, dont le représentant type est la lamproie marine *petromyzon marinus*, c'est-à-dire la lamproie commune que l'on mange au vin à Bordeaux.

Chacune de ces familles ne possède que quelques espèces, en

sorte que le groupe des lamproies n'est pas très riche pour ce qui est de la diversité des espèces qui le constituent.

Les lamproies présentent une phase larvaire longue de 5 à 6 ans, durant laquelle on les appelle ammocètes. Sous cette forme, elles vivent dans des caches qu'elles creusent dans le fond du cours d'eau qui les a vu naître, n'en sortent que pour se nourrir, et y retournent à la moindre alerte. Comme les myxines, les ammocètes ont leurs yeux recouverts d'une couche de mésenchyme qui les rend aveugles.

Au stade adulte, la lamproie a des yeux fonctionnels, de type camérulaire, et assez proches de ceux des autres vertébrés.

A l'instar des poissons téléostes, les lamproies n'ont pas de paupières. Elles n'ont pas non plus de système lacrymal, et leurs yeux sont par ailleurs peu mobiles.

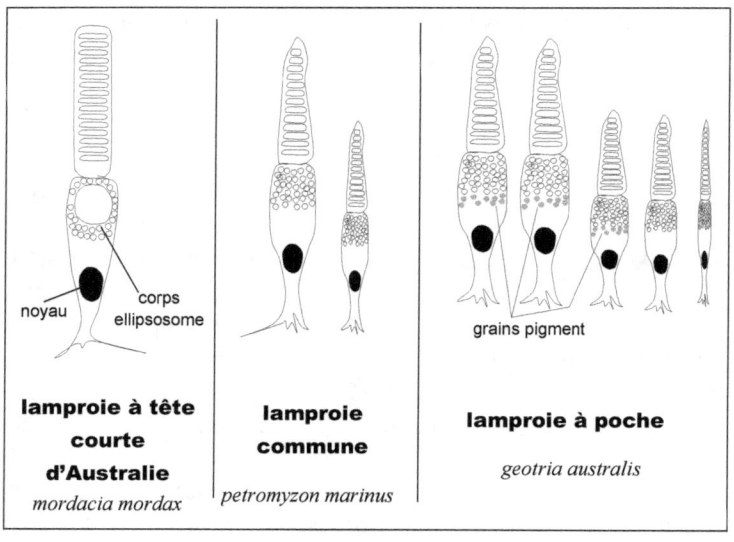

noyau  corps ellipsosome  grains pigment

**lamproie à tête courte d'Australie**
*mordacia mordax*

**lamproie commune**
*petromyzon marinus*

**lamproie à poche**
*geotria australis*

La rétine des lamproies comprend des neurones photorécepteurs, amacrines, horizontaux et ganglionnaires. Cependant, le modèle en couche est légèrement modifié de celui des gnathostomes.

La nature des photorécepteurs n'est pas homogène et varie fortement selon les espèces (voir table ci-dessus).

Les photorécepteurs des lamproies ne sont pas aussi nettement séparables en cônes et bâtonnets que ceux des autres vertébrés. Au demeurant, l'une de leurs ospines est particulière et n'appartient pas au groupe des opsines des autres vertébrés (voir plus bas).

- Mordacia mordax ne possède qu'un seul type de photorécepteur, et ce récepteur présente un corps ellipsosome qu'on ne retrouve pas dans les autres espèces.

- La lamproie commune n'a pas, à proprement parler de cônes et de bâtonnets, mais plutôt des photorécepteurs longs et des photorécepteurs courts.

- La lamproie à poche présente 5 types de photorécepteurs, dont trois ont une couche de grains pigmentaires jaunes qu'on ne retrouve pas chez les autres espèces de lamproies.

### (2)    Myxines

Les yeux des myxines ressemblent assez à ceux des ammocètes (larves de lamproie). Ils semblent primitifs et ne sont pas fonctionnels étant en particulier recouverts d'une peau opaque. Le cristallin en est absent et ils n'ont pas non plus de cornée véritable.

De plus, la structure de la rétine des myxines est particulière : elle ne comprend pas d'interneurones. Autrement dit les photodétecteurs sont directement reliés aux ganglionnaires et on ne trouve pas de cellules bipolaires, horizontales et amacrines comme chez les autres crâniates.

## *f)*     *Conclusions et innovations*

Qu'on les appelle vertébrés ou crâniates, les organes de la vision des animaux que nous avons évoqués jusqu'ici présentent d'immenses similitudes. Nous avons, bien sûr insisté surtout sur les différences, un peu comme la télévision donne plus de mauvaises nouvelles que de bonnes, mais en réalité les yeux des vertébrés se ressemblent énormément. Ils présentent toujours, en particulier :

- Trois membranes concentriques :
  - o la sclérotique : enveloppe mécanique extérieure
  - o la choroïde : couche pigmentée absorbant la lumière,
  - o la rétine : membrane photosensible.

- Deux lentilles convergentes : cristallin et cornée, ainsi qu'un mécanisme permettant d'en faire varier la puissance optique.

- Une rétine, avec la même structure en couches et notamment trois couches nucléaires et deux plexiformes, structure qui ne diffère, et encore légèrement seulement, que chez le groupe le plus périphérique des agnathes.

- Des cellules photoréceptrices à récepteurs ciliés, disposées sur la couche externe de la rétine, c'est-à-dire sur la face opposée à la lumière.

- Des neurones d'interconnexion de types bipolaires, amacrines et horizontaux (étant entendu que cette typologie est simplificatrice et que la variété des cellules d'interconnexion chez les mammifères est tout de même assez grande).

- Des cellules ganglionnaires situées sur la couche la plus interne de la rétine, cellules dont les axones se réunissent en faisceau pour former le nerf optique.

- Un ancrage dans des orbites osseuses, ainsi que des muscles oculomoteurs permettant d'assurer aux yeux un mouvement propre, plus ou moins ample, il est vrai.

Bien évidemment, il y a aussi des différences, et nous en avons signalé sans cesse. Le tableau suivant présente une vue très synthétique de quelques traits caractéristiques de la vision comparée des vertébrés.

| Classe | paupières | cornée | iris | cristallin |
|---|---|---|---|---|
| Mammifères | **oui**<br><br>parfois membrane nictitante | **bombée**<br><br>sauf les espèces marines | forme variable<br><br>muscle lisse | **lenticulaire**<br><br>sauf les espèces marines |
| Oiseaux | **oui**<br><br>+<br><br>membrane nictitante | **bombée**<br><br>parfois déformable | pupille ronde<br><br>muscle strié | **variable** mais non-sphérique |
| Reptiles | **variable**<br><br>parfois une lunette | **bombée** | | **variable** |
| Poissons | **non**<br><br>parfois une lunette – membrane nictitante chez certains élasmobranches | **Plate**<br><br>le plus souvent | forme non ajustable chez la plupart des téléostes<br><br>ajustable chez les élasmobranches | **Sphérique**<br><br>le plus souvent |

| Classe | accommodation | tapetum | fovée |
|---|---|---|---|
| Mammifères | **déformation du cristallin**<br><br>sauf les espèces marines | **Choroïdien**<br><br>rarement rétinien | **Non**<br><br>sauf chez les primates supérieurs |
| Oiseaux | **déformation** du cristallin **et** parfois **aplatissement** de la cornée. | **Absent**<br>sauf engoulvent | **Oui.**<br>le plus souvent<br><br>parfois double. |
| Reptiles | **variable**<br><br>déplacement ou déformation du cristallin | **rétinien** | **Parfois**<br><br>chez certains lézards |
| Poissons | **déplacement**<br><br>du cristallin | **variable**<br><br>rétinien<br><br>ou choroïdien | **Non**<br><br>sauf pour de rares espèces |

Les tableaux ci-dessus qui tentent de différencier la configuration des yeux dans les grandes classes de vertébrés montre combien les règles absolues sont rares, puisque même des règles fortes comme l'absence de tapetum chez les oiseaux ou la faible courbure de la cornée chez les poissons souffrent des exceptions.

L'analyse des cellules rétiniennes ne permet pas davantage de dégager des critères phylogénétiques, et pour preuve, nous venons de voir chez les lamproies que des espèces assez voisines comme *mordacia mordax* et *geotria australis* pouvaient avoir des photorécepteurs tout à fait différents.

On a été ainsi longtemps sans trouver d'indicateur lié à la vision et qui présente en même temps des caractéristiques phylogénétiques intéressantes.

Cependant, dans les années 90 du siècle dernier la meilleure compréhension que l'on avait acquise des photopigments et les progrès de la génétique ont finalement permis de mieux comprendre l'évolution des photopigments dans les yeux des vertébrés, et c'est ce paramètre qui paraît aujourd'hui le meilleur fil d'Ariane à suivre pour appréhender les grandes lignes évolutionnistes de la vision.

Les photopigments sont formés de l'association d'une molécule chromophore et d'une protéine appelée opsine. Chez les vertébrés, comme le chromophore est principalement le 11-cis rétinal, plus rarement le 11-cis 3,4 déhydrorétinal, l'identification du photopigment peut n'être faite que par son opsine (voir NOTE en fin de paragraphe).

Or on peut classer les opsines de la rétine des vertébrés en 5 classes appelées :

SWS1 / SWS2 / RH1/ RH2 / et LWS-MWS

(Les sigles en WS abrègent l'Anglais « Wave Sensitive », et on a donc les ondes courtes (S pour short), longues (L pour long) et moyennes (M pour medium) selon que les opsines ont leurs pics de sensibilité situés à des longueurs d'onde plus ou moins grandes – L'abréviation RH est mise pour Rhodopsine, et désigne l'opsine des bâtonnets.)

Ces classes correspondent à des regroupements effectués sur l'ensemble des opsines des rétines des vertébrés. Chaque espèce possède par ailleurs souvent plusieurs opsines propres, et ces opsines peuvent être ou ne pas être dans des classes distinctes. L'homme, par exemple, dont la rétine contient une espèce de bâtonnets et 3 espèces de cônes, possède 4 opsines. L'opsine des bâtonnets humains est une rhodopsine qui appartient à la classe d'opsines RH2. L'opsine humaine dite bleue appartient à la classe SWS1, et les opsines dites jaunes et rouges appartiennent toutes les deux à la classe LWS/MWS. L'homme n'a pas d'opsine dans les classes SWS2 et RH1.

Tous les vertébrés ont des opsines appartenant à l'une ou l'autre des cinq classes précédentes. Il s'en faut par contre de beaucoup qu'on trouve ces 5 opsines à la fois dans la rétine d'un vertébré donné. Cet état de fait est même pour tout dire assez rare, mais c'est le cas chez la poule et chez le poisson rouge, par exemple, et la répartition de cette occurrence sur l'arbre génétique laisse à penser que c'était probablement le cas chez l'ancêtre commun des vertébrés.

Chacune de ces cinq classes d'opsines regroupe des protéines voisines, mais les photopigments correspondants ne présentent pas des pics de sensibilité $\lambda_{MAX}$ dont la couleur soit identique pour toutes les espèces.

Au contraire, chaque classe occupe une plage de sensibilité à la fréquence lumineuse, même si les cinq classes se recouvrent partiellement (voir schéma).

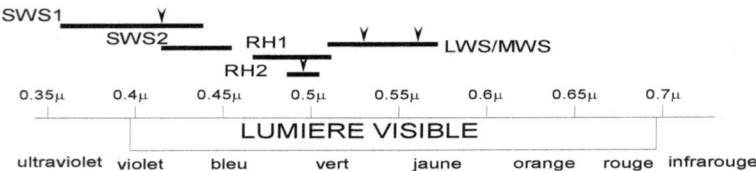

**variation des pics de sensibilité $\lambda_{MAX}$ des opsines de type SWS1, SWS2, LWS/MWS, RH1, et RH2, chez les vertébrés.**

(Les flèches indiquent la position des pics de sensibilité sur la rétine humaine).

Lorsqu'on considère l'ensemble des vertébrés, les opsines appartiennent toujours à un certain groupe parmi les cinq identifiés ci-dessus, et varient d'une espèce à l'autre soit par des substitutions d'acides aminés à l'intérieur d'un même groupe (modification mineure du photorécepteur), soit par changement de groupe.

Lorsqu'on reste à l'intérieur du même groupe, la variation du pic de sensibilité $\lambda_{MAX}$, n'est plus associée qu'à une substitution d'acides aminés sur la chaîne formant la molécule d'opsine, et on commence à mieux connaître ces variations.

En combinant observations biochimiques, phylogénie et séquençage de protéines, on a pu obtenir une sorte d'arbre généalogique des opsines, arbre qui décrit la séquence évolutionniste des opsines des vertébrés, et même des deutérostomiens puisqu'on y trouve la larve d'ascidie.

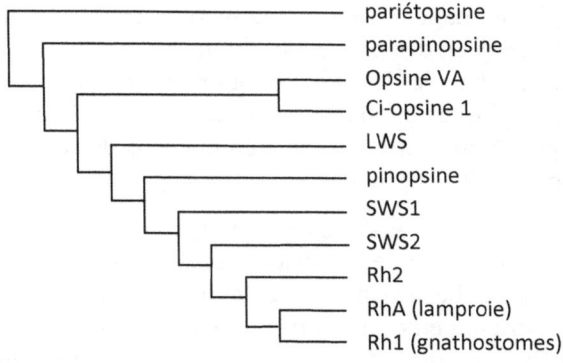

**phylogénie des c-opsines**

Les opsines suivantes ne se retrouvent pas dans la rétine des vertébrés, mais dans d'autres organes :
pinopsine : glande pinéale des oiseaux – parapinopsine glande pinéale des lamproies et de la barbue de rivière – pariétopsine : œil pariétal de certains lézards – opsine VA : hypothalamus des oiseaux – Ci-opsine 1 : ocelle des ascidies

Le schéma ci-dessus prend en compte un plus grand nombre d'opsines que les 5 opsines rétiniennes décrites ci-dessus.

Ces autres opsines sont de découverte assez récente, mais pourraient bien contribuer au paysage général, même si la nature de cette contribution est encore à conforter.

Il résulte en particulier de l'arbre phylogénétique précédent que l'apparition dans le vivant des rhodopsines est postérieure à celle des opsines des cônes, élément surprenant que toute phylogénie des appareils visuels doit désormais prendre en compte.

Qu'on puisse retracer l'évolution des opsines des vertébrés de manière assez fiable, et en tout cas bien meilleure que par le passé, n'enlève évidemment pas grand-chose au caractère tout à fait étonnant de la variabilité phylogénétique des appareils visuels. Cette variabilité nécessite encore d'avoir recours à une grande quantité d'arguments qui peuvent sembler parfois ad hoc pour l'expliquer dans le cadre de la théorie de l'évolution. Elle a été à la base d'un des principaux freins à l'adoption sans réserve de la théorie de Darwin : Comment des systèmes visuels aussi compliqués et aussi profondément adaptés à leur fonction peuvent-ils bien être aussi différents dans des espèces que Darwin nous dit aussi proches ?

Le fait qu'on entrevoie une véritable phylogénie biochimique sous-jacente à la biologie de la vision permet tout de même une amorce d'approche alternative, et donne quelque espoir que l'épais mystère qui entoure encore cette question puisse un jour être enfin dissipé. Cette dissipation ne se fera certainement pas sans révision de certains de nos analyses et jugements actuels, en sorte que ces sujets sont parmi les plus prometteurs de nouveautés, et donc parmi les plus passionnants de ceux qui font la science contemporaine.

NOTE : Le 11 cis-rétinal est un aldéhyde formé à partir de la vitamine A, alors que le 11-cis 3,4 déhydrorétinal est lui dérivé de la vitamine A2. Les opsines formées prennent le nom de rhodopsines dans le premier cas et de porphyropsine dans le second. Lorsque le chromophore utilisé est A2 la molécule photosensible aura un $\lambda_{MAX}$ décalé vers le rouge par rapport à un chromophore A. Le décalage dépend de la longueur d'onde. Il atteint $0.06\mu$ vers le rouge et tombe à $0.01\ \mu$ et même $0.005\mu$ aux courtes longueurs d'ondes. Le 11 cis rétinal est le plus fréquent des chromophores. On le rencontre dans

## dans le monde animal

toutes les classes de vertébrés, alors que la porphyropsine ne se trouve que dans les yeux de certains poissons, amphibiens et reptiles.

dans le monde animal

## 4. Autres deutérostomiens

Alors que le monde des vertébrés présentait une remarquable constance dans le domaine de la vision, avec son utilisation systématique de l'œil camérulaire, les embranchements proches, c'est-à-dire les autres deutérostomiens, réalisent une rupture significative et ne comprennent que des espèces plus ou moins mal voyantes.

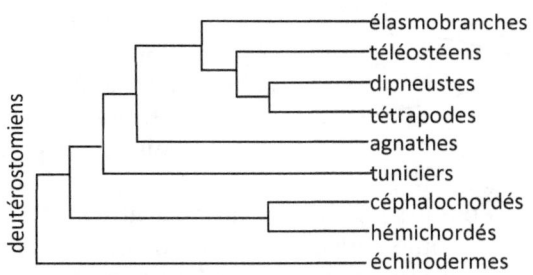

**phylogénie des deutérostomiens**

D'ailleurs, s'il ne tenait qu'à la qualité de leur vue, ces deutérostomiens, qu'ils soient tuniciers, céphalocordés, hémicordés,, ou échinodermes, pourraient quasi être oubliés. Cependant, leur proximité génétique avec les cordés motive leur étude. Elle oblige à ne pas faire certains amalgames qui eussent certainement été faits si ces deutérostomiens étranges n'avaient fournis contradiction…

### a) Tuniciers

Les tuniciers sont des animaux marins étranges.

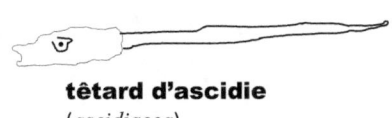

**têtard d'ascidie**
(*ascidiacea*)

Ils ressemblent à des mollusques dans leur phase adulte, et sont d'ailleurs anophtalmes.

Cependant, au début de leur vie, ce sont des larves qui ressemblent un peu à des têtards et qui présentent une tête. Ces larves, dont la longueur est de l'ordre du millimètre, possèdent deux yeux dont la structure rappelle celle d'yeux camérulaires, quoiqu'ils soient fort modestes.

Les récepteurs de ces yeux sont ciliés.

### b)   Céphalochordés : amphioxus

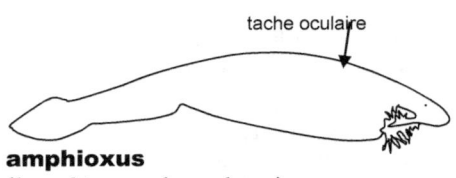

**amphioxus**
(*branchiostoma lanceolatum*)

Les lancelets (également appelés branchiostomes et amphioxus) ressemblent à des poissons dépourvus de tête et d'ailleurs d'encéphale, l'œil est a proprement parler absent. Le système nerveux est constitué d'une simple notocorde ne présentant qu'un léger épaississement au niveau de la tête.

Ils présentent deux yeux frontaux en cupule, ainsi qu'une tache oculaire dorsale.

Les lancelets sont en général de petite taille (de 4 à 5 cm adultes), même si certains individus peuvent atteindre 10cm.

On a identifié chez amphioxus une opsine appartenant à une catégorie différente de celles des vertébrés. Ce type d'opsine, dit opsine $G_0$ se retrouve également chez les mollusques. Cependant, elle s'exprime dans des récepteurs ciliés et conduit à une hyperpolarisation de la membrane cellulaire.

## c) *Hémichordés*

Ni les entéropneustes ni les ptérobranches n'ont d'yeux, dans leur stade adulte.

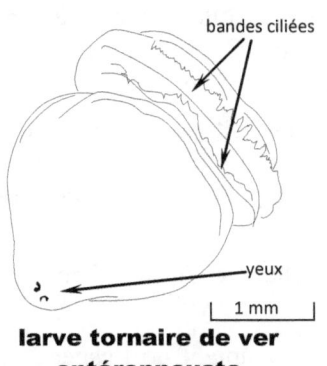

bandes ciliées

yeux

|__ 1 mm __|

**larve tornaire de ver entéropneuste**

Les entéropneustes sont des vers de taille plutôt grande (entre 10 et 50 cm de longueur – pouvant dépasser le mètre pour ce qui concerne l'espèce balanoglosus gigas). On les qualifie parfois de vers à gland, à cause que leur partie terminale (proboscis sur lequel est situé l'orifice buccal) fait irrésistiblement penser à l'extrémité phallique. Ils sont également connus sous le nom de balanoglosses.

A les voir, on est plutôt étonné que ces animaux soient des parents beaucoup plus proches de nous que les mollusques ou les annélides auxquels ils ressemblent assez furieusement, mais cette proximité semble avérée.

Quoique les adultes soient anophtalmes, les larves des vers entéropneustes, larves dites tornaires, présentent deux ocelles situées symétriquement sur le dessus de la larve.

Très curieusement, ces ocelles minuscules présentent des récepteurs rhabdomériques à villosités et contiennent des photopigments rhabdomériques (r-opsines), contrairement aux autres deutérostomiens chez lesquels les cellules photoréceptrices sont ciliées et contiennent des photopigments ciliés (c-opsines), à la manière des cônes et des bâtonnets. Ce point est tenu pour important du point de vue de la phylogénie car les larves tornaires sont les plus rudimentaires des organismes relativement proches de nous. Il est évoqué plus bas.

### *d)    Echinodermes*

Les échinodermes forment une classe d'animaux qui comprend les étoiles de mer, les oursins et les holothuries ou concombres de mer. Tous ceux qui ont déjà ramassé des oursins ou des étoiles de mer sur le rivage sentent bien que ces animaux ne sont pas les champions de la bonne vue. Cependant, ils voient peut-être un peu moins mal qu'ils n'en ont l'air.

Les étoiles de mer ont des sortes d'yeux situés aux extrémités de leurs branches, mais ces organes n'ont que peu à voir avec les yeux des mammifères. On les appelle parfois coussins optiques.

Chaque coussin forme une petite tache d'environ 1.5 mm de diamètre et d'un rouge le plus souvent assez vif.

Le nombre de ces taches dépend évidemment de l'espèce, et est donc typiquement de 5 sur une étoile à 5 branches et de 10 sur une étoile à dix branches.

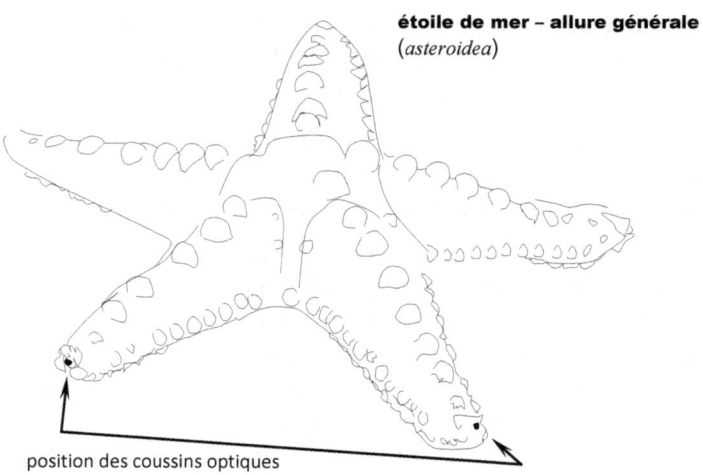

**étoile de mer – allure générale**
(*asteroidea*)

position des coussins optiques

Chaque tache supporte environ 150 coupelles pigmentaires arrangées en lignes et colonnes. Ces coupelles sont disposées perpendiculairement à la surface du coussin, et ont une profondeur de l'ordre de 100 à 200 μ. (Les chiffres sont bien entendu des ordres de grandeur pour des variétés aux dimensions moyennes de quelques dizaines de centimètres).

Elles sont tapissées de cellules pigmentaires, dont la concentration est plus élevée vers le fond ainsi que sur le bord extérieur de la coupe, l'ensemble formant, si l'on veut, une sorte de « couche de photorécepteurs » disposée en bol (voir schéma). Ces cellules sont reliées au système nerveux de l'animal.

10 μ

**Coupelle pigmentaire de l'étoile de mer**

Bien évidemment, il faut s'imaginer la coupelle pigmentaire emplie d'un liquide à peu près transparent et isolée de l'extérieur par une membrane assimilable à une cornée.

Ces coupelles optiques rappellent tellement la structure des ocelles des arthropodes (voir plus bas) que certains les appellent ocelles.

Si maintenant on considère l'ensemble formé par le coussin optique tout entier, on y retrouve un principe identique à celui des yeux à apposition des arthropodes. Le grand éloignement phylogénétique entre les échinodermes et les arthropodes rend très improbable l'existence d'yeux composés chez l'ancêtre commun, de sorte qu'on considère cette situation comme un cas de convergence évolutive. Au demeurant, le détail des yeux des étoiles de mer est tout de même significativement différent de celui des crustacés. Le fait que ce design soit présent chez deux embranchements éloignés plaide ainsi très nettement en faveur de sa qualité adaptative à la vie sur terre.

Les opsines utilisées par les étoiles de mer sont parfois rhabdomériques et dépolarisent la membrane cellulaire. Les espèces à opsines ciliées sont cependant majoritaires.

Les oursins, eux, semblent avoir des cellules photosensibles localisés à la racine de chacun de leur piquants, en sorte que si leur vision n'est peut-être pas encore très bien comprise, elle pourrait s'avérer être celle d'un « œil » formé de l'animal tout entier …

## 5.     Arthropodes

### a)     Généralités

En passant des deutérostomiens aux protostomiens, nous franchissons l'une des principales barrières du monde animal. La diversité génétique de cette division des métazoaires est immense (voir arbre phylogénétique ci-contre).

On caractérise souvent la différence entre les protostomiens et les deutérostomiens par ce que les premiers ont leur système nerveux situé ventralement alors qu'il est dorsal pour les seconds.

(Note : Pour certains de ces animaux qui sont de structure assez élémentaire le caractère ventral peut-être plus ou moins difficile à cerner, et on doit tenir que c'est le côté où sont situés la bouche et les membres locomoteurs lorsqu'ils existent).

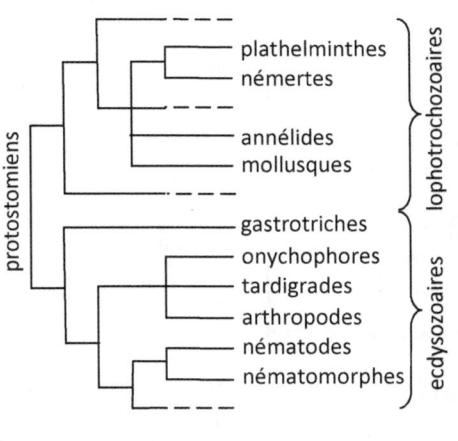

Les yeux étant étroitement liés au système nerveux, on les trouve ainsi fréquemment disposés en position dorsale chez les protostomiens, c'est-à-dire situés de l'autre côté de la bouche et des pattes par rapport à la symétrie générale de l'animal, à l'inverse de nous.

**phylogénie des protostomiens**

Nous venions de constater une dégradation significative des performances visuelles, en quittant le monde des vertébrés pour celui des autres deutérostomiens.

Si les choses de la vision marchaient de manière simplement

anthropofuge, nous verrions cette dégradation s'accentuer au passage chez les protostomiens. Ce n'est pas le cas. Certes, aucun de ces animaux n'a les prédispositions visuelles de l'aigle ou du guépard. Beaucoup voient mal, et les anophtalmes ne sont pas rares. Cependant, certains d'entre eux nous semblent avoir des yeux de bonne qualité, et ceci se confirme tout ensemble des études optiques, neurologiques et comportementales de leur vision.

Nous allons évoquer dans ce paragraphe un groupement où la grande majorité des espèces possède des yeux de qualité certaine : les arthropodes.

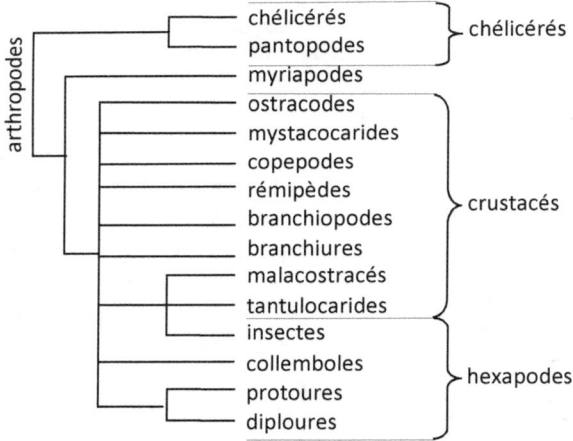

**phylogénie des arthropodes**

L'embranchement des arthropodes est de loin celui qui contient le plus d'espèces du règne animal. Il n'est donc pas très étonnant que les yeux de ses membres présentent une variété de structures certaine.

Note : Outre des classes fossiles nombreuses, les arthropodes contiennent, principalement les crustacés, insectes, chélicérates, et myriapodes. Ils comprennent également les hexapodes aptères (collemboles, diploures et protoures) qui sont d'ailleurs très à part pour ce qui est de leur vision, toujours très mauvaise et parfois absente. Ainsi qu'il ressort du schéma ci-contre, le groupe des crustacés est soupçonné d'être paraphylétique. Cependant, pour la suite, nous avons, « à l'ancienne », divisé l'embranchement des arthropodes en insectes, crustacés, chélicérés et myriapodes.

On notera tout d'abord que les arthropodes sont des animaux relativement petits : Le scarabée goliath, géant des coléoptères, ne mesure qu'une dizaine de centimètres ; le plus grand papillon du monde, *thysania agrippina*, n'a que 30cm d'envergure, pas plus qu'un moineau ; le corps des wetas géants de Nouvelle Zélande, que l'on tient pour les plus gros des insectes, dépasse à peine les 10 cm ; le plus grand de tous les arthropodes est l'araignée de mer géante du Japon, encore son corps monstrueux ne mesure-t-il guère plus de 40 cm, même si ses pattes dépassent le mètre.

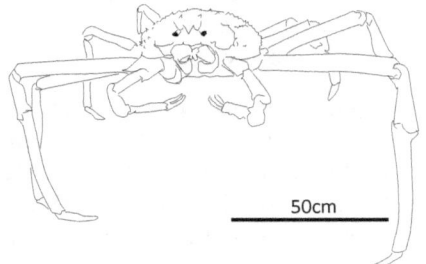

**araignée de mer géante du Japon**
*macrocheira kaempferi*

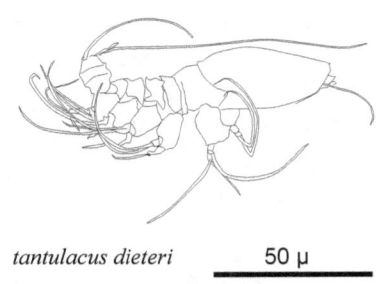

*tantulacus dieteri*          50 µ

En revanche les arthropodes peuvent être très petits, le record étant souvent attribué à la classe des crustacés tantulocarides, dont *tantulacus dieteri*, par exemple, qui mesure moins de 1/10 mm : il n'y a évidemment pas de vertébré de taille comparable.

A la différence des vertébrés, les arthropodes n'ont pas systématiquement des yeux, et ce manque n'est pas confiné à quelques espèces cavernicoles dont les yeux auraient régressé : Les protoures et les pauropodes n'ont pas d'yeux. Il reste vrai, néanmoins que l'immense majorité des espèces d'insectes, de crustacés et de chélicérates sont pourvues d'yeux, même s'ils sont parfois bien rudimentaires.

(1)    **Les ommatidies**

L'innovation du monde des arthropodes est l'œil composé, c'est-à-dire un œil formé de la juxtaposition d'éléments de forme grossièrement tubulaire, appelées ommatidies. L'apparition des ommatidies dans le monde du vivant est très ancienne et remonte à plus de 500 millions d'années.

Evidemment, l'ommatidie n'a pas une structure unique au travers du monde des animaux aux yeux composés, et elle présente des variantes assez nombreuses pour ce qui concerne certains détails de sa réalisation. En particulier, les yeux à facettes sont susceptibles de différer assez nettement au niveau de l'optique des milieux transparents. Ces variations sont présentées plus bas.

Il est pourtant tout à fait remarquable que certains autres détails de cette structure soient présents dans des groupes d'animaux aussi éloignés que les insectes et les crustacés, ce qui implique qu'ils se soient conservés d'un ancêtre commun vieux de plus de 500 millions d'années : la stabilité dans le temps qu'impliquent ces conservations est unique.

Chaque ommatidie comprend une partie optique et une partie photoréceptrice. Elles sont recouvertes d'une pellicule opaque assurant un rôle de guide d'onde vers le nerf.

Leur constitution exacte dépend de facteurs assez nombreux, mais comprend systématiquement :

-    Une cornée constituant une des facettes de l'œil composé.

-    Une sorte de rétine comprenant un conduit appelé rhabdome, délimité par des cellules photoréceptrices appelées cellules rétinulaires. L'extrémité centrale de ces cellules rétinulaires constitue la partie active du point de vue de la photoréception, et est appelée rhabdomère.

On trouve également très souvent dans chaque ommatidie :

-   Un cristallin de forme approximativement conique.

-   des cellules pigmentaires opaques séparant entre elles les ommatidies.

Mais il arrive que ces structures soient comme mutualisées au niveau de l'œil complet.

L'ommatidie présentée ici pour permettre de décrire les traits saillants de cette structure est celle de la majorité des insectes (abeilles, sauterelles, libellules, etc...), et correspond à une optique dite à apposition pour l'œil composé qui lui est associé.

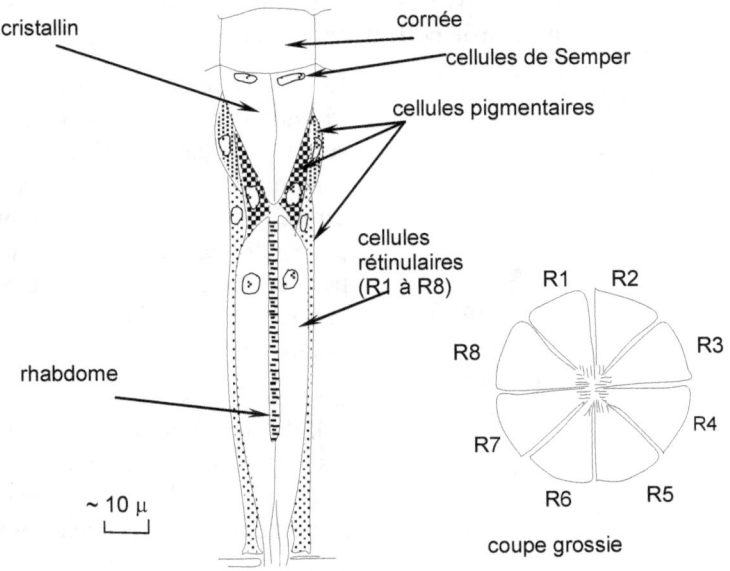

**schéma d'une ommatidie**

La cuticule formant cornée est générée par deux cellules qui deviendront ensuite pigmentaires que l'on appelle cellules pigmentaires primaires.

En dessous de la cuticule cristalline se trouvent quatre cellules, les cellules de Semper, qui assurent la formation du cône cristallinien. Ce cristallin est une structure intercellulaire, et est bordé par les cellules pigmentaires primaires.

La phototransduction est assurée par les cellules rétinulaires.

La majorité des yeux composés est constituée d'ommatidies comprenant chacune un rhabdome et 8 cellules rétinulaires. Ces huit cellules rétinulaires (R1 à R8) sont disposées en étoile autour du rhabdome.

Les cellules rétinulaires comportent à leur extrémité centrale des microvillosités, qui forment une sorte de brosse terminale disposée radialement autour du rhabdome. Ce sont ces villosités qui sont les parties photochimiquement actives de la cellule, et qu'on qualifie collectivement de rhabdomère.

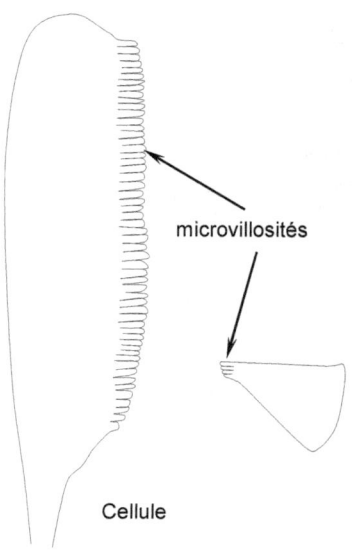

microvillosités

Cellule

Les villosités des cellules rétinulaires sont arrangées selon deux directions seulement, et ces deux directions sont perpendiculaires, ce qui permet aux insectes d'être sensibles à la lumière polarisée.

Les nombres 2 pour les cellules de la cuticule, 4 pour les cellules de Semper et 8 pour les cellules rétinulaires présentent une constance tout à fait étrange et notable au milieu des multiples variations de design des ommatidies. Non pas qu'il n'y ait pas d'exceptions, mais elles sont rares.

Certaines ommatidies ne contiennent que 7 cellules rétinulaires, alors que d'autres chez les hyménoptères et lépidoptères en comptent 9. Il existe quelques espèces au nombre de cellules rétinulaires plus élevé.

Le principe de fonctionnement de l'ommatidie est particulièrement simple : la lumière pénètre par la cornée et traverse le cristallin avant d'être absorbée par les opsines qui sont localisées sur les microvillosités du rhabdome. Les rayons lumineux qui ne sont pas situés dans un angle raisonnablement faible par rapport à l'axe de l'ommatidie sont absorbés par les cellules pigmentaires.

La sélectivité directionnelle est donc assurée par la forme de l'ommatidie. Les quelques degrés d'angle qu'elle couvre ne sont pas résolus en image. L'ommatidie effectue une sorte de brassage des rayons proches de son axe, et la finesse de l'image globale transmise au cerveau est due au grand nombre des ommatidies.

### (2)    Les ocelles

On voit également apparaître de manière fréquente des organes visuels petits, assez analogues aux cupules des coussins optiques des étoiles de mer décrites précédemment, et que l'on appelle ocelles. Ces organes ne sont pas structurés pour former une image véritable et sont en général considérés comme de simples détecteurs de lumière.

En effet, les ocelles

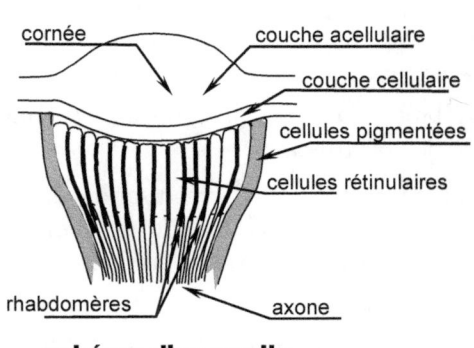

cornée   couche acellulaire
couche cellulaire
cellules pigmentées
cellules rétinulaires
rhabdomères   axone

**schéma d'un ocelle**

des insectes ont en général une puissance optique insuffisante pour accommoder sur la rétine, en sorte que ces organes ne sont pas aptes à détecter des images au sens ordinaire du mot.

La structure des ocelles est susceptible de varier légèrement. Chez les adultes, ils sont constitués de cellules rétinulaires en nombre variable allant jusqu'à quelques dizaines. Ces cellules sont munies de microvillosités arrangées en rhabdomères comme dans les ommatidies.

Cependant, elles sont disposées en botte les unes à côté des autres, de sorte à former une sorte de rétine. L'ensemble est revêtu sur les côtés de cellules pigmentées opaques qui assurent l'isolement optique et est par ailleurs coiffé d'un cristallin unique (voir schéma).

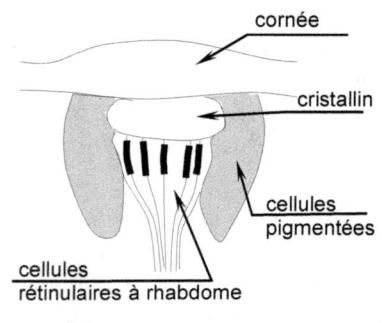

**stemmate : principe**

La description précédente est applicable aux ocelles dorsaux des adultes. Les larves ont souvent des organes similaires, mais qui sont situés sur les côtés de la tête et qu'on apelle stemmates. Les stemmates ont le plus souvent moins de cellules rétinulaires et comprennent un cristallin en plus de la cornée.

### (3) Système nerveux

Comme chez les vertébrés, l'œil est intégré au système nerveux dont il constitue une excroissance.

Nous allons en dire quelques mots car l'organisation de ce système est sérieusement différente de ce qu'elle est chez les vertébrés : les arthropodes ne possèdent pas de vertèbres.

Le système nerveux des arthropodes est bien évidemment en rapport avec leur petite taille, mais n'empêche pas ces animaux d'avoir une vivacité stupéfiante. En témoigne la difficulté que nous pouvons avoir à tuer des mouches en vol ou même seulement des cafards sur le plancher, et ce, malgré l'impressionnante différence de moyens mis en œuvre dans la lutte !

Le système nerveux central des insectes consiste principalement en un cerveau situé dans la tête et un double cordon nerveux qui chemine ventralement le long du thorax et de l'abdomen. De là, partent les divers jonctions nerveuses qui sont toujours très courtes.

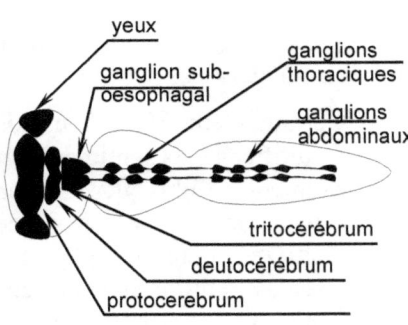

**schéma de principe
du système nerveux**

Les nerfs du système central sont groupés en sorte de petits paquets qu'on appelle ganglions nerveux. Ces ganglions vont par paires disposées symétriquement par rapport au plan de symétrie générale de l'insecte.

Le cerveau est formé de trois parties qui de l'avant vers l'arrière sont le protocérébron, le deutocérébron et le tritocérébron. En aval du tritocérébron et légèrement en dessous de lui on trouve le ganglion sub-oesophagien.

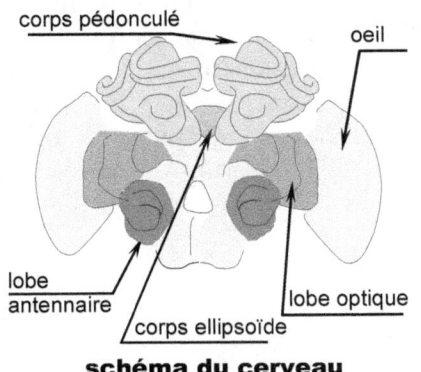

**schéma du cerveau**

De là part une double chaîne de ganglions nerveux dont les trois premiers, assez gros, sont les ganglions thoraciques, qui innervent notamment les pattes, puis un nombre variable de paires de ganglions abdominaux, qui sont plus petits que les précédents (voir schéma)

Le protocérébron est la plus volumineuse partie du cerveau, et il est notamment relié aux lobes optiques et aux corps pédonculés (voir schéma).

Les lobes optiques sont eux-mêmes divisés en quatre parties principales appelées respectivement : lamina, medula et lobula, cette dernière comprenant la lobula proprement dite et la plaque lobulaire (voir schéma).

Les lobes optiques des insectes forment une partie non-négligeable de leur cerveau, confirmant, s'il était besoin, l'importance de la vision pour ces animaux.

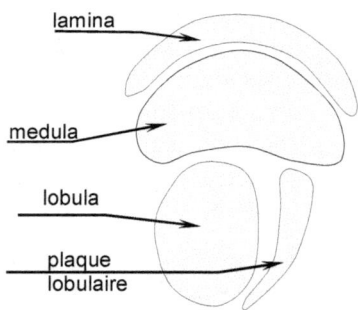

lamina

medula

lobula

plaque
lobulaire

**division des lobes optiques**

Certaines études ont tenté de quantifier ce sentiment et estiment à plus des 2/3 la proportion visuelle de l'activité neurologique des insectes. Dit autrement, ces animaux consacrent à la vision plus des 2/3 de leur énergie nerveuse.

Pour mémoire, le deutocérébron est relié aux lobes antennaires. Le tritocérébron est plus petit, et son rôle n'est pas entièrement compris, même s'il participe probablement aux activités buccales et digestives, de même que le ganglion sub-oesophagien. Ces parties du cerveau ne sont pas reliées à la vision.

## b) *Insectes*

Le sous-embranchement des insectes est de très loin le plus fourni de tout le règne animal, et contient à lui seul beaucoup plus d'espèces que tous les autres réunis.

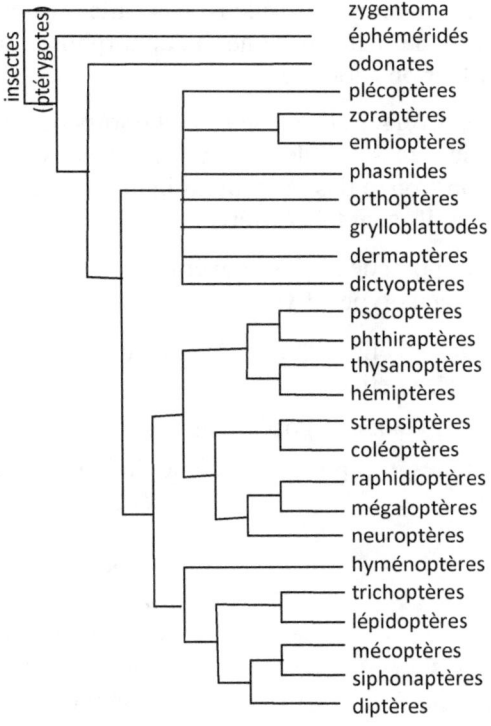

**phylogénie des insectes**

Note : Le tableau ci-contre présente la phylogénie de quelques 26 ordres d'insectes. Les principaux de ces ordres sont : odonates (libellules...), orthoptères (grillons, criquets, ...), dermaptères (perce-oreilles), (dictyoptères (cafards, mantes, termites...), hémiptères (cigales, pucerons, punaises....), coléoptères (scarabées, coccinelles, hannetons ...), lépidoptères (papillons), diptères (mouches, moustiques, ...), hyménoptères (abeilles, guêpes, fourmis ...).

Selon le contexte, il arrive que l'on comprenne parmi les insectes les hexapodes aptères (collemboles, diploures et protoures), mais nous ne le faisons pas.

A part ces sous-embranchements limites, et un nombre restreint d'espèces comme les fourmis les puces ou les termites, les insectes possèdent des ailes (ptérygotes) et subissent lors de leur vie une métamorphose qui modifie entièrement leur physiologie.

Au cours des diverses étapes de sa métamorphose, la vision de l'animal varie : au stade de chrysalide les yeux sont absents. Cependant, on trouve des yeux aussi bien à l'état larvaire qu'à l'état adulte, et ils sont très différents.

Les adultes possèdent en général des yeux et même fréquemment deux types d'yeux différents :

☐ des ocelles, qui sont des yeux simples toujours assez petits, et

☐ des yeux composés (dits aussi à facettes).

Il existe quelques exceptions à la règle de la présence d'yeux :

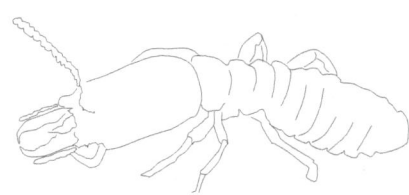

**Termite soldat**

certains insectes cavernicoles en particulier chez les orthoptères, coléoptères et diptères, ainsi que les soldats des termites sont anophtalmes.

Quoique les yeux des insectes soient souvent grands et même disproportionnés par rapport à leur taille, si on les compare aux autres embranchements, il existe des insectes à tout petits yeux, et ce, aussi bien par ordres entiers comme les zygentomes (poissons d'argent…) que par espèces isolées comme le tribolium rouge de la farine *tribolium castaneum* qui est un coléoptère.

L'œil des strepsiptères est par ailleurs très spécifique et forme une sorte de compromis sui generis entre l'œil simple et l'œil composé (voir plus bas).

Les yeux composés

Ainsi que nous l'avons dit, les insectes adultes possèdent à la fois des yeux à facettes et des ocelles. Chez l'adulte, les yeux à facettes sont toujours situés sur les côtés.

Le nombre des facettes est variable mais souvent élevé (voir tableau) :

| animal | nombre de facettes |
|---|---|
| fourmi (ouvrière) | 1 |
| cloporte | 25 |
| mouche | 800 |
| abeille | 5 000 |
| homard | 14 000 |
| libellule | 30 000 |

NOTE : cloportes et homards sont des crustacés et non des insectes. Leur nombre d'ommatidies figure à titre de comparaison.

On considère généralement que la vision de l'animal est d'autant plus aigüe que l'angle entre deux ommatidies adjacentes est plus réduit (voir paragraphe sur l'acuité des yeux composés).

Pour parler généralement, cet angle est de l'ordre de 1 degré. Cependant, la densité des ommatidies est assez largement variable d'une espèce à une autre. Le tableau ci-après permettra de se faire une idée.

| | | angle minimum entre ommatidies en ° d'angle |
|---|---|---|
| libellule américaine | anax junius | 0,24 |
| grande libellule | aeshna grandis | 0,8 |
| perce oreilles | forficula auricularia | 7,2 |
| coccinelle | coccinella septempunctata | 2,9 |
| ténébrion meunier | tenebrio molitor | 6,5 |
| machaon | papillio machaon | 0,9 |
| piéride du chou | pieris brassicae | 1,8 |
| mouche domestique | musca domestica | 2,5 |
| abeille | apis mellifera | 0,8 |

Au niveau de l'optique, il faut bien noter que si les yeux des insectes sont toujours composés, ils sont susceptibles de fonctionner selon des principes optiques divers (voir plus bas dans la section sur le type d'optique des yeux).

Certains ordres d'insectes, comme les odonates, ont tendance à avoir recours à un type d'optique préférentiel. Cependant, l'optique n'est pas un attribut aux caractéristiques phylogénétiques très bien fixées, et les cas de convergence sont fréquents, comme on pourra en juger des éléments ci-après, où on constate que la plupart des ordres présentent des espèces variables du point de vue de l'optique de leurs yeux, et que les optiques sont réparties dans des ordres divers.

| Ordre d'insectes | Type d'optique utilisée (voir plus bas pour les descriptifs des optiques) |
|---|---|
| odonates | apposition |
| hémiptères | rhabdome ouvert |
| neuroptères | apposition – superposition réfractive |
| coléoptères | apposition – superposition réfractive – rhabdome ouvert |
| lépidoptères | apposition – apposition afocale |
| diptères | superposition réfractive – superposition neurologique – rhabdome ouvert |
| hyménoptères | apposition – superposition réfractive – superposition neurologique – apposition afocale |

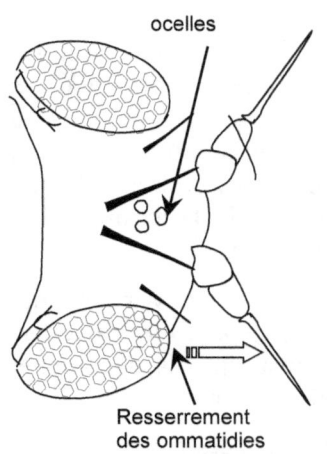

ocelles

Resserrement des ommatidies

**disposition des yeux chez la mouche**

La disposition des ommatidies sur l'œil n'est pas uniforme. La plupart du temps, elles sont plus resserrées vers l'avant et de disposition plus lâche sur le dessus, le dessous et vers l'arrière, un peu comme si l'insecte possédait une direction privilégiée de regard (voir schéma ci-contre).

Cependant cette disposition n'est pas générale et elle varie en fonction des besoins de l'animal. Elle est assez bien réalisée chez les prédateurs (ex libellule), mais le resserrement des ommatidies présente une disposition en ligne chez les araignées d'eau qui sont amenés à concentrer leur attention sur des paysages plans, alors que les faux-bourdons ont leurs ommatidies plus resserrées vers le haut, sans doute pour leur permettre de mieux réaliser leur rêve de détecter une reine fécondable se détachant sur le fond du ciel.

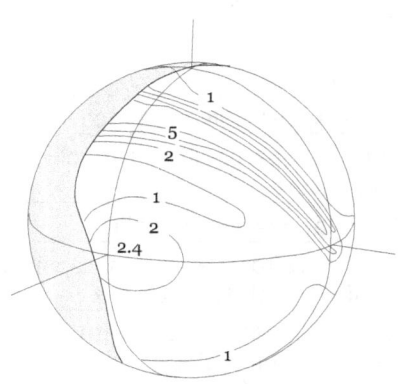

**disposition des ommatidies sur l'œil de la libellule américaine** (*anax junius*)

(les chiffres sont des nombres d'ommatidies par degrés carrés de champ visuel)

Les zones de grande acuité sont parfois réalisées par un simple resserrement des ommatidies. Cependant, comme ce resserrement finirait par causer une diminution de l'acuité par augmentation de la diffraction il est toujours limité. Lorsque le besoin en augmentation d'acuité se fait plus nécessaire on observe une déformation de l'œil qui prend une forme moins courbée. Cette déformation est alors associée au contraire à un agrandissement de la taille des ommatidies. Cette dernière disposition permet d'augmenter tout à la fois la sensibilité et le pouvoir séparateur dans les directions associées.

Dans certains cas la zone d'acuité peut couvrir un angle suffisamment faible pour que les yeux présentent une face quasi-plane couverte de grandes ommatidies, la demi-sphère restante étant réservée aux ommatidies plus petites.

C'est le cas de nombre d'espèces de crustacés des profondeurs chez lesquels la face supérieure des yeux, celle qui regarde vers la lumière, est souvent très aplanie.

dans le monde animal

## (1)    Yeux doubles

Lorsque le besoin en acuités variables se fait sentir davantage encore, on assiste à une véritable duplication des yeux comme chez les mouches appelées simulies (simulidae) et les bibions mâles (bibionidae). Chaque œil y est composé de deux parties distinctes l'une supérieure et l'autre inférieure (voir schéma ci-contre).

**œil double d'un bibion mâle**
(*bibionida*e)

Le fait que les yeux doubles des bibions n'existent que chez les mâles n'a pas manqué d'exciter la curiosité des biologistes, et il est en effet difficile de ne pas le rattacher au comportement amoureux de cette espèce.

Lorsque le mâle bibion fait sa cour à la femelle, il la poursuit littéralement de ses assiduités en restant toujours à une certaine distance d'elle, une bonne quinzaine de centimètres, d'où la femelle, eu égard à ses yeux moins bons ne peut trop le voir. Mais pour peu qu'elle vienne à se poser, le mâle, qu'on dirait échauffé par sa poursuite, lui saute littéralement dessus : n'est-ce pas tirer là avantage de sa vue ?

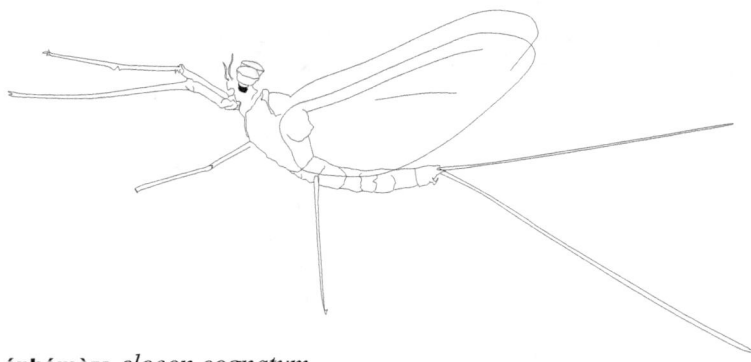

**éphémère** *cloeon cognatum*

noter la différence de taille entre l'œil latéral et l'œil dorsal en turban.

Encore des yeux doubles chez les éphémères.

Ces êtres au corps mou, et au vol malhabile sont la plus ancienne forme connue d'insecte. Leurs ailes ne se rabattent pas le long du corps. Leur abdomen se termine par deux ou trois longs filaments qu'on appelle cerques.

Le nombre d'ailes est variable. Il peut être de deux ou de quatre, mais la seconde paire, lorsqu'elle existe est toujours nettement plus petite que la première.

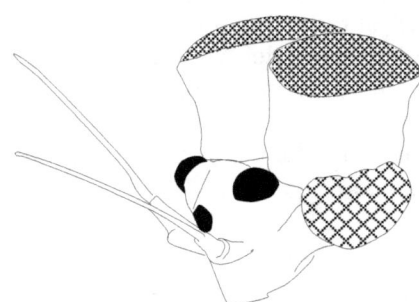

**tête de l'éphémère**
*cloeon cognatum*
Noter les 4 yeux principaux (hachurés) et 3 ocelles (en noir)

Les éphémères ne vivent que peu de temps leur vie adulte, et n'ont d'ailleurs pas d'appareil buccal.

Les mâles de certaines espèces ont des yeux doubles, et la forme très particulière qu'affectent les plus gros de ces deux yeux rappelle les couvre chefs des sultans turcs et les fait qualifier d'yeux en turban.

L'optique des yeux en turbans est différente de celle des yeux latéraux. Alors que cette dernière est à apposition, comme du reste les yeux des femelles, les yeux turban des mâles sont à superposition réfractive chez les *baetidae*, et parabolique chez les *atalophlebidae*.

Les éphémères s'accouplent en vol, et le fort dimorphisme sexuel que l'on observe sur leurs yeux, fait qu'on pense que leurs gros yeux en turban servent aux mâles pour repérer leur compagne.

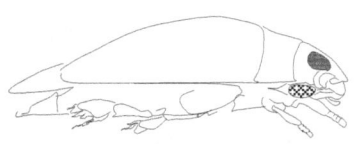

**Le gyrin : allure générale**
*Gyrinus substriatus*

Comme l'anableps, le gyrin qu'on appelle aussi scarabée d'eau et tourniquet, a des yeux doubles. Ce coléoptère vit à la surface des eaux douces stagnantes où il s'agite en rond frénétiquement d'où son surnom.

Il a une paire d'yeux en position naturelle latéro-dorsale, et une paire extraordinaire en position ventrale (Sur le schéma ci-contre, les yeux ont été hachurés pour mieux permettre de les identifier).

La première paire lui permet de voir dans l'air, et la seconde sous l'eau. La paire aérienne est sensiblement plus aplatie que l'aquatique.

### (2)    Couleur et polarisation

Les yeux les plus impressionnants du monde des insectes sont vraisemblablement ceux des libellules vraies (aeshnidés). Ces yeux sont si développés qu'ils constituent la majeure partie de la tête, formant une sorte de casque à deux lobes qui la couvre entièrement. Avec quelques 30 000 ommatidies, les yeux d'espèces comme *anax junius* (libellule américaine) et à un titre moindre *anax imperator* (grande libellule bleue) détiennent le record du monde de l'œil composé. On pense que ce sont les mieux voyants des insectes.

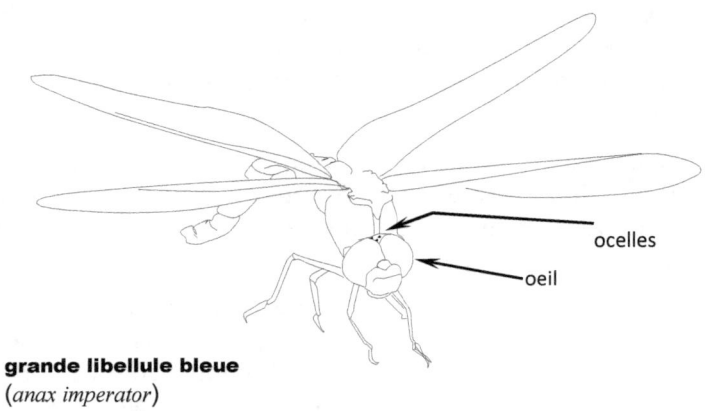

**grande libellule bleue**
(*anax imperator*)

Les yeux de ces libellules sont sensibles aux couleurs et à la polarisation de la lumière. Ils possèdent quatre ou cinq opsines différentes, disposées en sorte que les opsines bleues et UV sont principalement situées sur la partie supérieure de l'œil, alors que les rouges le sont sur la partie inférieure.

Ces insectes ont également trois ocelles très développées.

Il résulte de leur comportement que la vision des libellules est extrêmement sensible au mouvement, ce qui leur permet d'attraper leurs proies en vol.

Ainsi qu'il apparait sur la figure, la vision des insectes est significativement décalée vers les UVs, lorsqu'on la compare à celle de l'homme et des autres mammifères. Cette disposition est susceptible de multiples explications.

Chez l'abeille, on pense que la vision UV aide à différencier les fleurs, et contribue à l'impressionant sens de l'orientation dont elle fait preuve.

La plupart des insectes possèdent trois types différents d'opsines. Certains papillons et libellules en possèdent même quatre.

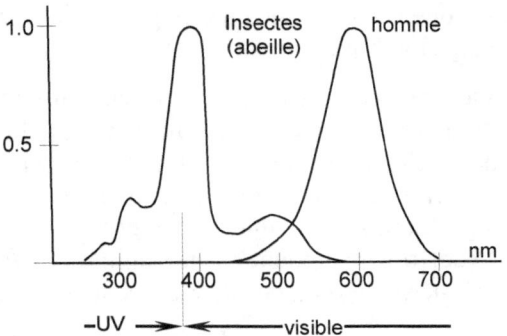

**sensibilité à la lumière chez les insectes et l'homme**

Depuis les études sur les abeilles de Karl von Frisch dans les années 40-50 du siècle dernier, on sait qu'elles savent s'orienter en utilisant la polarisation de la lumière du ciel. Cette sensibilité à la direction de polarisation de la lumière est en général reliée à l'orientation des villosités dans le rhabdomère où deux cellules rétinulaires adjacentes ont leurs villosités disposées perpendiculairement l'une à l'autre.

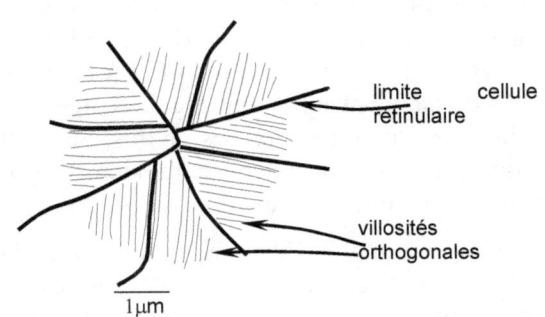

**disposition des villosités dans le rhabdome de l'abeille (typ)**

En effet, la forme cylindrique des villosités fait qu'il y a plus de groupements photosensibles orientés selon l'axe du cylindre que dans les directions perpendiculaires (en gros deux fois plus, puisque selon les axes radiaux, on ne peut disposer en un point donné qu'une seule cellule chromophore, alors qu'il peut y en avoir deux selon l'axe longitudinal).

Un assez grand nombre d'insectes a des yeux susceptibles de détecter la lumière polarisée. En plus des libellules, des abeilles et des éphémères déjà évoquées, on peut citer le criquet (ex *gryllus campestris*), le hanneton (*melolontha melolontha*), la fourmi du Sahara (*cataglyphis bicolor*), et même la célèbre mouche drosophile (*drosophila megalonastrer*), héroïne des labos de recherche génétique.

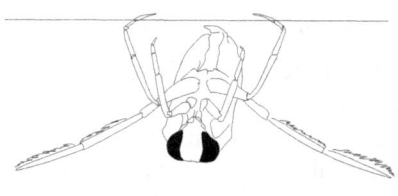

**notonecte**
(*notonecta glauca*)

Le cas de la notonecte, appelée aussi abeille d'eau en raison des piqures qu'elle est susceptible d'infliger à ceux qui l'importunent est encore plus singulier.

Cet insecte, très fréquent dans les mares, vit la plupart du temps immergé dans l'eau et accroché à sa surface en combinant les vertus de la capillarité et de l'emmagasinage d'une réserve d'air. Il s'accroche en effet à la surface par ses deux paires de pattes avant et fait régulièrement surface pour emmagasiner de l'air frais sous ses élytres. Ses pattes arrière sont très développées et il se déplace rapidement sous l'eau en les utilisant comme une paire de rames.

L'abeille d'eau est mal à l'aise sur terre, mais elle vole en revanche très bien, et on pense qu'elle détecte les points d'eau en vol en utilisant ses yeux comme des détecteurs de lumière UV polarisée. A cette fin, le maillage des villosités selon deux directions orthogonales est encore utilisé, mais à la différence d'autres insectes il n'intéresse qu'une assez petite zone. Elle semble s'en servir notamment lors de ses déplacements aériens pour détecter les reflets polarisés des surfaces d'eaux et probablement aussi pour repérer des objets aériens situés juste au dessus de la surface, lorsqu'elle est immergée.

Outre des ommatidies spécialisées dans la détection de la lumière polarisée, la notonecte a également addapté ses yeux à son mode de vie aquatique. Ainsi, les surfaces des cornées de ses ommatidies sont planes ce qui lui évite des modifications de la réfraction lorsqu'elle passe de sa position immergée dans l'air. De plus, pour compenser les défauts d'aberrations de la cornée, celle-ci s'est divisée en deux sections d'indices optiques différents, en sorte que la lumière est bien focalisée à l'arrière du cristallin.

### (3)    Les yeux simples : ocelles et stemmates

La position et le nombre des ocelles est variable. On en trouve souvent 3 situées entre les deux yeux ( libellules, la plupart des hyménoptères, les criquets etc…). La fonction des ocelles n'est pas entièrement claire. Ils sont très défocalisées et leur rétine réagit au déplacement de la ligne d'horizon, en sorte qu'il est vraisemblable que l'une des fonctions des ocelles soit celle d'un stabilisateur optique lors du vol.

Autrement dit, les ocelles des insectes adultes pourraient bien jouer le rôle d'organe de l'équilibre. Cette hypothèse est soutenue par le fait que les insectes, à la différence des mollusques par exemple, ne possèdent pas de statocyste, équivalent de notre oreille interne. Néanmoins la raison pour laquelle cette fonction n'est pas assurée par l'œil principal qui parait largement équipé pour pouvoir le faire reste un peu obscure.

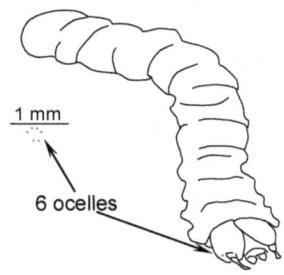

1 mm

6 ocelles

Quoique certaines larves comme celles du hanneton soient anophtalmes, la plupart d'entre elles ont des yeux similaires à des ocelles, mais qu'on appelle stemnates. Elles n'ont pas d'yeux à facettes.

Les vraies chenilles, c'est-à-dire les larves de papillons, ont en général 5 ou 6 stemmates. (La figure ci-contre montre la configuration typique des stemnates d'une chenille de papillon).

Les larves de tenthrèdes (appelées aussi symphytes) ont souvent deux gros stemmates localisés de part et d'autre de la tête, comme des yeux.

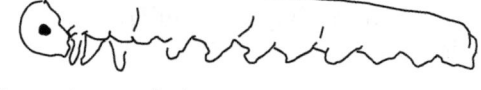

**larve de symphyte**
(noter la grande stemmate unique)

### (4)    Les yeux spécifiques des strepsiptères

Le nom strepsiptère vient de l'association des mots grecs στρεψης (strepsis = torsion) et φτερά (ftérà = aîles), et rappelle que ces insectes ont des aîles à la forme particulière en éventail, c'est-à-dire plissées longitudinalement, ce qui fait d'ailleurs qu'ils volent assez mal. Ils partagent avec les mouches (diptères) le fait de n'avoir que deux aîles, ce qui est exceptionnel chez les insectes. Cet ordre des insectes s'appelait autrefois en France rhipiptère. La terminologie Anglosaxonne strepsiptère a prévalu.

Les strepsiptères sont des insectes minuscules (0,5 à 4 mm de longueur). Ils forment un ordre de plus de 600 espèces toutes parasites d'autres insectes, et au mode de vie très particulier. Les plus connus d'entre eux, les stylopidés, parasitent les hyménoptères, particulièrement les

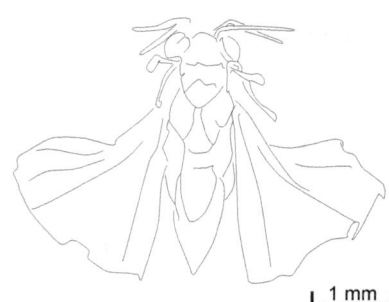

1 mm

**allure générale de** *Xenos Peckii*
**(stylopidé mâle adulte)**

194

guêpes.

Le cycle de leur reproduction est assez singulier, car au stade adulte, la femelle ne quitte pas l'hôte qu'elle infeste et dont elle se nourrit. Elle restera vermiforme toute sa vie. Le mâle, lui, présente un stade imago d'insecte avec en particulier des aîles.

Il ira féconder la femelle sur l'insecte qu'elle parasite. Il est vrai qu'elle a habilement laissé sa tête dépasser légèrement de l'abdomen de son hôte et qu'elle émet des phéromones pour attirer son amant.

Mais elle est casanière. Elle restera au même endroit après sa fécondation, et ne quittera d'ailleurs jamais son hôte.

Ce sera au demeurant une bonne mère, puisqu'au lieu de pondre ses œufs, elle les garde en elles jusqu'à ce qu'ils éclosent, un peu comme le font les mammifères, et les relâche ensuite dans le milieu ambiant au hasard des butinages de l'hyménoptère qu'elle infeste, sous la forme de larves microscopiques mais très nombreuses (de mille à plusieurs centaines de mille).

**la tête de** *Xenos Peckii*

Si la vie de la femelle semble bien monotone, la tâche du mâle n'est pas non plus si facile, car, heureusement pour les insectes qu'il contribue à décimer, lorsqu'il se dégage enfin de l'abdomen de son hôte sous forme d'une sorte de papillon, il ne lui reste en tout état de cause que bien peu d'heures à vivre qu'il réussisse ou non à féconder l'élue de son cœur.

Or cette élue, comme autrefois les princesses médiévales dans leurs châteaux forts, vit cachée au fond de l'abdomen d'un insecte volant…

Aussi, peut-être le créateur a-t-il eu pitié de lui et de l'extrême difficulté de son entreprise, qui sait ? En tous cas, il l'a doté d'un système visuel rare, et qui nous semble devoir être performant.

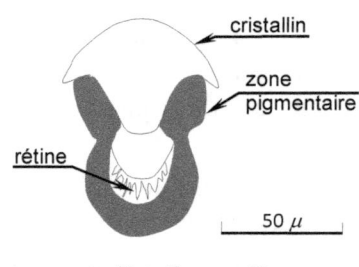

**ocelle d'un oeil de strepsiptère**

Les yeux des strepsiptères mâles adultes sont composés, mais non pas à proprement parler composés d'ommatidies. Ce sont des groupements de véritables yeux miniatures.

Chacun de ces ocelles possède un cristallin et une zone claire. Leur fond est tapissé d'une rétine (voir schéma).

La rétine, ainsi que l'optique des ocelles sont constituées de

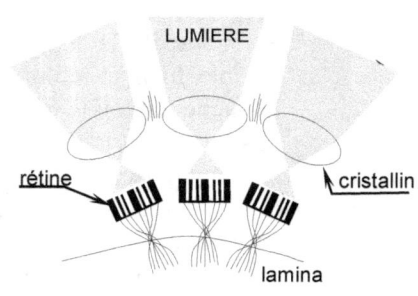

**œil de strepsiptère : schéma optique**

telle sorte que l'image est décomposée selon les angles d'observation de chaque petit œil.

Afin de bien définir les angles d'observation de chaque ocelle, des zones pigmentaires les isolent les uns des autres du côté intérieur, et des poils disposés entre les cristallins servent de pare-lumière du côté extérieur.

L'image du monde environnant étant inversée à la traversée de la lentille formée par le cristallin, son redressement est assuré par l'enchevêtrement des neurones liant la rétine à la lamina.

## dans le monde animal

Ces neurones forment pour chaque petit œil un véritable chiasme permettant à la lamina de recevoir des signaux identiques à ceux qu'aurait fournis une image directe. (voir schéma & NOTE).

Au total, l'œil des strepsiptères, constitué de quelques dizaines d'ocelles dont les dimensions ne sont que de quelques dizaines de microns seulement, est un véritable prodige d'ingéniérie miniature.

NOTE : Un croisement similaire des connexions nerveuses entre rétine et lamina est également effectué dans les yeux à superposition neurologique que l'on trouve chez les mouches (voir plus bas).

## c)    *Crustacés*

Le groupe des crustacés, avec ses quelques 50 000 espèces identifiées, est l'un des plus variés. Il y a des crustacés vivants dans tous les milieux terrestres : mers à toutes les profondeurs, eaux douces, estrans, surface de la terre, sous-terrains.

Note : Les crustacés comprennent 5 classes principales: les malacostracés (crabes, homards, crevettes, crevette-mantes, cloportes...), les ostracodes (crustacés à coquille bivalve - 7000 espèces), les copépodes (zooplankton), les cirripèdes (balane, pouce pieds...), et les branchiopodes (petits crustacés des milieux temporairement aquatiques.), d'une part, ainsi que des classes plus mineures comme les rémipèdes (une douzaine d'espèces), les céphalocaridés, les mystacocarides et les branchioures, ou les tantulocarides. A moins de lui adjoindre les insectes et les hexapodes aptères, les crustacés forment un groupement paraphylétique (voir la phylogénie des arthropodes en début de paragraphe).

C'est la classe du vivant possédant la plus grande diversité d'appareils visuels, allant des systèmes les plus simples aux plus complexes en pasant par les designs les plus exotiques.

Parmi les 16 ordres ci-dessus, 14 sont constitués d'animaux assez petits et seuls les malacostracés présentent des espèces de taille significative. Les autres groupes de crustacés comprennent de petits voire de très petits animaux, qui forment une bonne partie, et parfois la majeure partie du plankton marin. De par leur taille même, leurs yeux, lorsqu'ils en ont, sont nécessairement minuscules.

Passer en revue les caractéristiques de la vision de l'ensemble des ordres de crustacés nous entrainerait un peu loin, d'autant que la phylogénie des crustacés est complexe et encore en chantier.

Le schéma ci-après en présente les grandes lignes ainsi que les principaux types d'yeux qu'on rencontre dans divers ordres.

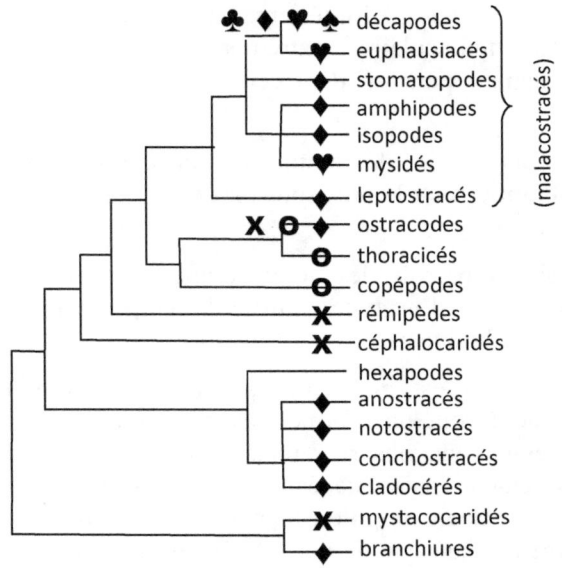

les yeux des crustacés

Comme on le verra plus bas, ce schéma n'est qu'indicatif, car la vue des crustacés est probablement celle où l'on trouve le plus exceptions et exotisme.

### (1)   Ostracodes

Les ostracodes sont des crustacés étranges, car ils logent dans une coquille à la manière des mollusques bivalves. Lorsqu'ils ne sont pas réfugiés à l'intérieur, on voit sortir de la coquille des pattes tentaculaires extrêmement fines qu'ils agitent frénétiquement pour se déplacer. Ils font partie du planton marin.

Les ostracodes sont des animaux minuscules qui n'excèdent guère 30mm et sont le plus souvent de l'ordre du millimètre et en dessous.

Ils possèdent parfois des yeux composés, parfois des yeux simples souvent d'un type qualifié de nauplien. Ils sont enfin souvent anophtalmes.

L'œil nauplien est du genre que l'on rencontre chez les nauplius, qui sont une forme très commune de larve qu'on peut, étrangement, observer répartie sur l'ensemble du sous-embranchement des crustacés. C'est un œil minuscule en trois parties, les deux premières étant situées latéralement et dorsalement, ainsi que de part et d'autre de l'élément central. Chaque élément de l'œil nauplien est de type vésiculaire.

Certains ostracodes ont un tapetum qui forme des yeux à miroir, analogues à ceux des coquilles Saint Jacques quoique moins sophistiqués. C'est le cas par exemple de *notodromas monachus.*

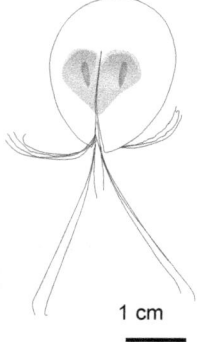

1 cm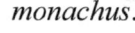

*gigantocypris*

Mais pour ce qui concerne la vue, les plus spectaculaires des ostracodes sont probablement les *gigantocypris*. Ces animaux sont les géants des ostracodes. Leur taille est de l'ordre du centimètre et atteint souvent 2 à 3cm. Ils habitent les fonds marins profonds de 700m à 1500 m, où règne une obscurité sévère. *Gygantocypris* a deux yeux énormes qui regardent au travers de sa coquille. Les taches lumineuses que forment ces yeux sont en réalité deux miroirs paraboliques qui réfléchissent la lumière et la concentrent sur deux rétines allongées et à peu près parallèles à la fente de la coquille.

Cependant l'optique de ces miroirs est très astigmatique, en sorte que l'image d'un point est assez nettement allongée selon l'axe du paraboloïde ou selon la direction perpendiculaire au miroir si on préfère cette manière de dire. Au total, les yeux de *gigantocypris* donnent probablement une image très déformée de la réalité, mais ils ont une ouverture très petite et sont probablement tout à fait à même de détecter des taches bioluminescentes très ténues, ce qui est vraisemblablement la meilleure tactique optique dans les milieux très sombres où ils opèrent.

### (2)    cirripèdes

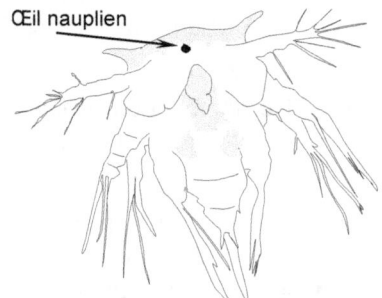

Œil nauplien

Les cirripèdes ne présentent pas d'organes de la vision de manière systématique, mais ont fréquemment un stade larvaire nauplien et un unique œil adulte de type nauplien également. Leur vue est mauvaise.

**larve nauplius de cirripède**

### (3)    Copépodes

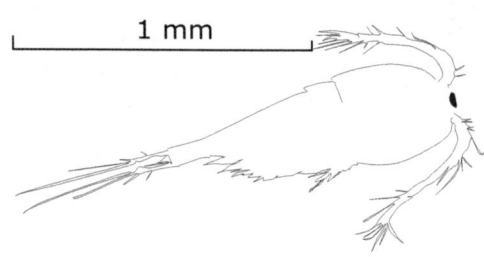

1 mm

Les copépodes sont une composante essentielle du plankton et forment l'ordre le plus abondant des crustacés. Une partie d'entre eux vit assez proche de la surface, et se

**cyclops**
( *cyclops bicuspidatus thomasii* )

déplace également dans l'air en effectuant des bonds hors de l'eau ce qui les fait aussi qualifier de puces d'eau. Les copépodes ont souvent des yeux simples minuscules ou des yeux naupliens, mais la nature de leurs yeux est assez variée.

Les espèces de l'ordre des cyclopes, par exemple, qui sont des copepodes de type puces d'eau, ne possèdent qu'un œil situé sur le sommet de la tête.

Cet œil unique et minuscule, qui forme comme un point plus ou moins rouge, et qui a valu son nom à l'animal par référence aux monstres antiques, a une structure d'œil nauplien en trois parties.

On ne saurait mentionner les copepodes sans parler de l'un de leurs plus fameux représentants *copilia quadrata*, dont le système visuel est, même pour un crustacé, d'une incroyable originalité.

D'ailleurs, les mâles étant plus petits et d'un fonctionnement différent, ce qui suit ne vaut que pour la femelle de cette espèce.

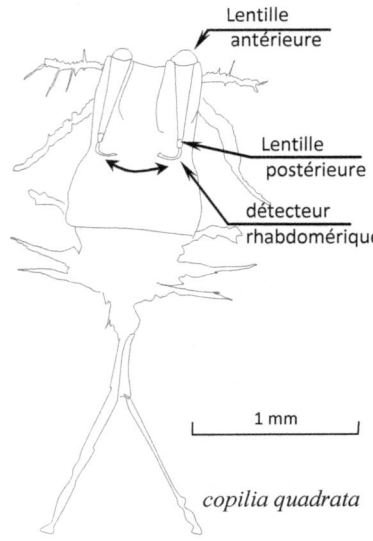

Lentille antérieure

Lentille postérieure

détecteur rhabdomérique

1 mm

*copilia quadrata*

L'animal est connu depuis les années 1850 et le caractère étonnant de la morphologie de ses yeux et de leur agitation avait déjà été relevé, mais ce n'est qu'au début des années 1960 qu'une équipe de biologistes Anglais a clarifié son fonctionnement. Copilia appartient au plankton des mers chaudes y compris la Méditerranée, et vit à des profondeurs de 100m et plus.

C'est un petit crustacé presque complètement

transparent. Elle a un corps d'environ 3 mm de long en comptant les deux flagelles terminales qui lui servent à la locomotion.

Les yeux sont constitués de deux lentilles jointes entre elles par une fine membrane conique qui forme une sorte de bras ténu et transparent, dont la longeur de 0.6 à 0.7 mm est considérable à l'échelle de l'animal.

La lentille antérieure, d'un diamètre de l'ordre de 0,15 mm, est fermement attachée à la carapace externe du corps. La lentille postérieure est, elle, reliée à une structure courbée et fortement pigmentée qui contient l'élément photosensible. Cette structure est à son tour reliée au ganglion central par un nerf optique. L'élément photosensible est de type rhabdomérique à villosités. L'ensemble ressemble assez à une ommatidie unique dont la cornée serait situé à grande distance du cristallin.

D'un autre point de vue, l'ensemble constitué de deux lentilles espacées fait également furieusement penser à une lunette astronomique, d'ailleurs, la première lentille focalise à peu pès la lumière sur la seconde, mais il y a plus...

En effet, les lentilles postérieures, et d'ailleurs l'ensemble des bras optiques internes, sont animés de mouvements incessants

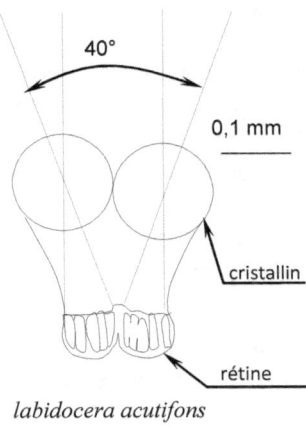

*labidocera acutifons*

de va et vient, les récepteurs semblant alternativement se rapprocher à grande vitesse puis s'éloigner plus lentement, le tout à fréquence régulière d'environ quinze fois par seconde : dame copilia scanne son environnement, en sorte qu'elle peut se permettre de n'avoir qu'une seule ommatidie qui assure la fonction d'un œil composé en découpant l'espace dans le temps, comme on le pratique pour la transmission point par point des images télévisées...

*Copilia* n'est pas le seul copépode à posséder des yeux originaux. La famille des pontellidés offre également une diversité d'yeux dignes d'étonnement. Les pontellidés sont des puces d'eau. Ils comptent parmi les plus grands des copépodes et atteignent couramment 3 mm.

Comme d'autres copépodes, ils ont, même adultes, des yeux triples dérivés de l'œil nauplien.

Les yeux de certaines espèces de cette famile présentent, comme *copilia*, un fort dimorphisme sexuel. Ces différences entre mâles et femelles, portant sur un organe aussi important mais pourtant aussi indifférent à l'acte sexuel que la vue, laissent penser que certains éléments clé du design des yeux pourraient être attribuables à d'autres aspects de la relation sexuelle que la copulation, et par exemple au besoin d'identification des partenaires.

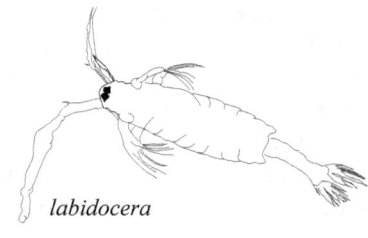

*labidocera*

Chez *labidocera acutifons*, les yeux sont similaires dans les deux sexes, mais beaucoup plus gros chez les mâles que chez les femelles. Les composantes dorsales de l'œil nauplien sont hypertrophiées au point de constituer, chez le mâle, deux yeux accolés situés à l'extrémité dorsale de la tête. Les deux cristallins sont sphériques à indice optique variable de type Matthiesen (voir schéma).

On notera que la présence de lentilles de Matthiessen est rarissime chez les arthropodes. En y ayant recours *labidocera* offre encore un exemple extraordinaire de convergence évolutive.

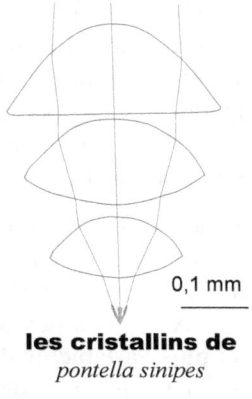

0,1 mm

**les cristallins de**
*pontella sinipes*

Les rétines de chacun des yeux ont une forme allongée, ressemblant plus à un trait qu'à une surface. Elles contiennent chacune 5 rhabdomes alignés et sont elles-mêmes alignées, en sorte que l'ensemble constitue une ligne longue de 10 rhabdomes, couvrant un champ de l'ordre de 40° dans le sens latéral et de seulement 4° dans le sens antéropostérieur. Labidocera bouge ses yeux en leur faisant effectuer des mouvements de balayage couvrant un champ de l'ordre de 40° carrés au dessus de l'animal à une fréquence variable de l'ordre du Hertz.

Il en va différemment chez *pontella spinipes*. Cette fois, c'est la composante ventrale de l'œil nauplien qui est hypertrophiée, mais une fois encore davantage chez le mâle que chez la femelle. En effet, le mâle possède un œil simple à trois cristallins alors que la femelle n'en n'a que deux. La rétine, quand à elle ne possède que 6 rhabdomes.

Tous ces animaux ont ainsi résolu le problème de la vision en ayant recours à un procédé que nous utilisons en particulier dans la télévision et plus généralement dans les images numériques : le balayage.

Le recours à cette méthode est assez rare il faut le dire, mais nous le reverrons chez les squilles ainsi que chez certaines araignées, et même parmi les mollusques hétéropodes.

### (4)   Branchiopodes

Avant de passer aux plus importants des crustacés, disons encore quelques mots des branchiopodes, ces petits crustacés des milieux temporairement aquatiques.

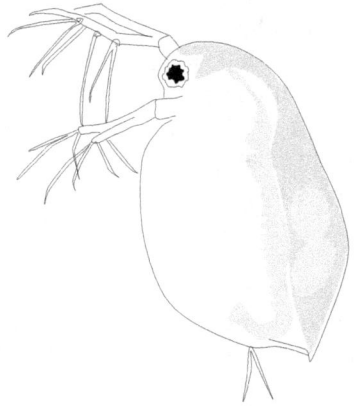

**puce d'eau (daphnie rouge)**
( *daphnia pullex* )

Leurs organes de la vue sont assez divers, mais comprennent fréquemment deux yeux composés latéraux et plus variablement un œil nauplien, en sorte que les branchiopodes ont 2 ou 3 yeux selon les espèces.

Plus rarement, comme chez *Caenestheriella*, seul l'œil nauplien subsiste.

Les daphnies, qui sont des branchiopodes de quelques millimètres de diamètre au plus, ont des yeux composés dont le nombre d'ommatidies est étonnamment faible (22 chez daphnia magna).

### (5)    Malacostracés

Les malacostracés comprennent une bonne dizaine d'ordres vivants ainsi que beaucoup d'ordres fossiles. Les ordres les plus importants sont ceux des décapodes (crustacés « traditionnels »), stomatopodes (squilles), euphausiacés (krill), amphipodes (poux de sable), isopodes (cloportes), ainsi que dans une moindre mesure les tanaïdacés. Les leptostracés, amphionidacés, cumacés et anaspidacés sont des ordres plus confidentiels. Là encore, on parle d'animaux de taille modeste à l'exception des décapodes et stomatopodes.

Les malacostracés, appelés autrefois crustacés supérieurs, ont systématiquement des yeux composés

Ce sont dans leur très grande majorité des animaux aquatiques, même s'il existe des crabes et bernards l'hermite terrestres. D'ailleurs, ces espèces terrestres demeurent très liées au milieu marin, elles vivent à proximité des côtes et se reproduisent en mer où elles doivent donc se rendre périodiquement (souvent annuellement) pour assurer leur postérité.

L'ordre le plus célèbre des malacostracés est celui des décapodes, et c'est à lui qu'on pense en premier lorsqu'on évoque les crustacés. Dans le temps qu'on ne distinguait les animaux que par leur morphologie, on divisait les décapodes en deux catégories, savoir les marcheurs et les nageurs. La réalité phylogénétique est plus complexe (voir tableau ci-dessous), mais cette distinction peut encore être utilisée de manière heuristique.

Les décapodes (crabes, écrevisses, crevettes, gambas, homards, langoustes, langoustines, bernards l'ermite, galathées, araignées de mer, …) ont des yeux à facettes. Leurs yeux sont par ailleurs pédonculés et très mobiles.

Il y a de grandes similitudes entre les organes visuels des malacostracés et des insectes, au point qu'on pense que ces deux lignées pourraient n'avoir divergé qu'au silurien (430 millions d'années) et qu'il est vraisemblable que ces organes soient homologues dans les deux classes. La vision n'aurait alors évolué qu'une fois chez cet ancêtre commun aux insectes et aux malacostracés.

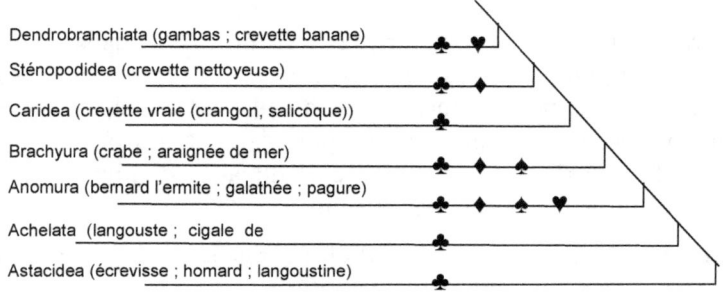

Dendrobranchiata (gambas ; crevette banane)
Sténopodidea (crevette nettoyeuse)
Caridea (crevette vraie (crangon, salicoque))
Brachyura (crabe ; araignée de mer)
Anomura (bernard l'ermite ; galathée ; pagure)
Achelata (langouste ; cigale de
Astacidea (écrevisse ; homard ; langoustine)

◆ apposition
♣ superposition réflexive
♥ superposition réfractive
♠ superposition parabolique

**vision des décapodes :**
**type d'optique oculaire**

On y retrouve, plus encore peut-être que dans les autres ordres de crustacés, une grande diversité de structures oculaires, comme on peut le constater du tableau précédent. (voir plus bas pour la définition des diverses optiques oculaires)

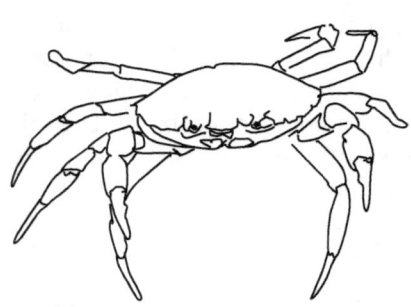

**crabe vert**
(*carcinus maenas*)

Les opsines des décapodes sont peu variées.

Dans la plupart des cas, on ne trouve sur la même rétine qu'une ou deux sortes de photorécepteurs.

Les malacostracés subissent des mues au cours de leur vie, et, à la différence des insectes, ces mues peuvent être nombreuses. Ainsi, le homard effectue une dizaine de mues la 1° année pour passer de larve au stade juvénile, puis trois ou quatre autres l'année suivante, avant de devenir adulte. Une fois adulte il continue tout au long de sa vie de muer pour grandir. Les malacostracés subissent tous ces mues de croissance, et à ces occasions la cornée de l'œil est remplacée avec le reste de l'épiderme en sorte que l'animal voir extrêmement mal tout au cours de la mue. Durant ces périodes, ils fuient la lumière et cherchent fréquemment à s'enterrer dans l'attente de jours meilleurs.

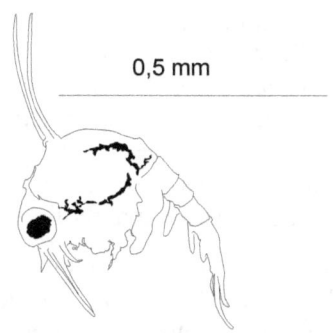

0,5 mm

**larve zoé d'un crustacé qui pourrait être un homard**

NOTE : le corps est quasi transparent à l'exception de quelques rares viscères, et la tache noire ne représente que la rétine.

Les yeux des malacostracés grandissent à chaque mue, et ne cessent donc de grandir tout au cours de leur vie.

On appelle souvent larves zoé les premiers stades au cours desquels le crustacé n'a pas l'allure qu'il aura par la suite et se nourrit en filtrant du plancton.

Les larves zoé sont petites (souvent moins du millimètre). Elles évoluent par mues (souvent 7 ou 8) jusqu'au stade de mégalope, au cours duquel elles acquièrent leur locomotion adulte et effectueront une parfois deux mues complémentaires, avant d'être des individus dits juvéniles, analogues extérieurement aux adultes, mais non sexuellement matures, et bien sûr de taille plus petite.

En effet de la loi de Haller, la taille des yeux aux stades zoé ou mégalope est relativement beaucoup plus grande que chez les juvéniles ou les adultes.

C'est parmi les malacostracés qu'on trouve les plus grands des arthropodes. Cependant, une fois tenu compte de la loi de Haller, la taille de leurs yeux est relativement moindre que celle des insectes.

Cette taille varie avec le biotope d'une manière similaire à celle des poissons, certains animaux voyant la taille de leurs yeux grandir avec la profondeur, d'autres la voyant diminuer.

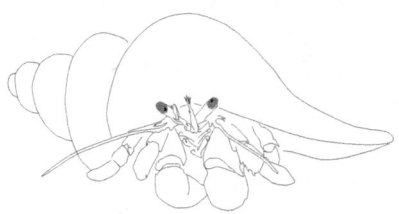

**pagure stridulant**
(*strigopagurus strigimanus*)

Par ailleurs, les yeux spécifiques ne manquent pas chez les malacostracés.

C'est la seule classe d'animaux à utiliser l'optique à superposition reflexive, et l'une des rares pour la superposition parabolique. Les anomura sont particulièrement bien diversifiés à ce niveau, et, par exemple, les yeux du pagure stridulant esquissé ci-contre sont à superposition parabolique.

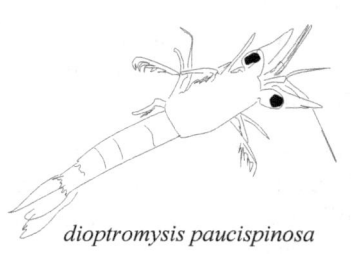

*dioptromysis paucispinosa*

Parmi les nombreux malacostracés à la vision singulière on citera également la crevette mysidée *dioptromysis paucispinosa*. L'animal d'une longueur de l'ordre de 5mm seulement a des yeux minuscules d'un diamètre de l'ordre du demi-millimètre. Il vit dans les eaux de surface des côtes de la mer des caraïbes. Ses yeux, comme ceux des autres crevettes, sont situés à l'extrémité de pédoncules mobiles. Leur optique est à superposition réfractive (voir plus bas).

Comme souvent dans l'arrangement des yeux composés, les cristallins sont de tailles inégales et présentent des zones de vision plus précises. Pour les optiques à superposition, ces zones comprennent systématiquement des ommatidies plus grandes, et il en va ainsi de dioptromysis qui possède un cône unique géant dont la surface est près de dix fois plus grande que celle des autres cristallins. Or cette disposition serait moins remarquable si ce cristallin géant n'était localisé pour regarder vers l'arrière et non vers l'avant de l'animal.

Dioptromysis semble ainsi au premier abord regarder au derrière d'elle. Au repos, l'axe du regard de la crevette fait un angle de 11° seulement avec le plan horizontal.

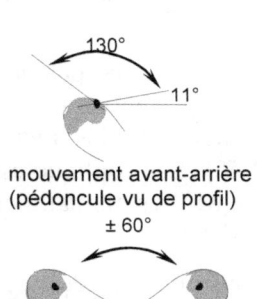

mouvement avant-arrière
(pédoncule vu de profil)

± 60°

mouvement gauche-droite
(pédoncule vu de dessus)

Néanmoins, si on l'observe les mouvements de ses yeux, ils sont extrêmement amples. Les pédoncules qui les portent peuvent en effet tourner de ± 60° dans le plan horizontal et de 130° selon l'axe temporal, en sorte que la zone de vision déterminée par le cristallin géant est susceptible de balayer un champ d'observation considérable.

Les ommatidies géantes de dioptromysis partagent un champ binoculaire d'une quinzaine de degrés, et se meuvent avec un parallélisme remarquable.

C'est un peu comme si l'animal possédait un œil dans son œil, à ceci près que cet œil ultrasensible ne résoud pas, à lui seul, en image la zone qu'il observe, mais contribue seulement à la résolution globale de manière essentielle.

On a pu ainsi comparer les cristallins géants de dioptromysis à

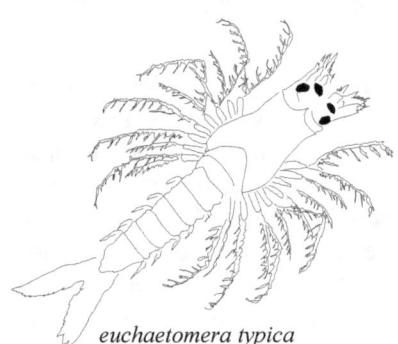

*euchaetomera typica*

une paire de jumelles : l'animal les oriente pour observer tel ou tel objet avec une attention spéciale. Il reste évidemment étrange que la position de repos soit située aussi en arrière.

D'autres crevettes mysides ont également des yeux particuliers.

*Euchaetomera typica*, par exemple, est une crevette pélagique répandue dans les océans Atlantique et Pacifique. Elle a des yeux doubles différents.

Les yeux latéraux sont typiques de la superposition réfractive. Ils ont un angle de vision important (~170°) et une faible résolution (~7°).

Les yeux antéro-dorsaux sont également à superposition réfractive mais présentent une zone claire importante qui rend leur forme allongée. Leur champ de vision est plus réduit (33°), mais leur résolution meilleure (~1.5°). Leur optique est bonne et dépourvue d'aberration chromatique. Les ommatidies externes de ces yeux sont dépourvues de cristallin.

On retrouve des yeux doubles chez certains euphausiidés, qui sont de petites crevettes, principal constituant du krill qui est la nourriture des baleines à fanons. Ces animaux ont souvent des yeux à superposition. C'est le cas de *nematobranchion boöpis*, ce qui est plus étrange pour des yeux dont l'optique à superposition réflexive est déjà passablement sophistiquée (voir plus bas). Ses yeux ont une forme nettement dissymétrique avec une partie dorsale presque plane et une partie ventrale couvrant une portion raisonnable du champ sphérique.

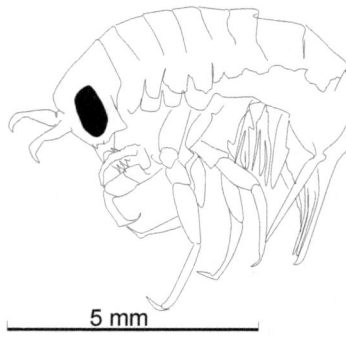

5 mm

**Amphipode hypériide**
qui pourrait être
*hyperia macrocephala*

NOTE : le corps est quasi transparent et la tache noire ne représente que la rétine.

Comme pour les autres animaux pélagiques aux yeux doubles, on pense que la partie dorsale qui regarde donc le plus souvent vers la surface est destinée à détecter les silhouettes se détachant sur un fond plus clair, alors que la partie inférieure, au champ plus large peut repérer les éléments bioluminescents situés dans les zones sombres de l'environnement.

Nous avons dit que les yeux des malacostracés étaient plutôt petits par rapport à ceux des insectes, mais ce n'est pas le cas de la plupart des amphipodes hypériides qui ont au contraire de très grands yeux qui leur « mangent » la quasi-totalité de la tête (voir croquis).

On ne peut évoquer la vision des malacostracés sans parler de celle des phronimes appelés aussi  tonneliers de mer pour cause qu'elle est assez originale. Ces animaux sont aussi des amphipodes hypériides. Ils peuplent la zone pélagique de tous les océans entre 200 et 800m. On en trouve même parfois à la surface.

Sortes un peu particulières de parasites, ils demeurent dans les enveloppes gélatineuses des proies qu'ils ont auparavant mangées et qui sont le plus souvent des tuniciers, parfois des méduses, dont ils ont découpé les parois à l'aide de leurs pinces acérées.

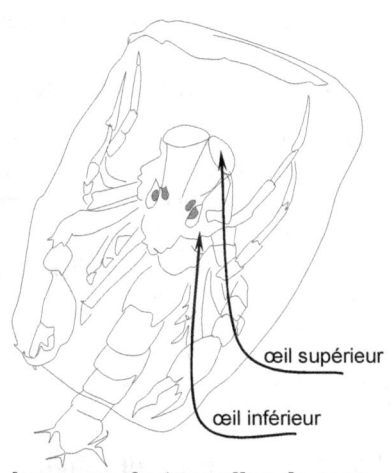

œil supérieur

œil inférieur

**les yeux du tonnelier de mer**
( *phronima sedentaria* )
(les rétines sont indiquées en grisé)

Le tonnelier de mer *phronima sedentaria* a une taille pouvant aller jusqu'à 4 cm pour la femelle et 1 cm pour le mâle. Ses proies préférées sont les salpes, et du point de vue de l'écologie, c'est une espèce qui fait une grande concurrence au poisson, considérée à ce titre plutôt nuisible.

Pour un crustacé, la femelle possède une belle attention pour ses petits :

elle pond ses œufs dans son tonneau et les garde auprès d'elle jusqu'à leur éclosion.

Le corps est presque entièrement transparent, à l'exception de quelques viscères dont les rétines.

La vision de ce tonnelier de mer est digne d'intérêt. D'abord, il possède des yeux doubles, c'est à dire 2 paires de deux yeux. C'est un phénomène qui n'est pas unique, mais tout de même assez rare. On l'a déjà rencontré chez certains insectes et chez les poissons revenants. On en trouve régulièrement chez des animaux des profondeurs moyennes dans plusieurs phyla. Les yeux du dessus observent les proies qui se dessinent à contre jour sur le faible éclairage en provenance de la surface. Ce sont eux qui sont de la meilleure qualité.

Les yeux postérieurs sont de qualité moindre, et ils ne détectent que les animaux luminescents passant dans les profondeurs. La détection d'espèces sans luminosité intrinsèque se détachant du fond marin est sans espoir dès que la profondeur est un peu importante.

Les deux paires d'yeux sont de type à apposition, mais les yeux supérieurs sont à champ étroit et à petites facettes alors que les yeux inférieurs sont à champ large et grandes facettes.

De plus, et c'est cette fois une particularité très peu commune, les rétines des yeux supérieurs sont déportées. La transmission de la lumière des cristallins vers la rétine y est effectuée par des guides d'ondes sur une longueur d'environ 5mm, en sorte que les rétines des deux paires d'yeux sont localisées à proximité l'une de l'autre, assez près de l'orifice buccal.

Pour terminer ce long paragraphe sur les malacostracés, nous allons maintenant évoquer, avec les stomatopodes, un autre système visuel original.

Les stomatopodes sont connus sous le nom de squilles. L'influence Anglo-saxonne fait qu'on les entend parfois appeler crevette-mantes, traduction littérale de l'Anglais mantis shrimp, qualificatif d'ailleurs assez approprié. Certains utilisent également l'appellation cigale de mer, mais c'est un abus car les cigales de mer désignent les scyllaridés qui sont des animaux proches des langoustes et assez nettement différents des squilles. Ils appartiennent aux achelates et sont donc des décapodes et non des stomatopodes (voir arbre phylogénétique en début de paragraphe).

Avec les squilles, nous touchons au sommet de la sophistication des yeux chez les crustacés, et d'ailleurs à l'un des appareils visuels les plus originaux et mystérieux de tout le monde animal.

Les stomatopodes forment un sous-ordre des crustacés relativement réduit avec environ 400 espèces vivantes. Cependant, il fut jadis plus abondant, car on trouve des fossiles apparentés aux stomatopodes et vieux de 400 millions d'années. Leur taille va de celle d'une crevette grise à celle d'un petit homard selon l'âge et l'espèce. Ce sont plutôt des animaux des profondeurs faibles et moyennes et des mers chaudes. Ils sont assez rares en France métropolitaine, où on ne trouve guère en quantités commerciales que la squille ocellée (squilla mantis) en Méditerranée, ainsi que la squille de Desmarest (rissoides desmareti) que l'on peut même trouver occasionnellement en Manche ou dans l'Atlantique, mais qui est plus petite. Il existe encore une dizaine d'autres espèces de squilles identifiées en Méditerranée, mais elles sont plus difficiles à trouver. Les squilles sont beaucoup plus fréquentes dans les mers chaudes. On les consomme en particulier en Chine, au Vietnam et au Japon, pays où il en existe des espèces assez communes. Les Chinois les appellent crevettes pipi (pí pí xiā) à cause qu'elles émettent un copieux jet d'eau lorsqu'on les fait bouillir.

Les crevette-mantes sont réputées pour leur agressivité redoutable. Elles possèdent deux pinces très puissantes dont elles se servent comme d'un marteau, et qui sont capables de briser les coquilles des crustacés et des mollusques dont elles se nourrissent.

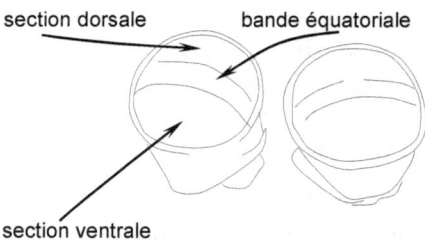

section dorsale    bande équatoriale

section ventrale

**les yeux de la crevette mante**

Ces animaux ont des yeux composés de quelques 10 000 ommatidies. Les globes sont situés à l'extrémité de pédoncules, autour desquels ils peuvent tourner, et ce indépendamment l'un de l'autre, d'un angle allant jusqu'à 70 degrés.

Plus curieusement, les yeux de la squille sont divisés en trois sections : une section dorsale, une section ventrale et une bande équatoriale.

Les sections ventrales et dorsales sont assimilables à des hémisphères. Elles ont chacune un champ visuel étendu et les deux champs se recouvrent sur une portion significative de l'espace.

Les ommatidies de la bande équatoriale sont disposées en ligne, le plus souvent six lignes, parfois seulement deux ou trois, et elles observent une bande de champ étroite située à peu près au milieu du champ commun aux sections dorsales et ventrales, en sorte que, pour ce qui concerne cette bande, chaque œil possède en quelque sorte une « vision trinoculaire »..

Le champ de vision de la bande équatoriale est de moins de 5° dans un sens et est de 180° dans l'autre. C'est sur cette bande que la rétine est la plus riche en variété de photorécepteurs, en sorte que pour déterminer la couleur de l'objet observé, l'œil de la squille déplace sa bande équatoriale, comme s'il scannait l'environnement.

Ce balayage du paysage s'effectue au cours de mouvements assez rapides de l'ordre de deux à trois par seconde, et de manière indépendante pour chaque œil. Il est réalisé selon des directions aléatoires mais présentant une tendance nette à être perpendiculaires à la bande centrale d'ommatidies.

Ces mouvements brefs de balayage ne sont d'ailleurs pas les seuls mouvements d'yeux effectués par les squilles. En effet, elles ont également des mouvements de suivi et savent fixer un objet.

Par contraste avec les décapodes, les stomatopodes exhibent une exception éclatante à la monotonie des opsines des crustacés, avec plus de 16 variétés distinctes de photorécepteurs dont la sensibilité s'échelonne entre 0.3 et 0.7 $\mu$, et qui voient donc dans l'ultraviolet ! Certains de ces photorécepteurs sont spécifiques à la lumière polarisée.

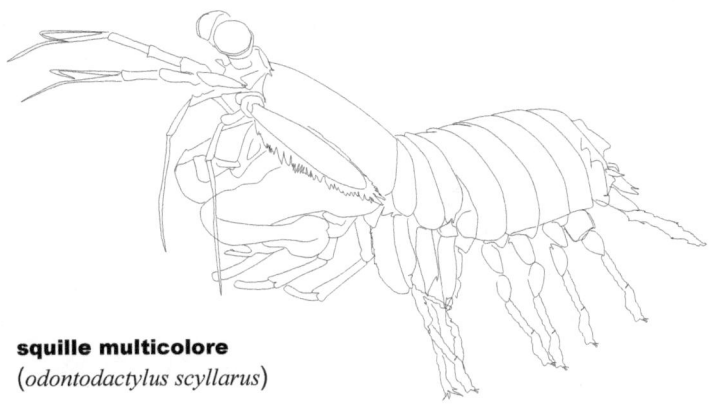

**squille multicolore**
(*odontodactylus scyllarus*)

La squille multicolore, qui est l'une des plus grosses et probablement la plus magnifique espèce de squille avec ses coloris irisés et éclatants, est ainsi l'un des animaux possédant l'un des systèmes visuels les plus sophistiqués et les plus étranges du monde.

### d)    Chélicérates

Ce groupe d'arthropodes comprend non seulement les araignées et les scorpions, mais également les acariens (tiques etc…). On y rattache encore la limule, qui est un fossile vivant.

La plupart des chélicérates ont des yeux simples. Cependant ceux de la limule sont composés.

Les araignées ont souvent quatre paires d'yeux simples disposées symétriquement sur le dessus et le devant de la tête. La vision de la plupart des espèces d'araignées est de qualité médiocre, mais les tarentules en ont une assez bonne.

Ce sont les araignées sauteuses qui sont connues pour la supériorité de leur vision qui est une des meilleures chez les invertébrés. Ces araignées insectivores guettent leurs proies, comme les chats.

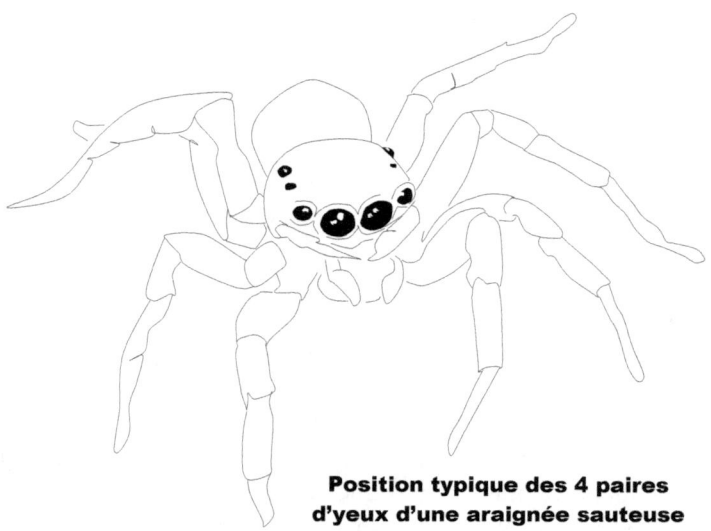

**Position typique des 4 paires
d'yeux d'une araignée sauteuse**

Elles ont également quatre paires d'yeux, mais la paire médiane est significativement plus grande que les trois autres qui sont plus assimilables à des ocelles. Leur vision s'étend dans l'UV, parfois jusqu'à 0,3μ. Les yeux ont une excellente résolution (10' environ) quoiqu'un champ limité (inférieur à 5°).

mouvement horizontal des rétines

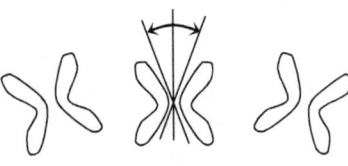

mouvement de torsion des rétines

**mouvement des yeux chez l'araignée sauteuse**

Les trois paires d'yeux plus petites ne semblent servir qu'à capter l'attention de l'animal et lui permettre d'observer le bon emplacement à l'aide de ses grands yeux.

Les rétines des grands yeux ont une forme assez particulière qui rappelle celle d'un boomerang. Elles ont un champ de vision raisonnable d'environ +/-20° en hauteur mais de seulement 1° selon la largeur qui n'est constituée que de 6 cellules photoréceptrices.

Cependant, la résolution de ces rétines est très élevée (typiquement 10' et jusqu'à 2.5' dans le genre *portia*, qui semble tenir le record à cet égard).

L'araignée est en mesure de tourner la rétine de ses grands yeux horizontalement et de balayer ainsi un champ d'environ 50° carrés. Dans le même temps, elle effectue des mouvements de torsion sur des angles significatifs de l'ordre de +/-25°.

Les mouvements des yeux sont une combinaison des deux mouvements décrits, sachant que les mouvements de « translation », c'est-à-dire de déplacement à l'horizontale du point central de la rétine s'effectuent assez rapidement, à des vitesses entre 3°/s et 10°/s, alors que les mouvements de torsion sont eux beaucoup plus lents.

Pour ce qui est des variétés nocturnes ce sont les deinopidés qui tiennent le haut du pavé. Ces araignées semblent n'avoir que deux yeux, tant la paire du milieu est plus grande que les deux autres paires situées respectivement en avant et en arrière. Leurs yeux sont recouverts d'une pellicule qui est renouvelée tous les jours. Elles passent pour avoir une vision de nuit excellente quoi qu'elles ne possèdent pas de tapetum.

Les yeux des scorpions sont également simples et assez semblables à ceux des araignées.

La figure ci-contre représente un parabuthus d'Afrique tropicale. Les deux yeux et les ocelles latérales ont été repérés en rouge pour permettre de les mieux localiser.

La limule est un chélicérate de grande taille. Il en existe trois ou quatre espèces, mais la plus connue est la limule américaine (horseshoe crab en Anglais, c'est à dire *limulus polyphemus*) qui mesure une soixantaine de centimètres en incluant une queue, que l'on nomme telson, car elle est assimilée au dernier segment des crustacés.

L'animal, qui est muni d'une solide carapace, fait extérieurement penser à un gros crustacé, et ressemble d'ailleurs étonamment au triops quoique l'un possède des chélicères et l'autre non. La limule Américaine vit sur les estrans sableux des côtes Atlantiques de l'Amérique du Nord, du Canada au Mexique, et particulièrement dans la baie du Delaware. Il en existe deux autres espèces marines vivant respectivement le long des côtes du Japon (*tachypleus gigas*) et celles des Philippines et de l'Asie du Sud est (*tachypleus tridentatus*) ainsi qu'une dernière espèce (*carcinoscorpius rotundicauda* ) dite limule des mangroves et qui hante les mangroves de l'Indonésie et de la péninsule Indochinoise. On consomme la limule au Vietnam sous le nom de crabe amoureux (cua sam) en raison de la pratique du mâle de s'accrocher fermement à l'arrière de la femelle pour féconder ses oeufs. On y préfère d'ailleurs la limule de mer à la limule des mangroves qui provoque parfois de sévères indigestions.

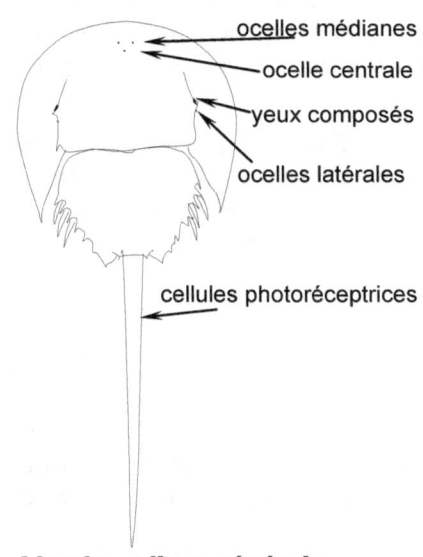

**Limule – allure générale**
(*limulus polyphemus*)

Les limules sont des animaux très particuliers. Elles ont par exemple le sang bleu, car, pour transporter l'oxygène, elles utilisent l'homocianine, un composé du cuivre, en lieu et place de l'hémoglobine. Elles ressemblent à des fossiles, et notamment aux trilobites que l'on trouve depuis l'ordovicien (500 millions d'années…).

Les limules ont leurs deux yeux principaux composés. Ils sont situés sur le dos et regardent antéro-latéralement. Ce sont des yeux dont l'optique oculaire est à apposition et où chaque ommatidie est reliée à une fibre nerveuse indépendante.

Le cristallin de l'ommatidie de la limule présente un indice optique progressif.

Elles ont par ailleurs, également sur la face dorsale mais plus en avant, un groupe formé de deux paires d'ocelles ainsi qu'une ocelle unique. De plus, une autre paire d'ocelles observant le paysage situé au dessous est localisée sur le ventre à proximité de la bouche. Enfin, des cellules photoréceptrices sont disposées sur le telson.

Les limules ont un caractère emblématique pour les travaux de recherche sur la vision, et en particulier sur la recherche des propriétés des cellules rétiniennes. En effet, il n'y a dans leurs yeux qu'une cellule réceptrice par ommatidie et ces cellules sont les plus grosses cellules rétiniennes du monde animal, en sorte qu'elles ont servi aux travaux des pionniers de la recherche sur l'électrophysiologie des cellules photoréceptrices.

C'est notamment l'étude des cellules rétiniennes de la limule qui a permis à Hartline d'obtenir le prix Nobel en 1965 en mettant en lumière le phénomène dit d'inhibition latérale, et sa liaison avec le renforcement du contraste par l'action des cellules horizontales.

### e) *Myriapodes*

Ce sous-embranchement des arthropodes comprend plus de 10 000 espèces distinctes.

La vision des myriapodes est souvent limitée. On trouve d'ailleurs chez eux quelques classes anophtalmes comme celle des symphyles.

Leurs yeux sont simples et comparables à des ocelles. L'oeil composé n'existe pas chez les myriapodes et ce n'est pas le moindre des paradoxes que ces sortes d'animaux si proches des insectes par leur aspect extérieur général aient des yeux aussi différents.

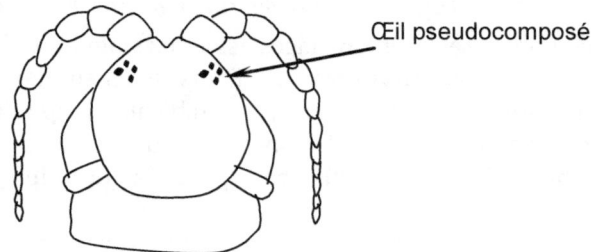

Œil pseudocomposé

Les myriapodes ont souvent deux organes visuels situés sur le dessus de l'animal et de chaque côté, à des emplacements comparables à ceux des insectes. Cependant ces organes ne sont pas véritablement des yeux mais plutôt des « nuages d'ocelles » pouvant en compter jusqu'à 200, et qu'on qualifie d'yeux « pseudo-composés ».

### f)    Colemboles, diploures et protoures

Ces animaux, hexapodes comme les insectes, ne leur ressemblent que moyennement par ailleurs, car ils sont aptères.

L'absence d'aile qui les caractérise n'est pas la seule différence qu'ils présentent avec les insectes.

Les collemboles ne se métamorphosent pas, et au lieu d'yeux composés, ils ont des paires d'ocelles, comme les myriapodes sauf que le nombre de paires ne dépasse pas trois.

Les diploures et les protoures sont souvent anophtalmes, mais ont parfois des yeux minuscules qui peuvent être de simples ocelles ou des yeux composés de quelques ommatidies seulement.

## g) Conclusions sur la vision des arthropodes

La vision des insectes et crustacés est assez singulière. Elle fait appel à des mécanismes optiques divers, mais similaires dans les deux sous-embranchements. Le tableau récapitulatif ci-après résume la répartition des diverses optiques oculaires chez ces arthropodes (voir plus bas pour la description des optiques).

| type d'optique | Exemple de groupes d'animaux | Exemples d'espèces |
|---|---|---|
| apposition simple | la plupart des insectes & crustacés | abeille – libellule – limule – crevette mante – etc... |
| apposition afocale | certains papillons | delias mysis |
| superposition neurologique | certains diptères | drosophila |
| superposition réfractive | coléoptères (nocturnes) – la plupart des papillons – krill – certaines crevettes (mysides) | Lampyris – macroglossum – nematobrachion boopis – dioptromysis paucispinosa |
| superposition réflexive | certaines crevettes – homard – écrevisse | pandalus platyceros – homarus americanus – astacopsis gouldi – palaemonetes pugio |
| superposition parabolique | certains bernards l'ermite et crabes | strigopagurus strigimarus – macropipus puber |

Si on compare brutalement la vue des arthropodes et celle de nos compagnons vertébrés, le résultat ne nous fait bien sûr pas rougir : les arthropodes ont tendance à y voir moins bien, mais l'effet de taille n'est évidemment pas négligeable ; le moindre développement du système nerveux non plus.

D'ailleurs, si quelques classes sont anophtalmes, la grande majorité des arthropodes ont des yeux qui voient relativement bien. On pense aux insectes et crustacés ainsi que dans une mesure moindre aux chélicérates.

Un autre élément tout à fait surprenant est la diversité des optiques que nous avons récapitulée dans le tableau précédent. Alors que les vertébrés ont tous retenu l'œil camérulaire, le type d'optique exhibé par les arthropodes est remarquablement variable : la sélection semble à la fois avoir innové un grand nombre de fois et n'avoir pas su faire de choix net à l'issue de ces inventions...

## 6.  Mollusques

Les mollusques forment un embranchement qui ne le cède qu'aux arthropodes pour la diversité des espèces. Il en va de même pour les yeux qui vont de l'absence totale à la sophistication la plus poussée.

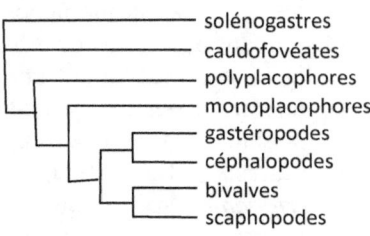

**phylogénie des mollusques**

On peut même considérer les yeux des mollusques comme d'une variété au moins comparable à celle des arthropodes, cependant, la comparaison est mal aisée, car, à la différence des arthropodes, les yeux des mollusques sont simples, à de rares exceptions près.

Les espèces possédant des yeux sont essentiellement réparties dans les quatre classes principales de l'embranchement : les bivalves (moules, palourdes, huitres, …), les gastéropodes (escargots, limaces, …) les céphalopodes (calmars, pieuvres, …) et les polyplacophores (chitons). Les scaphopodes, les caudofovéates et les solénogastres n'ont pas d'yeux.

### a)  *Bivalves ou lamellibranches*

La classe des bivalves avec 10 000 espèces environ est assez abondante. La majorité de ces animaux sont marins, mais il existe quelques espèces d'eau douce comme la moule des rivières.

D'une manière générale, l'acuité visuelle des bivalves est mauvaise, mais certaines espèces ont une acuité raisonnable et comparable à celle d'insectes (voir tableau plus bas).

Les bénitiers (*tridacna*), ont des yeux en tête d'épingle.

Ces yeux sont situés sur le pourtour du manteau et il y en a de grandes quantités, en sorte que le bénitier géant *tridacna gigas*, plus grand des lamellibranches pouvant peser plus de 200 kg, est capable de détecter des poissons passant à quelques mètres. Le bénitier *Tridacnia maxima*, qui est un peu plus petit a des yeux de 0.5mm de diamètre munis d'une ouverture de 90$\mu$. Il a une rétine trichrome avec des maxima d'absorbance très décalés vers le bleu, la dernière étant dans l'ultraviolet moyen (maxima à 490, 450 et 360 nm respectivement).

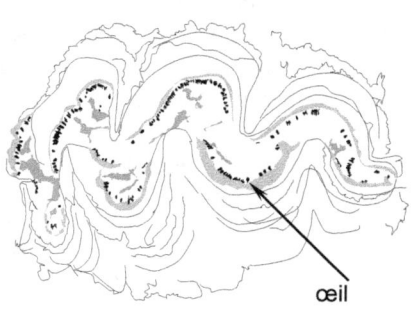

œil

**Bénitier géant**
*( tridacnia maxima )*

Chez les coques (*cardium*) les yeux sont également situés sur le pourtour du manteau, mais ce sont des yeux vésiculaires. Il n'est pas très vraisemblable qu'ils soient capables de détecter des objets.

En revanche, ils pourraient agir comme détecteurs de lumière.

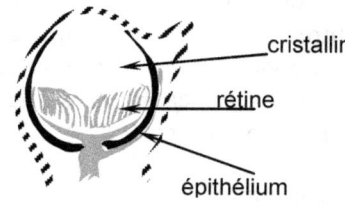

cristallin

rétine

épithélium

**œil de la coque**
*( cardium )*

Les coquilles Saint Jacques passent pour avoir la meilleure vue de tous les bivalves. Elles possèdent un système visuel original.

Leurs yeux sont petits et ressemblent à des perles d'un peu moins que 1mm de diamètre. Il y en a cinq ou six dizaines disposées à la périphérie de l'animal en sorte qu'ils puissent regarder dans toutes les directions à la moindre ouverture de la coquille.

Chaque œil est d'un type assez rare qualifié de miroir concave (voir plus bas), et semble n'être qu'un détecteur assez médiocre. Pourtant l'ensemble permet à l'animal de bien identifier les mouvements, même très lents, et en particulier ceux de son principal prédateur : l'étoile de mer.

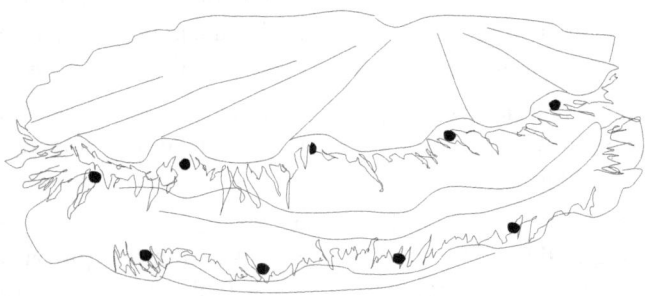

**coquille Saint Jacques**
(*pecten maximus*)

L'œil de la coquille Saint-Jacques est disposé à l'extrémité d'une tentacule assez courte. Il présente, comme le ferait un œil camérulaire, une cornée protectrice et un cristallin à ceci près qu'il n'y a pas de cavité entre les deux.

L'isolement optique de l'ensemble est assuré par deux couches pigmentaires distinctes, un épithélium externe d'une part et une couche rouge qui joue un rôle de tain pour le miroir, d'autre part.

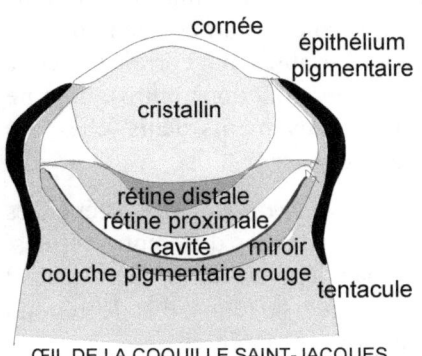

ŒIL DE LA COQUILLE SAINT-JACQUES

La couleur de l'épithélium externe varie selon les espèces. Il est fréquemment noir mais peut être brun ou bleuté.

L'œil présente également deux rétines accolées, séparées de la

229

couche miroir par une cavité, de dimension variable selon les espèces, et emplie d'une humeur transparente.

Ces rétines sont qualifiées de distale et proximale par référence à leur position par rapport au corps de l'animal.

La taille de l'œil, la distance focale ou si on préfère le rayon de courbure du miroir, la profondeur de la cavité, ainsi que la densité des photorécepteurs sont variables suivant les espèces.

Comme ces variables jouent évidemment un rôle significatif dans l'optique de l'ensemble, on a tenté de les corréler au comportement.

Il existe chez les coquilles Saint Jacques, en fonction des milieux qu'elles habitent, des espèces sédentaires qui passent la grande majorité du temps fixées aux rochers, et des espèces beaucoup plus mobiles qui se déplacent sur les fonds sableux grâce à un effet de réaction obtenu en ouvrant et fermant rapidement leur coquille.

Il semble que les espèces mobiles aient des yeux plus grands, des focales supérieures et présentent, sur la rétine proximale, des densités de photorécepteurs plus fortes que les espèces vivant le plus clair du temps à demeure accrochées aux rochers. Cependant, la densité de récepteurs de la rétine distale ne semble pas reliée à la locomotion. La qualité du système visuel dépendrait ainsi des performances motrices de l'animal : plus il va vite, mieux il voit. Les variables mal corrélées à cette hypothèse seraient à rattacher à des fonctions autres, comme par exemple la détection des mouvements lents chez les prédateurs, et notamment l'étoile de mer.

On a observé chez *pecten irradians* des réponses hyperpolarisantes et dépolarisantes dans les différentes rétines, la rétine proximale répondant par dépolarisation comme chez les autres deutérostomiens alors que la rétine distale répond par hyperpolarisation, à la manière des vertébrés.

Outre les coquilles Saint Jacques, un autre groupe de bivalves se distingue par les particularités de sa vision. Ce sont les bivalves arcidés (arches et animaux apparentés).

Ce type de mollusque lamellibranche est ancien, et on en trouve de nombreux fossiles datant de l'ère primaire. Il en existe encore environ 200 espèces.

Ils sont plutôt rares sur les côtes de France, quoiqu'on puisse trouver des arches de Noé (*arca noae*) sur les rivages Méditerranéens et notamment dans le Roussillon.

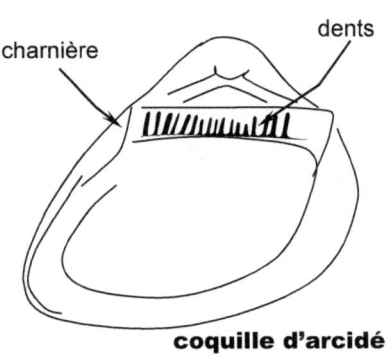

charnière

dents

**coquille d'arcidé**

Les arches ressemblent extérieurement assez à des coques, mais en diffèrent par le caractère particulier de leur charnière qui est droite, développée, et de type taxodonte, c'est-à-dire avec des « dents » assez nombreuses permettant l'accrochage des deux valves. Ces dents sont plus grandes aux extrémités qu'au centre.

Les arcidés possèdent un nombre d'yeux proprement étourdissant : *barbatia barbata*, un arcidé de 3 à 4 centimètres en aurait plus de 2000.

Les yeux sont minuscules (moins de 0.2 mm) et disposés tout autour du manteau de l'animal. Certains d'entre eux simples, mais beaucoup sont composés d'un nombre d'ommatidies dépassant la centaine.

Chez *barbatia cancellaria*, on trouverait environ 300 yeux composés pour 2000 yeux simples de type trou oculaire.

Les ommatidies des arcidés sont originales : Elles ne comprennent pas de milieu transparent interne. Ici, ni cristallin, ni cornée ni zone claire. Les cellules pigmentaires et photoréceptrices sont directement exposées au milieu extérieur.

L'ommatidie est formée de trois types de cellules. Un photorécepteur central entouré de quelques cellules pigmentaires proximales et de cellules pigmentaires distales alignées en plusieurs couches externes.

Les cellules pigmentaires ont toutes de nombreuses villosités, mais seules les cellules pigmentaires proximales présentent des villosités disposées en brosse régulière comme dans les rhabdomes des arthropodes. Ces villosités ont une dizaine de microns de longueur et moins de $1/10\mu$ de diamètre.

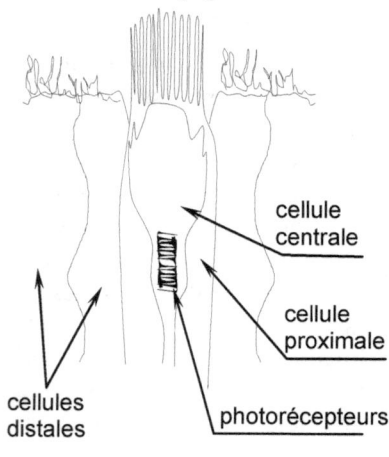

cellule centrale

cellule proximale

cellules distales

photorécepteurs

**ommatidie d'arcidé**

Elles sont couvertes de microplaques et pourraient orienter la lumière formant une sorte de guide d'onde vers la cellule centrale.

C'est la cellule centrale qui est reliée au système nerveux. Ses segments luminosensibles sont disposés en disques empilés comme dans les récepteurs ciliés des cellules photoréceptrices des chordés.

Au total, quoique certains yeux d'arcidés soient composés, les ommatidies sont significativement différentes de celles qu'on observe chez les arthropodes. En particulier, les ommatidies d'arcidés n'ont pas de cristallin ; elles ne présentent également qu'une seule cellule rétinulaire au lieu des 6 ou 7 qu'ont au minimum les ommatidies des arthropodes.

### b)     Gastéropodes

Les gastéropodes forment la plus abondante des classes de mollusques. Il pourrait en exister quelques 100 000 espèces. La plupart sont marines, mais les escargots et limaces vivent sur terre comme chacun sait. Les lymnées, elles, vivent en eau douce.

Ils ont tous une vue médiocre. Leurs yeux sont toujours petits, de taille variant en gros de 0,1 mm à 2mm.

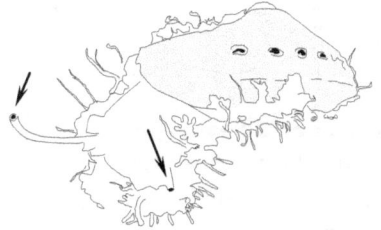

**ormeau oreille d'âne**
(*haliotis asinina*)

Noter la position des yeux repérés par des flèches

Beaucoup d'yeux de gastéropodes présentent une structure élémentaire en cupule. Ainsi en va-t-il par exemple de la patelle.

L'ormeau et certains trochidés ont des yeux à optique en tête d'épingle.

Cependant, à y regarder de plus près, il existe une grande variété d'optiques distinctes incluant pratiquement toutes les possibilités d'yeux simples, jusque y compris des yeux camérulaires complets comme chez les strombes tels que le lambi (*strombus gigas*) ou la strombe framboise (*strombus luhuanus*).

Avec des yeux de près de 2mm de diamètre et environ 50 000 photorécepteurs chacun, ce dernier est probablement le champion des gastéropodes.

Les yeux sont souvent enchâssés à l'extrémité de pédoncules mobiles (escargots, strombes, littorinides, ….)). Ces pédoncules, et donc les yeux qu'ils supportent sont rétractables.

Chez les escargots terrestres (*helix*), les pédoncules sont localisés à l'extrême avant de l'animal, mais ce n'est pas le cas des gastéropodes marins dont les yeux sont situés sur des pédoncules plus petits, à la base des tentacules principaux (voir schéma).

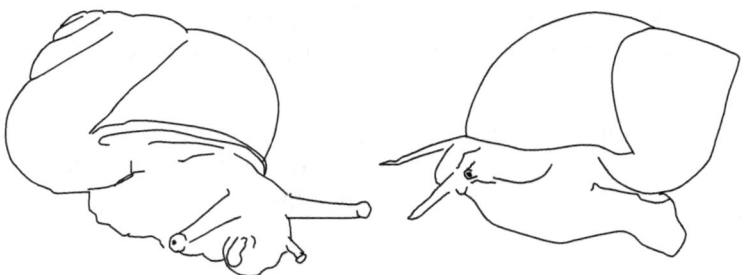

**différence de position des yeux entre l'escargot**
(*helix* - **gauche**) **et le bigorneau** (*littorina* – **droite**)

L'escargot de Bourgogne (*helix pomatia*) a des yeux vésiculaires complets, comme la plupart des escargots.

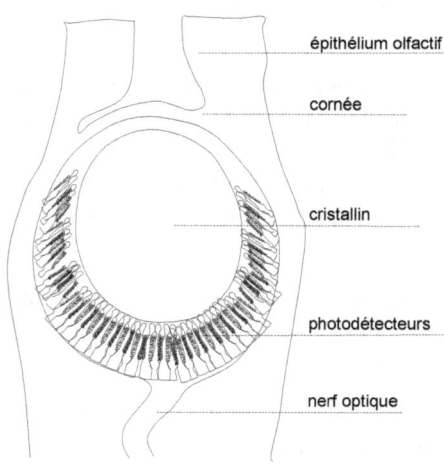

épithélium olfactif

cornée

cristallin

photodétecteurs

nerf optique

**l'extrémité de la corne & les yeux vésiculaires de l'escargot de Bourgogne**
(*helix pomatia* )

Les photodétecteurs sont des cellules à villosités disposées radialement autour d'un cristallin légèrement oblong. La structure générale rappelle celle des ocelles des arthropodes.

L'escargot aveugle (*Cecilioides acicula*) ainsi que d'autres espèces d'escargots souterrains de la famille des ferussaciidés n'ont pas d'yeux.

Avant d'en terminer avec les gastéropodes, il convient de signaler la morphologie des yeux très particulière de certains mollusques hétéropodes, et en particulier d'*oxygyrus keraudreni*. Ce mollusque habite les zones pélagiques des océans aux latitudes basses et moyennes (entre -50° et + 50° environ).

Comme beaucoup d'autres hétéropodes, il possède une coquille calcaire extrêmement fine et quasi transparente. Sa coquille est aplatie et présente une membrane sur son pourtour externe.

Cette membrane lui sert en quelque sorte de filet de pêche, car il se nourrit en la léchant régulièrement avec sa trompe.

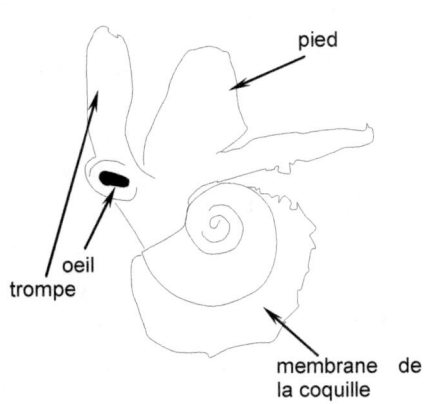

*Oxygyrus keraudreni*

Oxygyrus possède, pour sa taille de l'ordre du centimètre, deux gros yeux oblong dont la longueur est de l'ordre du millimètre et même un peu plus. Ces yeux sont situés à la base de la trompe.

La rétine d'oxygyrus présente une forme très particulière : c'est un long ruban très fin ne comprenant dans la hauteur que 3 photorécepteurs, alors qu'il en contient plusieurs centaines en longueur.

Oxygyrus nage la coquille dirigée vers le fond en effectuant de rapides mouvements de claque à l'aide de son pied. Chaque claque dure environ une ou deux secondes, et projette l'animal vers le haut.

Elle est suivie d'une période de repos plus longue de l'ordre d'une dizaine de secondes, durant laquelle l'animal ne bouge guère et descend de quelques centimètres.

Ce sont les mouvements de ses yeux qui sont particulièrement notables. En effet durant les intervalles de repos que nous venons d'évoquer, oxygyrus bouge ses yeux de la manière suivante : Partant de la position de repos pour laquelle la direction de l'œil est horizontale, oxygyrus les tourne de 90° vers le bas, en sorte qu'ils observent le fond de la mer en 0.2 à 0.3 secondes.

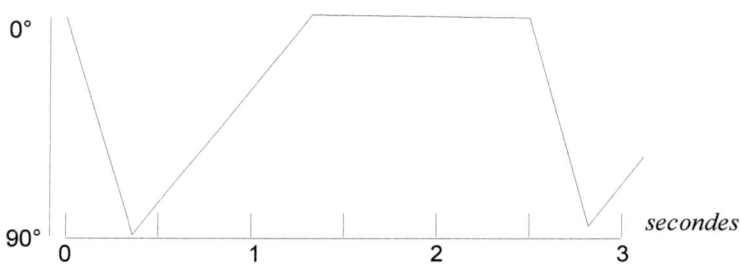

Il les laisse ensuite remonter sensiblement plus lentement sur une durée de l'ordre de la seconde, puis les laisse au repos sur des temps de l'ordre de la seconde également.

Notre gastéropode « scanne » littéralement son environnement, à l'aide d'une rétine linéaire, un peu à la manière de la méthode utilisée par les squilles pour détecter les couleurs.

(*petrotrachea coronata*)

Même s'il est l'un des plus étranges, oxygyrus n'est peut-être pas le seul mollusque à utiliser un balayage du champ pour voir. Il pourrait en aller de même d'autres hétéropodes, et par exemple de *pterotrachea coronata*.

Ce mollusque est un hétéropode ptérobranche, qui vit dans la zone pélagique (pleine mer). C'est le plus grand des ptérotrachéïdés, et il peut atteindre une trentaine de centimètres. On le trouve dans la plupart des mers chaudes, y compris la Méditerranée, mais il n'est pas facile à observer.

C'est un mollusque transparent, sans coquille, ressemblant à une sorte de limace géante. Son extrémité buccale est très développée, ce qui lui vaut parfois le surnom de petit éléphant de mer. Il possède comme les autres hétéropodes un appendice natatoire qui est une sorte de nageoire formant protubérance sous le ventre, ainsi qu'une queue assez longue d'où sort un mince filament. L'ensemble forme un animal étrange d'aspect, où les yeux sont parmi les seuls éléments colorés distinctement visibles.

Les données sur les yeux de *pterotrachea coronata* ne sont pas extrêmement nombreuses, mais il possède une rétine assez allongée, et il est possible qu'il ait recours au balayage du champ comme son parent *oxygyrus*.

### c) *Céphalopodes*

La classe des céphalopodes ne comprend plus qu'environ 800 espèces vivantes, mais fut l'une des classes dominantes d'animaux de l'ère primaire (ordovicien), il y a quelques 460 millions d'années. On y distingue les nautilidés (céphalopodes à coquilles), des céphalopodes vrais ou coleoïdes qui comprennent les octopodes (pieuvres ou poulpes) et les décapodes (calmars et seiches).

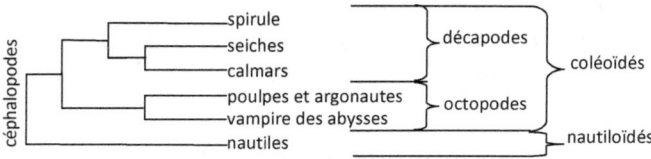

En dehors des familles majeures que sont les poulpes, seiches, calmars et nautiles, les céphalopodes comprennent quelques espèces plus rares. Chez les décapodes on trouve ainsi les chipirons (*sepiolida*) qui ressemblent un peu aux seiches, et aussi la spirule (*spirula spirula*) qui est une espèce à part, de petite taille, avec une coquille calcaire interne à la place de l'os. Chez les octopodes, le vampire des abysses (*vampyrotheutis infernalis*) est également une espèce isolée. Les argonautes sont des octopodes et non pas des nautiles quoique la femelle fabrique une coquille.

**argonaute**
(*argonauta argo)*)

Noter les grands yeux et les tentacules repliées à l'intérieur de la coquille d'où n'émergent que la tête et l'entonnoir qui permet à l'animal de se mouvoir en expulsant l'eau. Le schéma est celui d'une femelle. Le mâle est plus petit et n'a pas de coquille.

Certaines des espèces de cette classe, et notamment les nautiles, ont des yeux assez primitifs, mais ceux de la plupart des céphalopodes, qu'ils soient octopodes ou décapodes sont parmi les plus sophistiqués.

Comme nous venons avec les gastéropodes et les lamellibranches de quitter des animaux à la vue assez mauvaise, c'est une grande surprise phylogénétique de trouver un rameau proche avec des yeux de la meilleure qualité qui soit.

Les céphalopodes possèdent de grands yeux. C'est parmi eux qu'on trouve les plus grands yeux du monde : Les yeux du calmar géant (*architeuthis* ) peuvent atteindre 25 à 30 cm de diamètre et sont peut-être les plus grands de tout le règne animal, à l'exception de ceux du calmar colossal (*mesonychoteuthis hamiltoni* ) qui pourraient les dépasser, mais il faut dire qu'on n'a encore observé que peu d'adultes de cette dernière espèce, et que les yeux des calmars ne cessent de grandir avec l'âge, comme le reste de leur corps.

Les yeux des céphalopodes sont situés de part et d'autre de la tête et basés sur le même principe que les yeux des vertébrés : l'œil camérulaire.

### (1)    Généralités

Les céphalopodes sont des animaux chez lesquels il est clair d'emblée que le sens de la vue est un sens important.

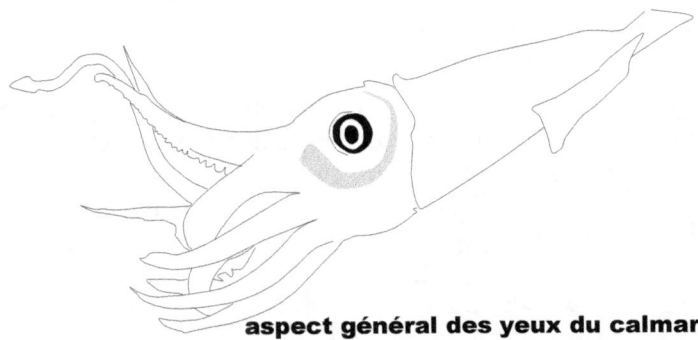

**aspect général des yeux du calmar**

Les parades amoureuses des pieuvres et des seiches mettent en œuvre des irisations et des changements de couleur de leur corps par lesquels elles semblent échanger des messages visuels avec leurs potentiels partenaires.

On peut apprendre aux pieuvres à reconnaître l'image de proies éventuelles ; elles les attaquent ou les évitent de manière telle que la reconnaissance est évidente.

Au demeurant, les lobes optiques des poulpes contiennent dans les 60 à 70 millions de neurones et représentent les deux tiers de la masse du cerveau, c'est-à-dire une proportion comparable à la nôtre.

Il reste tout à fait notable que les grands calmars qu'ils soient calmars géants ou calmars colossaux, présentent de loin les yeux les plus gros du monde animal, et les réflexions portant sur cet état de fait n'ont donc pas manqué. Il est bien sûr compréhensible que les grands calmars aient de larges yeux, puisqu'ils ont à la fois une taille respectable et qu'il leur faut y voir clair dans les bas fonds marins qui sont très obscurs. Mais ces exigences sont identiques pour les grands poissons ou les cétacés, et l'espadon, pour ne citer que lui puisqu'il a une corpulence similaire, ne possède que des yeux beaucoup plus petits.

Au demeurant les yeux des grands calmars sont grands même pour des calmars, puisque le coefficient de Haller qui les caractérisent par rapport à ceux de leurs congénères plus petits est sensiblement inférieur à 0,7.

En quantifiant, en fonction du diamètre de la pupille, la distance à laquelle seraient vus des taches sombres étendues, des points lumineux, ou des taches lumineuses étendues, des scientifiques Suédois ont trouvé un

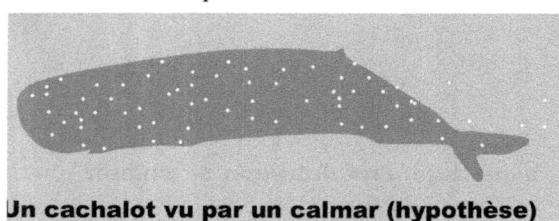

**Un cachalot vu par un calmar (hypothèse)**

avantage supérieur aux taches lumineuses étendues et consolidé ainsi l'hypothèse que cette taille d'yeux énorme pourrait résulter d'un avantage Darwinien dans la lutte du calmar pour sa survie face à la traque du cachalot.

Lorsqu'ils sont immergés dans du plankton, les cachalots apparaissent comme des taches légèrement bioluminescentes. La taille des yeux des calmars leur permettrait de détecter leurs ennemis assez tôt pour espérer leur échapper malgré la redoutable efficacité du sonar dont se servent les cétacés pour localiser leurs proies.

### (2)   Système nerveux

Les céphalopodes possèdent un système nerveux beaucoup plus important que les autres invertébrés : Le rapport masse cérébrale / masse totale est compris chez eux entre celui des vertébrés à sang chaud et à sang froid. On peut diviser leur système nerveux en une partie centrale comprenant le cerveau proprement dit ainsi que les lobes optiques, et une partie périphérique.

Le système nerveux central des nautiles est moins développé que celui des coléoïdes.

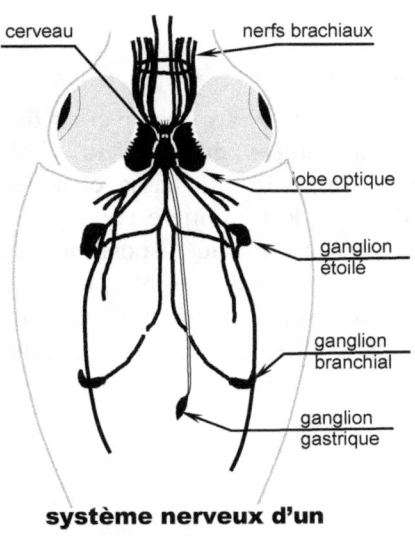

Le cerveau des décapodes et des octopodes est d'ampleur comparable, mais au contraire des lobes optiques qui le sont plus, le cerveau des décapodes est plutôt moins développé que celui des octopodes.

Les neurones sont concentrés en ganglions qui, pour ce qui concerne le système nerveux central sont regroupés en lobes qui forment un anneau entourant l'œsophage.

cerveau    nerfs brachiaux

lobe optique

ganglion
étoilé

ganglion
branchial

ganglion
gastrique

**système nerveux d'un
décapode - schéma**

Le cerveau est isolé du reste du corps par une paroi cartilagineuse qui joue en quelque sorte le rôle du crâne des crâniates.

Les mollusques, à la différence des arthropodes, possèdent également un système comparable à notre appareil vestibulaire : le statocyste.

Chez les céphalopodes, les statocystes sont très développés. Il en existe un droit et un gauche, et ils sont situés à l'intérieur du crâne cartilagineux d'ailleurs à proximité immédiate des yeux. Ces appareils comprennent des poches (macula) tapissées de soies et dans lesquelles sont situées des masselottes qui sont un assemblage de cristaux de carbonate de calcium : les litolithes.

Comme dans nos saccules et nos utricules, les chocs de ces litolithes sur les soies permettent de détecter les accélérations du corps. Les statocystes sont véritablement les organes de l'équilibre des céphalopodes et participent au contrôle des mouvements oculaires. Les accélérations angulaires sont également détectées par des organes similaires à nos canaux circulaires.

### (3)   Rétine et photoréception

Les cellules photoréceptrices, au lieu d'être recouvertes des autres couches rétiniennes sont situées du côté du vitré. Autrement dit, à la différence de ce qui se passe chez les vertébrés, elles se trouvent du côté de la lumière par rapport aux cellules de transmission nerveuse. Cette disposition des cellules réceptrices permet à l'œil de ne pas présenter de tache aveugle : le regroupement des axones s'effectue le plus logiquement du monde à l'arrière de la couche photoréceptrice.

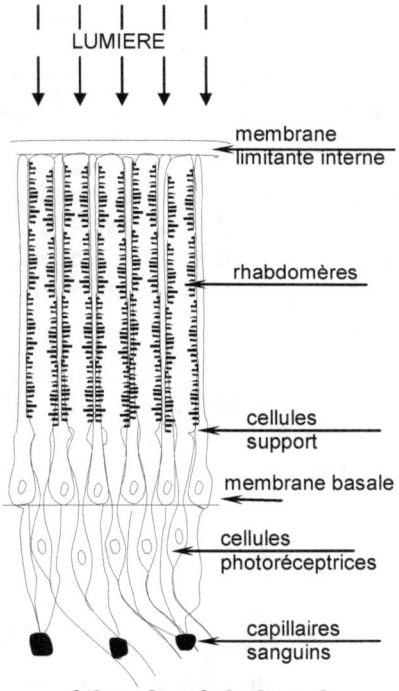

**rétine de céphalopode**

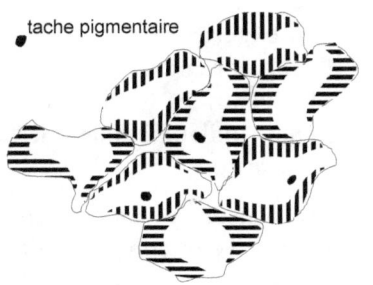

**céphalopodes :**

**disposition des cellules rétinulaires sur la rétine**

Note : L'orientation des villosités est schématisée par des traits noirs épais.

Du fait que les détecteurs sont placés du côté de la lumière, le système rétinien des céphalopodes semble plus simple que celui des mammifères : les excroissances nerveuses des cellules photoréceptrices se regroupent directement à l'arrière de la rétine pour former le nerf optique qui est relié au lobe optique cérébral.

En d'autres termes, la sorte de pré-traitement, que nous pensons s'effectuer dans la rétine par le biais des cellules bipolaires, amacrines etc..., est absente de la vision des céphalopodes. Ce traitement est effectué directement dans le système central.

Les yeux des céphalopodes ne présentent pas non plus de tache jaune.

Les cellules photoréceptrices sont à villosités. Elles sont longues et minces et contiennent le pigment photosensible dans leurs villosités. Le rhabdome est disposé sur deux des faces de la cellule, et ne couvre que sa partie distale (entre le tiers et les deux tiers de la longueur de la partie située à l'intérieur de la membrane basale). Le segment externe à cette membrane contient, lui, le noyau (voir figure).

Les cellules rétinulaires sont arrangées selon un maillage grossièrement carré. Elles ont leurs rhabdomes disposés de telle sorte que les villosités de deux cellules adjacentes sont orthogonales et que quatre cellules adjacentes déterminent une sorte de rhabdome (voir schéma).

Entre les cellules rhabdomériques s'intercalent des cellules support dont le noyau est situé à l'intérieur de la membrane. Ces cellules s'étendent jusqu'à la membrane limitante interne, mais sont sutout enflées à leur base où elles contiennent de nombreuses taches pigmentaires.

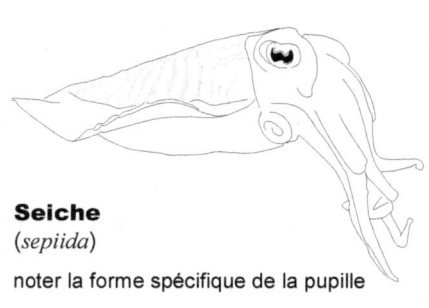

**Seiche**
(*sepiida*)

noter la forme spécifique de la pupille

Les yeux de la plupart des céphalopodes, et notamment ceux de la seiche, semblent être sensibles à la lumière polarisée. Cette sensibilité, qui ressort également d'expériences comportementales, est attribuée au fait que les cellules photoréceptrices voisines ont leur villosités disposées en damier, perpendiculairement les unes aux autres, ainsi qu'on vient de le décrire.

Cet arrangement fait évidemment penser à celui des rhabdomes des ommatidies adjacentes des yeux composés de nombreux insectes et de l'abeille en particulier.

On met souvent en rapport cette spécificité avec la faculté qu'ont nombre de céphalopodes et notamment les seiches et pieuvres (ex pieuvre à anneaux bleus) de couvrir leur corps de marques d'iridation fortement polarisées.

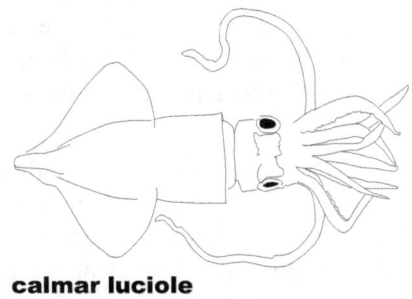

**calmar luciole**
*watasenia scintillans*

A l'exception notoire du calmar luciole (watasenia scintillans), les rétines des céphalopodes ne présentent qu'une seule variété de pigment photorécepteur. On peut donc penser que ces animaux sont insensibles aux couleurs, ou du moins confondent certaines couleurs, ce qui a pu être confirmé par un certain nombre d'expériences comportementales, évidemment un peu délicates compte tenu de l'éloignement de cette espèce et de la nôtre. Néanmoins, lors de leur camouflage, les céphalopodes exhibent avec leur corps des couleurs qui sont tout à fait bien ajustées à la couleur de l'environnement, en sorte que leur vision pourrait tout de même ne pas être entièrement grise.

Pour ce qui est du calmar luciole, le chromatisme de ses photorécepteurs est différencié d'une manière originale : Au lieu de varier la molécule d'opsine comme l'ont fait les vertébrés, watasenia a varié la molécule de chromophore et utilise 4 variétés distinctes de rétinal, variétés dont l'une pourrait être unique au monde. Ces quatre sortes de pigments lui permettent très vraisemblablement d'avoir une bonne vision des couleurs (les diverses sortes de rétinal sont réévoquées plus bas au paragraphe sur la phototransduction des métazoaires).

Malgré la similitude saisissante avec l'œil des vertébrés, on retrouve la filiation génétique, puisque la structure des photorécepteurs est rhabdomérique, comme chez les insectes, et non ciliaire, comme chez les vertébrés.

### (4)    Optique

D'une manière tout à fait générale, l'œil des céphalopodes est davantage une excroissance de la peau que du système nerveux. D'un point de vue cellulaire et embryologique, les céphalopodes ont donc des yeux radicalement différents des nôtres.

Néanmoins, si l'origine tissulaire des yeux des céphalopodes est très éloignée de celle des vertébrés, un grand nombre des détails de la configuration optique de leurs yeux se rapproche étonnamment de celle des yeux des poissons. Ce phénomène est l'un des exemples les plus classiques de convergence évolutive.

Chez les décapodes, il n'y a pas à proprement parler de cornée, mais une simple membrane qui n'empêche pas le contact direct du cristallin avec l'eau de mer.

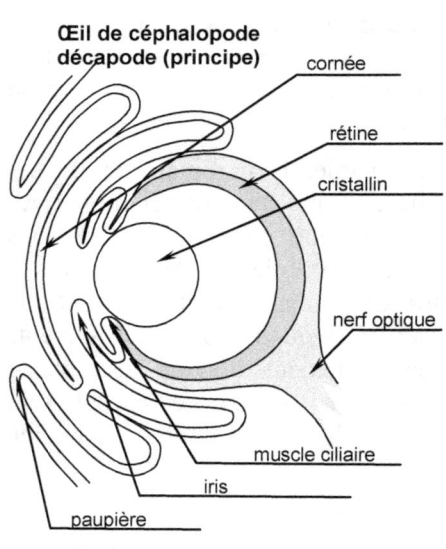

**Œil de céphalopode décapode (principe)**
cornée
rétine
cristallin
nerf optique
muscle ciliaire
iris
paupière

Les yeux des octopodes sont différents à cet égard, et sont isolés du milieu extérieur par une membrane transparente jouant le rôle de cornée.

De même que pour les poissons, le cristallin est sphérique, et l'accomodation s'effectue non par déformation, mais par rétraction du cristallin dans le globe oculaire. Comme chez beaucoup de poissons. Le cristallin des céphalopodes est même une lentille de Matthiessen, ce qui renforce la précision de la convergence évolutive entre ces deux ordres appartenant à des embranchements distincts.

L'iris est constitué d'un repli de peau qui forme une sorte de paupière intérieure et délimite la pupille.

Cette pupille est de forme circulaire chez les calmars, et en forme de fente rectangulaire plus ou moins épaisse chez la pieuvre. Elle affecte une forme de W chez la seiche.

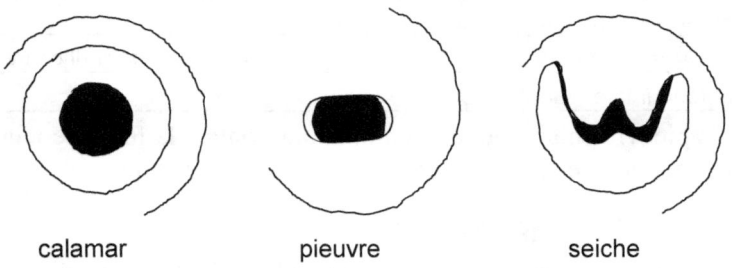

calamar                pieuvre                seiche

Les céphalopodes se servent également de la sorte d'iris dont nous parlons comme de paupière, et ont ainsi la possibilité de fermer les yeux, à la différence des téléostes par exemple.

### (5)    Insertion de l'œil et appareil moteur

Les yeux sont insérés dans des orbites cartilagineuses. Les

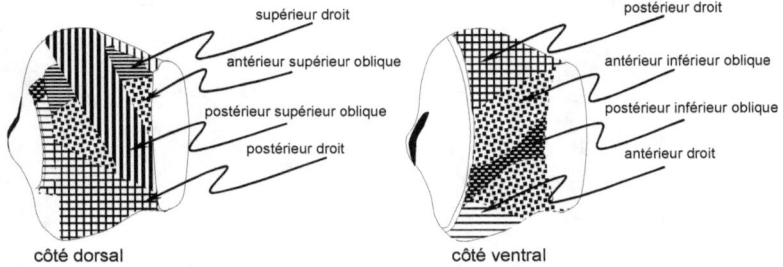

supérieur droit

antérieur supérieur oblique

postérieur supérieur oblique

postérieur droit

côté dorsal

postérieur droit

antérieur inférieur oblique

postérieur inférieur oblique

antérieur droit

côté ventral

**muscles oculomoteurs de la pieuvre (œil gauche)**

mouvements oculaires sont assurés par des muscles dont le nombre varie de 7 à 14 selon les espèces.

Octopus vulgaris possède 7 muscles oculaires. Les muscles

droits sont les plus puissants.

| muscle | type de mouvement |
|---|---|
| antérieur droit | en-avant et vers le bas |
| postérieur droit | en-arrière et vers le haut |
| supérieur droit | en-avant et vers le haut |
| postérieur supérieur oblique | rotation horaire |
| antérieur supérieur oblique | rotation antihoraire |
| postérieur inférieur oblique | en-avant vers le bas - rotation antihoraire |
| antérieur inférieur oblique | rotation |

Les pieuvres maintiennent toujours horizontale la fente de leur iris, quelle que soit la position occupée par leur corps.

### (6)    Latéralité

On a noté que la pieuvre (octopus vulgaris) utilise un de ses yeux de préférence à l'autre. Elle a donc une sorte d'œil directeur, et se sert d'ailleurs préférentiellement des tentacules situées au devant de cet œil : aussi étrange que cela puisse paraître, la pieuvre est latéralisée !

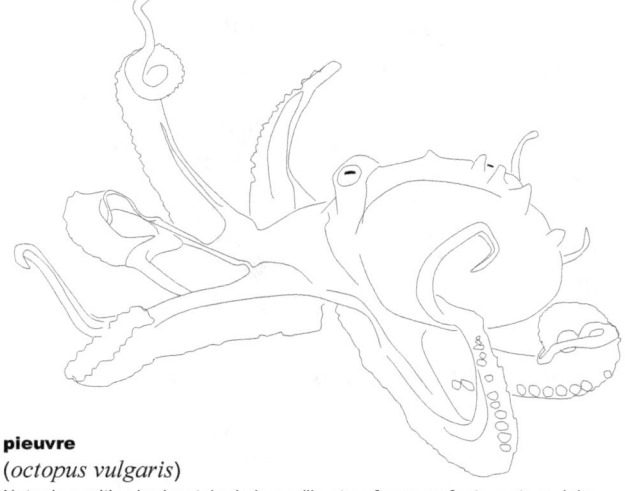

**pieuvre**
(*octopus vulgaris*)
Noter la position horizontale de la pupille et sa forme en fente rectangulaire.

### (7)    Photophores

Certains céphalopodes sont munis de photophores qui leur permettent d'émettre de la lumière et facilitent la capture des proies dans les ambiances obscures des hauts fonds océaniques. Les plus célèbres sont le calmar luciole (*wasatenia scintillans*), déjà cité pour la richesse en opsines de sa rétine et *teuthowenia megalops*, qui est un calmar de verre.

Les photophores du calmar luciole sont situés sur les tentacules, mais ceux de teuthowenia megalops se trouvent dans l'œil même et semblent permettre à l'animal d'éclairer sa proie pour mieux l'attraper. On a suggéré que le calmar colossal pourrait avoir des photophores de ce second type.

### (8)    Un cas particulier : Le nautile

Les nautiles, quoique céphalopodes, sont des fossiles vivants et, s'il n'en existe plus aujourd'hui que 6 espèces vivantes, on trouve des animaux semblables datant de plus de 400 millions d'années ! On pense, en effet que les ammonites, ces fossiles que l'on trouve abondamment dans certains dépôts calcaires et schisteux étaient de proches parents de nos nautiles.

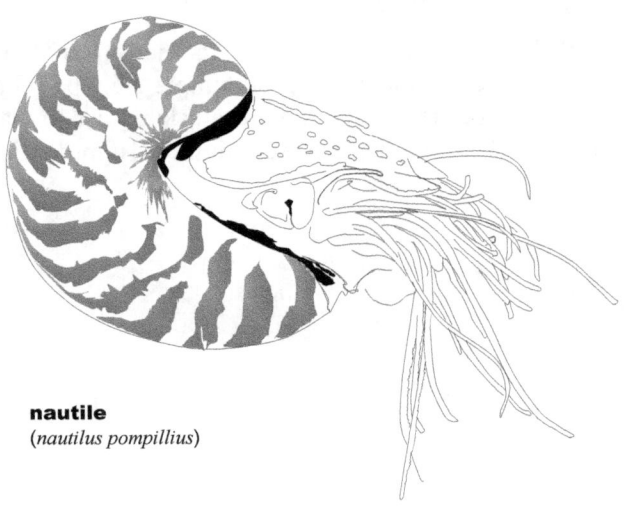

**nautile**
(*nautilus pompillius*)

A tout le moins, la manière spécifique qu'ils avaient de développer leur coquille est identique, alors qu'elle est rare de nos jours. Ces animaux, en effet, agrandissent leurs coquilles en y insérant des parois étanches, et en réfugiant leur corps grandissant dans la dernière section de la coquille. Les parties les plus en amont de la spirale sont donc constituées de sections vides et abandonnés, puisqu'elles correspondent aux compartiments qu'habitait l'animal en un âge plus jeune. Ces caissons leur servent de ballasts et ils y laissent rentrer plus ou moins d'eau à la manière des sous-marins.

Ce n'est pas la méthode utilisée par les gastéropodes qui occupent toute leur vie une coquille toute entière, coquille qui ne présente donc pas ces compartiments si caractéristiques.

Les nautiles mesurent une quinzaine de centimètres et vivent à proximité des îles indo-pacifiques à des profondeurs assez élevées allant de 100 à 600 m. L'animal se loge dans la dernière cellule d'une coquille, assez semblable extérieurement à celle d'un escargot géant. Ses yeux sont les moins sophistiqués possibles : une simple cupule creusée dans la tête et communiquant directement avec l'eau de mer par une pupille étroite en forme de clou.

Les yeux du nautile ne possèdent ni cornée ni cristallin, en sorte que l'œil est comparable à un simple sténopé (chambre noire), dans lequel le seul paramètre ajustable est le diamètre de la pupille. Cette pupille peut se réduire à 1mm de diamètre seulement.

### d) *Polyplacophores*

Cette classe d'animaux que l'on appelle couramment chitons est l'une des moins abondantes des mollusques avec moins de 1 000 espèces. Les polyplacophores sont des animaux très anciens et on en trouve des fossiles datant de 500 millions d'années et plus.

Ils sont plutôt observés dans les zones peu profondes et sur les estrans. En France, on en trouve davantage en Méditerranée, mais il en existe également sur le reste des côtes (petit et grand chitons épineux notamment).

Les chitons, qui sont comme une sorte de bétail rampant sur les fonds marins et qui y broutent des algues microscopiques ont évidemment une vue de qualité moyenne. D'ailleurs, la plupart n'ont pas d'yeux.

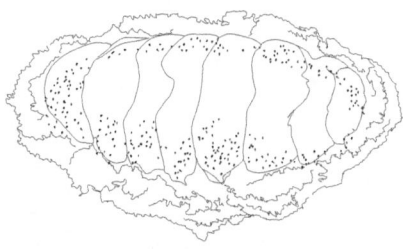

*acanthopleura granulata*

Toutefois, certains en ont, tel le chiton diffus des caraïbes *acanthopleura granulata*, et ce sont des yeux simples. Leur particularité est de regarder au travers de la coquille grâce à de minuscules fenêtres en cristal de carbonate de calcium presque pur. Ces fenêtres forment lentille. Elles leur servent de cristallins, et sont les plus dures des cristallins que l'on puisse trouver dans le monde animal.

Comme chez les bivalves, les yeux sont très nombreux (une centaine et plus). Leur arrangement dessine des motifs sur le pourtour de la carapace et leur nombre augmente au fur et à mesure que l'animal agrandit sa coquille.

On pense que l'apparition des yeux chez les chitons est relativement récente (25 millions d'années environ).

## 7. Autres embranchements du règne animal

Notre tour d'horizon des systèmes visuels dans le monde animal s'achève, puisque en dehors des chordés, des arthropodes et des mollusques, seuls les annélides et dans une moindre mesure les cnidaires et les onychophores possèdent des yeux capables de former une véritable image, et ne sont pas que de simples détecteurs de lumière.

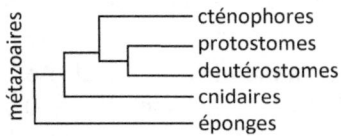

**phylogénie des métazoaires**

Note : Outres certains embranchements protostomiens que nous n'avons pas encore évoqués, il reste pratiquement pour compléter les organismes multicellulaires (métazoaires), les porifères (éponges), et les cnidaires (méduses, corail, etc...) – voir schéma ci-contre.

Les éponges n'ont pas d'yeux, mais certains cnidaires en ont, comme il est évoqué plus bas.

Il n'y a pas beaucoup d'animaux de taille importante dans aucun des embranchements que nous allons évoquer. D'ailleurs, les appareils visuels des espèces en question ont presque toujours des performances très modestes. Nous n'en ferons qu'un bref survol.

### a) Annélides

Les annélides regroupent les vers à anneaux et forment un embranchement relativement abondant en espèces. Les plus connues des annélides sont les vers de terre (*lumbricina*).

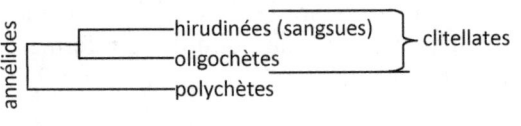

**phylogénie des annélides**

Ces animaux forment forment le dernier embranchement des

protostomiens dans lequel certaines espèces possèdent des yeux véritables quoiqu'encore de qualité assez médiocre.

La phylogénie des annélides est encore en chantier, mais on y distingue essentiellement trois classes principales selon que les espèces sont pourvues de plus ou moins de soies (du grec khaite : crinière) : les achètes (sans soies) ou hirudinées, les oligochètes (avec peu de soies) et les polychètes (avec beaucoup de soies). On regroupe parfois achètes et oligochètes en un seul groupe : la classe des clitellates. Les polychaetes constituent la classe la plus abondante. On y distingue les sédentaires fixées au sol, des errants dont les déplacements sont libres.

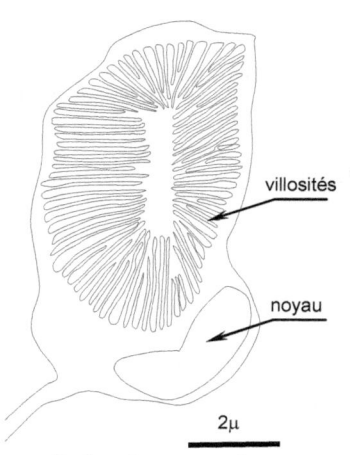

villosités

noyau

2μ

**cellule phaosomée**

Les annélides de la classe des clitellates sont souvent anophtalmes. Cependant certaines, dont la sangsue médicinale (*hirudo medicinalis*) ou *stylaria lacustris* habitante inopportune des aquariums, ont de minuscules ocelles dont les cellules photoréceptrices ont une structure membranaire spéciale : le phaosome. Ces cellules ne sont à proprement parler ni ciliées ni rhabdomériques, et on les qualifie de phaosomées.

Le phaosome est constitué de nombreuses villosités, mais à la différence des cellules rhabdomériques, ces micro-poils sont localisés à l'intérieur de la membrane.

Plus exactement, car il semble y avoir communication entre le « centre de la cellule » et l'extérieur, les villosités seraient externes, mais la cellule très invaginée au point de se refermer quasi-complètement sur elle-même.

Malgré son originalité, la cellule phaosomée ne semble pas être une structure très ancienne, mais semble plutôt dériver de la cellule à villosités externes, d'ailleurs beaucoup plus fréquente et que l'on trouve chez d'autres annélides et bien sûr chez les arthropodes et les mollusques comme nous l'avons déjà vu. Il paraît vraisemblable que les cellules phaosomées soient d'évolution relativement récente et que les clitellates étaient naguère toutes anophtalmes.

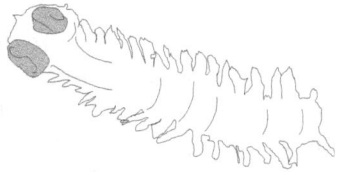

**ver alciopide (typ)**
**(allure générale – taille des yeux)**

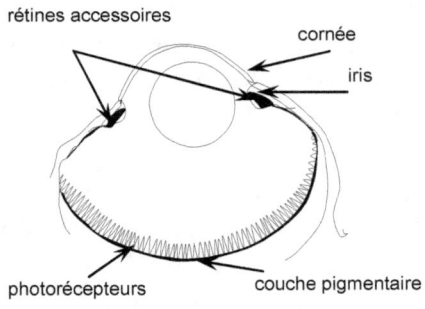

rétines accessoires

cornée

iris

photorécepteurs

couche pigmentaire

**coupe d'un œil de ver alciopide**

Certaines autres annélides, et notamment les vers polychaetes de la famille des alciopides, ont des yeux camérulaires véritables.

Les alciopides sont des vers qui habitent à la surface des océans jusqu'à une profondeur d'une centaine de mètres et se nourrisent essentiellement de plankton. C'est peut-être ce comportement de prédateur qui leur vaut des yeux particulièrement développés.

Le cristallin y est sphérique et présente un indice optique variable, comme chez les poissons.

La rétine, comme chez les céphalopodes est située en avant des nerfs, en sorte qu'il n'y a pas de tache aveugle. Chez certains alciopides, on trouve des rétines accessoires situées au voisinage de l'iris.

Chez *torrea candida* qui a des yeux de l'ordre du millimètre, le cristallin focalise raisonnablement sur une rétine, formée de détecteurs à villosités comme chez les mollusques, rétine qui compterait environ 10 000 cellules réceptrices, ce qui correspondrait à un angle de champ d'un peu plus de 1° par photorécepteur, excellent pour un animal de cette taille.

Mais il est un ver alciopide dont l'étude des yeux a fait couler beaucoup plus d'encre c'est *platynereis dumerilii*.

Le ver présente à son stade adulte deux paires d'ocelles rhabdomériques de type vésiculaire (voir figure). Mais l'intérêt de cette espèce provient surtout de sa larve.

Les ocelles de la larve du ver alciopide *platynereis dumerilii* sont considérées comme pouvant peut-être fournir le modèle d'œil de l'ancêtre commun putatif d'un large groupe de métazoaires.

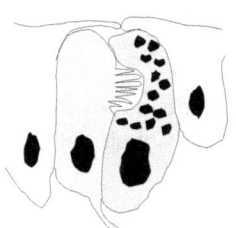

**œil de la larve de**
*platinereis dumerilii*

Ils ne sont constitués que de deux cellules ; une cellule pigmentaire et une cellule photodétectrice rhabdomérique à villosités (voir figure).

Et la larve de cette annélide marine réserve encore une autre surprise. Elle présente, tout au début de sa formation, deux minuscules organites formés d'une cellule ciliée contenant dans sa membrane des c-opsines.

La fonction de cette cellule est mal assurée, mais elle pourrait participer au contrôle du rythme circadien. Cette cellule ne se développe pas en œil lorsque la larve se développe, et elle est remplacée par l'œil rhabdomérique mentionné précédemment.

On ne pense pas que ces derniers organes soient des yeux à proprement parler. On leur donne le nom « d'yeux cérébraux ». On les trouve dans une quantité assez significative de larves diverses et leur existence a éveillé récemment un certain intérêt. Elle pourrait bien jeter un éclairage renouvelé sur la phylogénie de la vision. (Ces questions sont évoquées plus bas au paragraphe sur les types d'yeux).

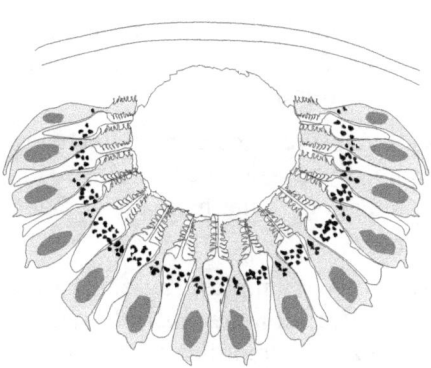

**yeux vésiculaires du ver annélide**
*platynereis dumerilii*

Chez les annélides, on trouve aussi des yeux sur les vers tubicoles polychètes et particulièrement les sabellides. Ces vers vivent à l'intérieur de tubes fixés sur les fonds de toutes les mers du monde et à toutes les profondeurs. Ils possèdent un panache de tentacules à l'extrémité libre du tube, et ces organes leur servent à capter les algues et le plancton dont ils se nourrissent.

**ver tubicole : allure générale**

Ils ne déploient leur panache que lorsqu'ils sont en paix, et se rétractent à l'intérieur de leur tube dès qu'ils sont menacés. A cet effet, les yeux des sabellides détectent ombres et mouvements.

La localisation des yeux chez les tubicoles est extrêmement variée. Elle peut se situer sur la tête, sous les tentacules, sur le corps et sur le pygidium qui est l'extrémité anale du ver.

Ces localisations ne sont pas exclusives : certains polychètes tubicoles semblent n'avoir pas d'yeux du tout, d'autres en avoir partout, toutes les situations intermédiaires étant permises, pourrait-on dire.

De plus, ces yeux varient de simples agrégats de photorécepteurs dans des familles comme *protula* à de véritables yeux composés chez les familles *sabella* ou *branchiomma*. Chez *sabella melanostigma*, on trouve plus de 200 yeux composés chacun d'une cinquantaine d'ommatidies. Chaque ommatidie comprend de une à trois cellules dont la structure est ciliée. A la différence des yeux des arches, ceux des sabellides sont pourvus de cristallins qui améliorent leur résolution qui peut atteindre la dizaine de degrés.

De manière notable, à la différence de ce qui se passe chez les autres protostomes, mais cependant comme chez les coquilles Saint Jacques, la lumière hyperpolarise la membrane cellulaire, comme elle le fait chez les deutérostomes. Cependant, les détails de l'électrochimie de la phototransduction sont vraisemblablement différents de ceux des deutérostomiens.

Au total, les annélides ne constituent pas un embranchement d'animaux particulièrement bien voyants. Cependant, la diversité de leurs structures oculaires est extrême et on peut penser que c'est parmi elles que se trouvent les yeux les plus proches de ceux de l'ancêtre commun aux métazoaires pourvus d'yeux.

### b) *Autres protostomiens*

Il y a beaucoup d'embranchements protostomiens que nous n'avons pas examinés, mais il s'agit pour la plupart d'embranchements aux effectifs peu variés et d'ailleurs souvent formés d'espèces malvoyantes, parfois anophtalmes.

### (1) Rotifères, gnathostomulides et gnathifères

Les rotifères sont pour la plupart de petits ou de très petits animaux ; la plupart du temps entre 100 et 500 $\mu$. Ils habitent les milieux aquatiques et temporairement aquatiques et sont presque entièrement transparents.

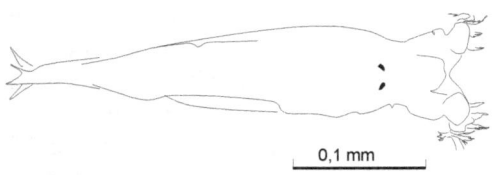

0,1 mm

**Rotifère** ( *bdelloida sp.* )
**allure générale**
noter la position des deux yeux (taches noires sur le corps)

Même si les notommatidés n'en ont pas, la plupart des rotifères possèdent un ou deux ocelles que l'on peut observer sous la forme de deux points plus ou moins rouges.

Ces yeux ne sont constitués que d'un nombre réduit de photorécepteurs.

Les gnathostomulides forment un petit embranchement d'animaux marins minuscules et anophtalmes.

Les micrognathozoaires ne comprennent qu'une espèce : *limnognathia maerski*, qui avec une taille de l'ordre du 1/10° de millimètres est l'un des plus petits des métazoaires et n'a pas d'yeux.

### (2) Siponcles

Les siponcles n'ont pas toujours d'yeux. On observe sur

certaines espèces deux taches oculaires un peu similaires aux yeux des mollusques, avec un design dans lequel les cellules pigmentaires sont localisées à l'arrière des photorécepteurs.

### (3) Némertes

Les némertes ont des yeux élémentaires en coupelles. Les photorécepteurs sont rhabdomériques et leur disposition par rapport aux cellules pigmentaires est inversée (la lumière arrive « du mauvais côté de la rétine »), comme chez nous.

### (4) Brachiopodes

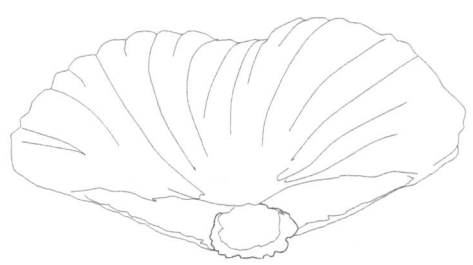

**coquille de**
*terebratalia transversa*

(la partie inférieure comporte un orifice caractéristique au travers duquel passe le pédoncule de l'animal, orifice que l'on retrouve sur des fossiles de l'ère primaire.)

Les brachiopodes forment un embranchement plutôt confidentiel actuellement (~300 espèces), quoi qu'il ait été abondant jadis. Il regroupe des animaux dont la ressemblance extérieure avec les mollusques bivalves est grande.

C'est la configuration très différente des parties molles de l'animal qui conduit à le distinguer comme appartenant à un embranchement distinct des mollusques.

Ceci étant, les différences entre les coquilles des bivalves et des brachiopodes sont tout de même suffisantes pour pouvoir être très facilement identifiables sur les fossiles et permettent de conclure que cet embranchement est extrêmement ancien. En effet, à la différence des bivalves l'animal qui vit dans les profondeurs marines moyennes, s'accroche aux rochers au moyen d'un pédoncule qui passe au travers de la plus grosse des valves de sa coquille, laissant à cet endroit un orifice caractéristique.

Les yeux des brachiopodes sont au demeurant mauvais et ne sont pas suffisamment intéressants pour que ce phylum ait été inclus aussi copieusement dans la description abrégée que nous effectuons, si ce n'était le caractère très spécifique de la larve de *terebratalia transversa* qui a fait récemment la une des journaux.

Cette larve présente en effet des yeux situés tout autour de sa partie sommitale, yeux d'ailleurs minuscules de moins de 10μ de diamètre.

Ces yeux situés à un emplacement de la larve dont le développement va conduire au cerveau, ne sont constitués que de 2 cellules comme ceux de l'alciopide marin *platynereis dumerilii*, mais à la différence de ce dernier ils mettent en œuvre une opsine d'un type voisin des c-opsines utilisées chez les vertébrés pour la phototransduction, et non pas une r-opsine, à la manière des photorécepteurs rhabdomériques du reste des protostomiens. Au

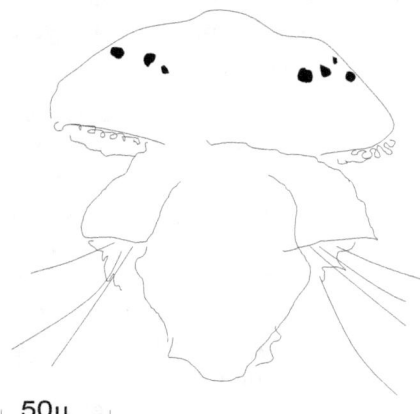

50μ

**Allure de la larve de**
*terebratalia transversa*

(les yeux sont les taches noires situées sur la partie apicale)

demeurant ces structures disparaissent au stade adulte, pour lequel les photorécepteurs sont bien composés d'une r-opsine, comme les autres protostomiens.

*Terebratalia transversa* est donc un cas d'école pour les

théories modernes concernant l'évolution des opsines, et leur lien avec la théorie générale de l'évolution. (Voir plus bas)

### (5) Plathelminthes

Chez les plathyhelminthes ou plathelminthes, les classes parasitaires n'ont pas toujours d'yeux. Cependant, il en va

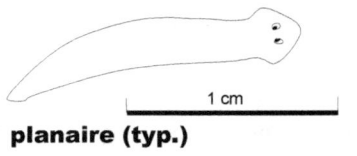

**planaire (typ.)**

1 cm

différemment chez les turbellariés.

Ainsi, les planaires ont des paires d'ocelles situées sur le dessus de la tête du ver. Le plus souvent une paire, et parfois deux ou trois.

Ces ocelles sont extrêmement simples et ne comportent que quelques cellules photoréceptrices à villosités logées dans une coupelle pigmentaire (voir schéma).

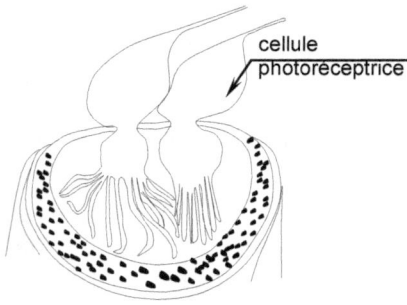

cellule photoréceptrice

**ocelle de turbellarié**

A la différence des ocelles des arthropodes ou des mollusques, par exemple, le design optique est du type qualifié « d'inverse » : Les éléments photodétecteurs ne sont pas situés du côté de la lumière par rapport à la cellule. Au contraire, la lumière doit d'abord traverser la cellule avant d'atteindre ses villosités photosensibles (voir schéma).

### (6) gastrotriches

Les gastrotriches sont des animalcules aquatiques lophotrochozoaires dont le corps est couvert de poils comme le nom l'indique. Ils sont parfois anophtalmes, mais certaines espèces ont des ocelles.

### (7)     Phoronides, entoproctes, et bryozoaires

Aucun de ces phyla de lophotrochozoaires ne semble avoir d'yeux.

### (8)     Acanthocéphales

Cet embranchement de lophotrochozoaires rassemble des animaux parasites de nombreuses espèces. Ils n'ont pas d'yeux.

### (9)     Cycliophores

Cet embranchement qui ne comprend que l'espèce *symbion pandora*, minuscule parasite de la région buccale des homards de Norvège, n'a été créé qu'après la découverte de cette espèce en 1995. Il ne semble pas avoir d'yeux.

### (10)    Nématodes

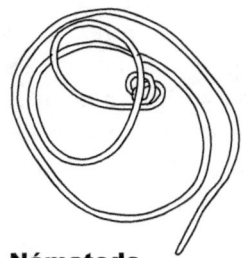

Beaucoup de nématodes n'ont pas d'yeux. Cependant, chez le célèbre *mermis nigrescens*, premier organisme à avoir vu son génome séquencé, la femelle adulte présente une sorte d'ocelle minuscule situé à l'avant du ver.

**Nématode**
*( gordius aquaticus. )*
**allure générale**

### (11)    Onychophores

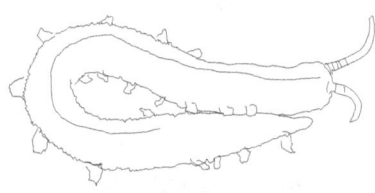

Chez ces fossiles vivants, habitants de l'hémisphère sud et proches parents des arthropodes, la plupart des espèces possèdent des yeux véritables            quoique

**peripatus**
(*onychophora*)

rudimentaires. Ils sont comparables aux ocelles des insectes et présentent non seulement une cornée mais même un cristallin parfois seulement ébauché il est vrai. Ils ont aussi une rétine formée de cellules photosensibles qui ne sont pas des rhabdomes à proprement parler puisqu'ils présentent une structure ciliée et non pas à villosités.

Ces yeux sont innervés par la partie centrale du cerveau, à la manière des yeux naupliens des crustacés ou des ocelles des insectes, et on les tient pour homologues à ces organes et non aux yeux composés. Cependant, ils sont situés latéralement

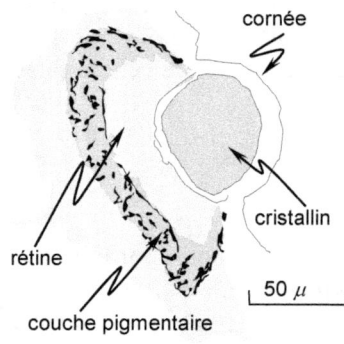

cornée

cristallin

rétine

50 μ

couche pigmentaire

**œil de** *euperipatoïdes rowellii*

comme les yeux des insectes, et non au sommet du crâne comme les ocelles.

Par ailleurs, la rétine traverse la couche de cellules pigmentaires, au lieu d'être située en avant. Cette disposition assez rare n'est cependant pas unique et se retrouve chez les annélides polychaetes, certain siponcles et même quelques mollusques.

## (12)   Tardigrades

Les ours d'eau sont des animaux colorés et translucides de petite taille (pour la plupart assez inférieure au millimètre). Ils présentent une symétrie bilatérale et six ou huit pattes. Ils

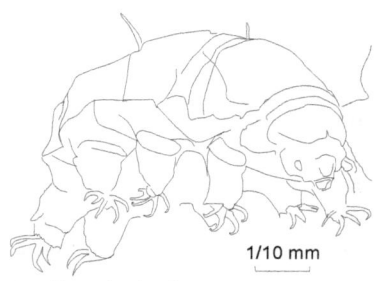

1/10 mm

**tardigrade** (typ)

craignent peu la sécheresse et le gel, car ils sont capables de s'enkyster et de vivre ainsi au ralenti assez longtemps.

Ils parviennent même à survivre dans le vide spatial, et pourraient être la catégorie d'animaux terrestres la plus résistante à des environnements adverses.

Si certains sont anophtalmes, la plupart d'entre eux ont des yeux en cupule, comprenant une ou deux cellules rhabdomériques.

### (13) Nématomorphes, kinorhynches, priapulides et loricifères

On reconnait en général à ces embranchements d'ecdysozoaires une certaine parenté.

Les loricifères et les priapulides ne semblent pas avoir d'yeux.

Les kinorhinches sont des animalcules aquatiques, comme les rotifères. Ils n'ont pas toujours d'yeux, mais certains ont des ocelles situés à l'arrière du proboscis.

Les nématomorphes sont de longs vers dont les larves parasitent des arthropodes. Certains peuvent atteindre jusqu'à 70 cm de longueur. On les appelle parfois vers gordiens, par référence à Alexandre le Grand , en raison de ce qu'ils s'enroulent sur eux-mêmes, semblant former un nœud inextricable.

La plupart des nématomorphes n'ont pas d'yeux, mais certains, comme *paragordius*, ont deux taches oculaires situées à proximité de l'orifice buccal.

### c) *Embranchements bilatériens non-protostomiens*

Ces embranchements comprennent des animaux à la position phylogénétique ambigüe que l'on tient parfois pour plus primitifs que les protostomiens. Ce sont des phyla peu abondants en espèces, même si les chaetognates sont en pratique très nombreux et constituent probablement de 10% à 20% du plancton marin.

#### (1) Rhombozoaires et orthonectides

Ces deux embranchements de bilatériens non protostomiens comprennent des espèces parasites qui ne semblent pas avoir d'yeux.

#### (2) Acoelomorphes

Cet embranchement à la position phylogénétique ambigüe n'a été distingué des plathelminthes qu'assez récemment. Ses membres ne sont pas considérés comme des protostomiens, mais comme un embranchement des bilatériens plus en amont. Les acoelomorphes sont anophtalmes.

#### (3) Chaetognathes

Ces animaux constitutifs du plancton marin sont d'assez petite taille (de 2mm à 10 cm). C'est un phylum très ancien et on trouve des fossiles leur ressemblant dans les schistes de Burgess et de Maotianshan (Cambrien).

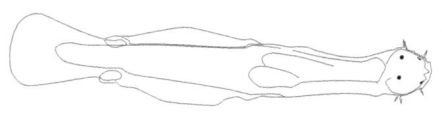

**Chaetognathe**
*( spadella cephaloptera )*
**allure générale**

_1 mm_

Quoique cet embranchement ne comprenne qu'un peu plus d'une centaine d'espèces, les chaetognathes sont très nombreux. Ils sont hermaphrodites.

Leur corps est le plus souvent transparent.

Les chaetognathes sont des prédateurs qui se nourrissent principalement de copépodes. Ils sont munis de nageoires et poursuivent leurs proies. Certaines espèces ont des nageoires bioluminescentes.

Leurs yeux sont de types variables, parfois simples cupules, parfois composés de cinq cupules fusionnées. Leurs cellules photodétectrices ont une structure ciliée et pourraient contenir une substance voisine de la rhodopsine.

### d)      Cnidaires (méduses)

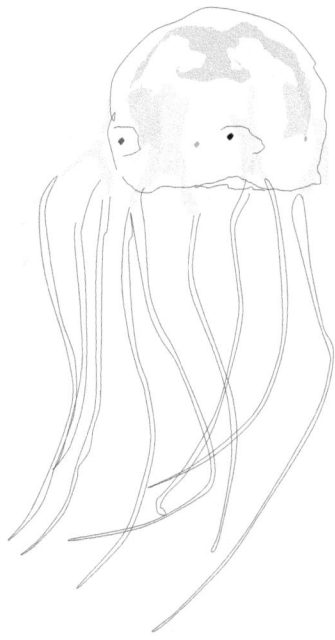

Les cnidaires regroupent les méduses et les polypes (corail, anémones de mer, ...). C'est un embranchement de plus de 10 000 espèces.

Ce sont des animaux radicalement différents de ceux que nous avons évoqués jusqu'ici, puisqu'ils ne sont pas bilatériens : le gouffre génétique qui les sépare de nous est le plus grand qui soit.

Au moins à leur stade de méduse, la plupart des cnidaires ont des yeux. Il s'agit souvent de simples cupules, voire d'iridophores appelés parfois organes hyalins.

**La cuboméduse**
*tripedalia cystophora*

La plupart du temps, il faut bien dire que ces organes visuels nous semblent pour le moins médiocres.

Chez certaines méduses, cependant, il existe des ébauches d'yeux véritables, en particulier chez les cuboméduses (par exemple *chironex fleckeri* ou *tripedalia cystophora*). Le plus fameux exemple est probablement celui de la cuboméduse d'Australie *chironex fleckeri* car c'est en même temps l'une des méduses dont le venin est le plus dangereux au monde, en sorte que ses piqures sont parfois mortelles.

Cependant, la cuboméduse *tripedalia cystophora* a été plus étudiée, sans doute parce qu'elle est beaucoup plus petite et inoffensive ; peut être aussi parce qu'elle est endémique des mangroves d'Amérique centrale, et qu'il n'est donc pas besoin d'aller jusqu'en Australie pour s'en procurer.

L'animal, dont le corps hors tentacules a une allure de cloche vaguement cubique possède un site visuel sur chacune des quatre faces latérales.

Ces sites sont appelés rhopalies, et chacune des quatre rhopalies est équipée de deux paires d'ocelles et de deux yeux véritables, un grand et un petit, en sorte que l'animal possède au total 24 yeux.

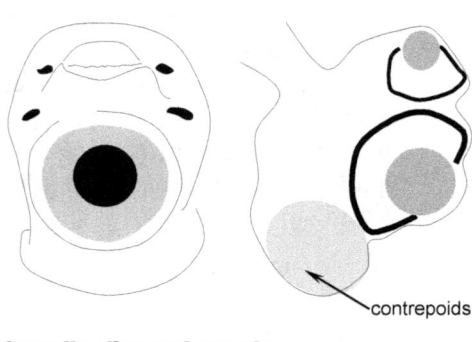

contrepoids

**rhopalie d'un cubozoaire**

1/10 mm

Huit de ces yeux (deux par rhopalie) sont des yeux camérulaires comportant cornée, cristallin et rétine.

Les quatre plus grands de ces yeux sont munis d'iris contractiles qui s'ouvrent à l'obscurité et se ferment à la lumière.

La présence d'yeux aussi sophistiqués est particulièrement surprenante chez un animal pratiquement dépourvu de système nerveux. En effet, il n'y a pour système nerveux qu'un ganglion par rhopalie et quelques neurones d'interconnexion.

L'information nerveuse est donc envoyée presque directement à l'appareil locomoteur et ne fait l'objet d'aucun traitement important, comme chez les autres animaux pourvus d'yeux.

Au demeurant, il importe de tempérer la description précédente qui pourrait laisser entendre que ces méduses ont des yeux perçants, ou presque : Le système visuel a une réponse spatio-temporelle lente, et les lentilles constituées par les cristallin sont de puissance faible, en sorte que l'image se forme très en arrière de la rétine. Ces deux éléments concourrent à laisser penser que l'acuité visuelle des cuboméduses est probablement très médiocre.

En revanche, il convient de noter que chaque rhopalie est munie d'un contrepoids sous forme d'une masse cristalline qui lui permet de garder une orientation raisonnablement constante grâce à l'effet de stabilisation procuré par ce poids disposé en son point bas. On peut donc penser que le système visuel de ces animaux leur sert davantage à maintenir leur équilibre qu'à détecter d'éventuels proies ou prédateurs.

D'ailleurs, comme preuve de sa bonne vision, la cuboméduse semble diriger sa marche d'une manière assez sûre, et être à même de se maintenir en position à la différence d'autres méduses dont le cheminement paraît plus nonchalant.

Avant d'en terminer avec les cuboméduses, il faut signaler que leurs cellules photoréceptrices ont une structure ciliée, et que leurs opsines sont plus proches des c-opsines des deutérostomiens que des r-opsines des protostomiens.

### e) *Cténophores, placozoaires et porifères*

Les cténophores constituent un embranchement assez réduit, d'une centaine d'espèces assez semblables extérieurement à de petites méduses de moins de 10 cm de long. Ils ne semblent pas avoir d'yeux.

Il en va de même des placozoaires et des porifères qu'on appelle vulgairement éponges, et qui sont considérés comme les plus primitifs des animaux pluricellulaires.

*f)* ***Eléments de synthèse sur la vision des métazoaires***

Pour les 34 embranchements de métazoaires que nous avons envisagés, le tableau ci-dessous récapitule la situation des yeux comme suit :

- 11 phyla constitués d'espèces ayant pour la plupart des yeux (1)
- 8 phyla composés d'espèces parfois anophtalmes, parfois munies d'yeux (1/2)
- 14 phyla constitués d'espèces majoritairement anophtalmes (0)

| Embranchement | abondance | yeux |
|---|---|---|
| Acanthocephalés | 800 | 0 |
| Acoelomorphes | 400 | 0 |
| Annélides | 17 000 | 1 |
| Arthropodes | 1 200 000 | 1 |
| Brachiopodes | 500 | 1 |
| Bryozoaires | 5 000 | 0 |
| Chaetognathes | 100 | 1 |
| Chordés | 100 000 | 1 |
| Cnidaires | 10 000 | 1/2 |
| Cténophores | 100 | 0 |
| Cycliophores | 3 | 0 |
| Echinodermes | 7 000 | 1 |
| Entoproctes | 150 | 0 |
| Gastrotriches | 700 | 1/2 |

| | | |
|---|---|---|
| Gnathostomulides | 100 | 0 |
| Hemichordés | 100 | 1/2 |
| Kinorhynches | 150 | 1/2 |
| Loricifères | 150 | 0 |
| Micrognathozoaires | 1 | 0 |
| Mollusques | 110 000 | 1 |
| Nematodes | > 100 000 | 1/2 |
| Nematomorphes | 300 | 1/2 |
| Némertes | 1 200 | 1 |
| Onychophores | 200 | 1 |
| Orthonectidés | 20 | 0 |
| Phoronides | 20 | 0 |
| Placozoaires | 1 | 0 |
| Plathyhelminthes | 25 000 | 1/2 |
| Porifères | 5 000 | 0 |
| Priapulides | 20 | 0 |
| Rhombozoaires | 80 | 0 |
| Rotifères | 2 000 | 1 |
| Siponcles | 300 | 1/2 |
| Tardigrades | > 1000 | 1 |

Il y a donc un nombre important d'embranchements dépourvus d'yeux. Néanmoins, cette affirmation doit être fortement tempérée par le fait que les embranchements anophtalmes sont souvent de petite abondance, en sorte que le nombre d'espèces d'animaux pourvus d'yeux est probablement de l'ordre de 90%.

Cette état de fait montre s'il en était besoin le succès écologique des animaux voyants. Les yeux ne sont pas apparus tout de suite dans l'histoire de la terre, et le nombre d'espèces anophtalmes est là pour le prouver. Néanmoins une fois présents, leur avantage dans la lutte pour la survie semble avoir été réel, puisqu'ils ont réussi à représenter la grande majorité des espèces.

NOTE : Les chiffres donnés relativement à l'abondance sont bien sûr sujets à caution, car si les espèces de certains embranchements sont relativement bien repérées au point qu'on puisse hasarder une hypothèse à peu près raisonnable concernant leur abondance, d'autres sont beaucoup plus mal connus. Il est en particulier possible que le nombre d'espèces de nématodes soit très supérieur à la centaine de mille. Des chiffres dix fois plus élevés sont avancés...

## C. *Diverses caractéristiques des appareils visuels*

Au cours de la première partie, nous avons revu les systèmes visuels des animaux en suivant la classification, et nous avons constaté qu'ils présentaient bien sûr de grandes différences mais aussi des caractéristiques communes. Ce sont ces caractéristiques que nous allons tenter d'analyser au cours de cette seconde partie.

L'exercice est un peu plus délicat que le précédent parce que le plan et les sujets à traiter ne s'imposent pas de prime abord. Parmi les nombreuses questions intéressantes, nous avons choisi celles qui nous paraissaient les plus importantes, comme suit.

1- L'optique oculaire : Sur l'ensemble du monde animal on ne retrouve qu'un nombre assez réduit de dispositifs optiques. Des yeux au fonctionnement semblable se retrouvent assez souvent chez des espèces éloignées. Le phénomène est bien sûr partiellement attribuable aux caractéristiques physiques de la lumière qui s'imposent sans distinction à tout le vivant. Néanmoins, le nombre relativement restreint des solutions utilisées reste un peu mystérieux. Afin de permettre de comprendre le phénomène dans sa globalité, nous revoyons ces dispositifs optiques que la nature a utilisés.

2- Le processus de phototransduction est à la source même de la vue. C'est par lui que la lumière, transformée en influx nerveux, peut atteindre les tréfonds de l'être, et autorise l'appropriation par l'animal de son environnement optique. Ce processus présente de larges points communs, mais aussi de franches différences lorsqu'on l'envisage au niveau de l'ensemble des animaux.

3- La phylogénie de l'appareil oculaire a vécu assez récemment une évolution marquée suite à des avancées de la génétique qui jettent un autre éclairage sur la question. Après avoir tant relevé de situations qui sont des bizarreries par rapport à l'ordre de l'arbre phylogénétique, ces découvertes rappellent l'unité fondamentale du vivant terrestre et posent des questions neuves dans un ancien paysage.

4- Lors de la revue par espèces, nous avons cité certains paramètres et grandeurs qui sont particulièrement significatifs pour caractériser les systèmes visuels. Les valeurs qui semblent les plus fondamentales sont vraisemblablement la taille des yeux, l'acuité, la sensibilité, la profondeur de champ, les caractéristiques du mouvement des yeux et la perception du mouvement, la vision panoramique et la finesse d'analyse des couleurs. Ce sont elles que nous évoquons plus bas.

## 1.  Les divers types d'optique oculaire

Dans ce paragraphe, nous allons présenter les principales conformations optiques qui sont mises en oeuvre sur les organes de la vue des animaux.

Nous avons déjà plus ou moins rencontré ces optiques lors de notre survol des systèmes visuels. Le but est d'effectuer ici une revue transverse.

Il existe deux types d'yeux fondamentalement différents : les yeux simples et les yeux composés.

Dans les premiers, l'œil est assimilable à une chambre noire tapissée d'une surface photosensible. Pour les seconds, l'image est d'emblée éclatée en de multiples faisceaux qui sont focalisés indépendamment.

### a)  Les yeux simples

Il existe assez peu de types d'optique pour les yeux simples.

### (1)  La cupule oculaire

La forme la plus primitive d'œil est une cupule pigmentaire tapissée de cellules photosensibles. Il s'agit toujours d'organes de taille modeste (de quelques microns à quelques centaines de microns), contenant un nombre assez limité de cellules (quelques centaines au plus, parfois seulement quelques unités).

On parle d'iridophores lorsqu'il s'agit de structures encore plus primitives où les cellules photosensibles ne forment qu'une tache à l'extérieur de l'animal.

Ce type d'organe est extrêmement répandu et on le trouve dans presque tous les embranchements du monde animal. Néanmoins, s'il est apte à distinguer la lumière il ne saurait percevoir qu'une image extrêmement grossière du monde environnant, et fonctionne plutôt comme un détecteur de lumière, même s'il est vrai que certains yeux de cette sorte sont pourvus de muscles spécifiques qui permettent d'en modifier l'orientation.

On tient que tous les types d'optique sont dérivés de la cupule oculaire, en sorte que si l'œil de l'ancêtre commun aux animaux voyants est également l'ancêtre de tous les yeux, celui-ci était un œil en cupule.

C'est pourquoi il est intéressant d'examiner en quoi diffèrent entre eux les yeux en cupule des divers embranchements.

Nous pouvons distinguer principalement trois paramètres qui sont :

L'origine tissulaire des composants des yeux

La nature des opsines qui y sont actives, et principalement celle des opsines visuelles

L'orientation des cellules photosensibles par rapport aux cellules pigmentaires.

Sur le premier point, l'origine tissulaire de l'œil peut être, selon les espèces, soit épithéliale soit neuronale. Plus exactement, les milieux optiques de l'œil peuvent être soit assimilables à une invagination de la peau, soit à une protubérance du système nerveux, car dans tous les cas les photorécepteurs sont d'origine neuronale.

Le second point distingue principalement entre les photorécepteurs ciliaires et les photorécepteurs rhabdomériques. Ces deux différences se recouvrent assez largement : les yeux d'origine nerveuse étant pourvus de c-opsines le contraire étant vrai des yeux d'origine épithéliale.

On distingue enfin deux configurations distinctes relatives à la localisation respective des photorécepteurs et des cellules pigmentaires : la configuration directe dite aussi éverse, et la configuration inverse. Lorsque la liaison des photorécepteurs s'effectue en traversant la couche pigmentaire, on qualifie la disposition d'éverse. Lorsqu'au contraire, les neurones ont leurs parties sensibles disposées à l'opposé de la lumière, la disposition est qualifiée d'inverse.

On retrouve un grand nombre des combinaisons possibles entre ces trois paramètres sur l'ensemble du vivant, comme il a

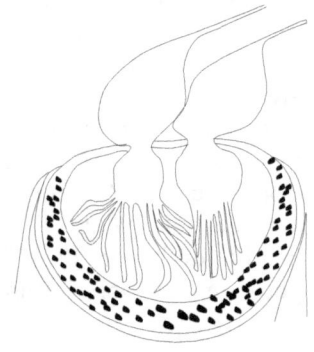

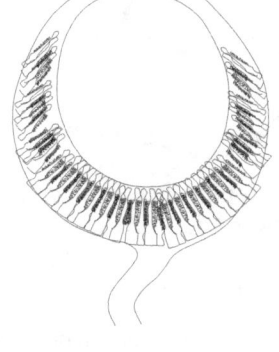

configuration inverse
la partie photosensible du photodétecteur est dirigée à l'opposé de la lumière.

configuration directe ou éverse
la partie photosensible du photodétecteur est dirigée vers la lumière.

**Implantation des photodétecteurs**

été signalé au passage lors de la revue phylogénétique. En particulier :

| Origine tissulaire | opsines | configuration | |
|---|---|---|---|
| neuronale | ciliaire | inverse | vertébrés |
| neuronale | rhabdomérique | éverse | arthropodes |
| épithéliale | rhabdomérique | éverse | mollusques |
| épithéliale | rhabdomérique | inverse | annélides |

### (2)    Optique en tête d'épingle

Il s'agit d'un œil en cupule qui est suffisamment invaginé pour ne plus communiquer avec l'extérieur que par un petit orifice.

L'optique proprement dite est réduite à un simple sténopé ; à une chambre noire si on préfère ce terme. La rétine est en contact direct avec le monde extérieur, et l'œil n'est au fond qu'une simple cavité percée d'un trou.

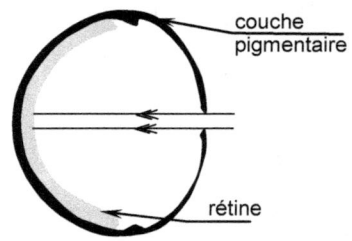

couche pigmentaire

rétine

Il s'agit d'un type d'œil encore très élémentaire, et il est le plus souvent utilisé pour des organes de dimensions modestes, et en particulier chez certains mollusques gastéropodes et lamellibranches. A titre d'exemple, les ormeaux (haliotis) ont de tels yeux d'un diamètre de l'ordre du mm avec une pupille de l'ordre de 0.2 mm Les bénitiers ont également des yeux de cette sorte, d'un diamètre dix fois plus grand.

De manière plus surprenante, on rencontre ces yeux chez le nautilus avec une taille respectable de l'ordre du centimètre. (Le nautilus est un céphalopode à coquille, originaire des profondeurs du Pacifique, véritable fossile vivant d'une quinzaine de centimètres, et que nous avons évoqué plus haut).

A part pour ce qui concerne les nautilus et les bénitiers géants, les observations comportementales semblent confirmer que ce type d'yeux, de petite taille et à l'optique médiocre, n'est utilisé que pour la détection de lumière.

### (3)    Yeux vésiculaires

On parle d'yeux vésiculaires lorsque l'ouverture sur l'extérieur de la cavité oculaire est complètement fermée, et cette cavité qui se trouve donc isolée de l'extérieur par une paroi transparente est alors emplie d'un gel également transparent.

La membrane transparente (cornée), peut être soit une simple lame plane, soit former un renflement plus ou moins accentué, jouant alors un rôle de lentille.

Les yeux vésiculaires sont très répandus. On les rencontre dans de nombreux embranchements. C'est l'optique la plus simple que l'on puisse observer chez des animaux terrestres, pour lesquels l'air ambiant n'est pas propice à un contact direct avec la rétine (les rétines des yeux précédents n'étant pas protégées par une membrane sont en contact direct avec l'extérieur). On trouve par exemple de tels yeux chez l'escargot de Bourgogne (*helix pomatia*), et c'est l'optique la plus fréquente pour ce qui concerne les ocelles des arthropodes, mais on la trouve aussi chez les annélides, les plathelminthes, etc...

Les yeux vésiculaires sont parfois fixes sur la tête ou le corps, mais ils peuvent aussi être situés à l'extrémité de protubérances mobiles, ou encore rendus mobiles par des muscles spécifiques.

### (4)    Optique à miroir concave

C'est une optique assez rare. L'exemple le plus fameux de sa mise en œuvre est celui de la coquille Saint Jacques et ses proches parents. Celle-ci possède plusieurs dizaines d'yeux de cette sorte, présentant un diamètre de l'ordre de 1mm chacun, comme il a été décrit plus haut.

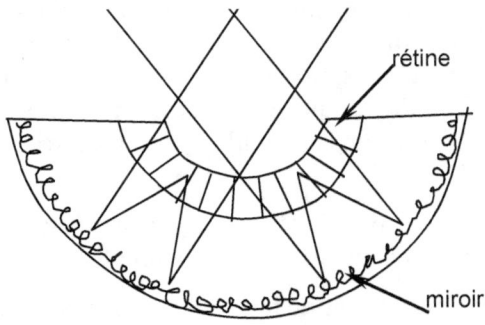

Le fond de l'œil est tapissé de plaques de guanine qui lui donnent un aspect argenté, et forment miroir. La rétine est ainsi traversée deux fois par la lumière (voir schéma).

Le principe est analogue à celui du tapetum, mais ici le miroir possède une forme telle que l'image des points proches de l'axe de vision est véritablement focalisée sur la rétine, comme le fait un miroir de télescope.

Chez la coquille Saint Jacques, la rétine est en sus protégée du milieu extérieur par une membrane cornéenne. Néanmoins, la puissance optique de cette membrane est très inférieure à celle du miroir.

On trouve un dispositif miroir chez certaines coques (*cardium*). Cependant, il s'agit d'yeux assez primitifs ne comportant que quelques cellules photoréceptrices.

Certains crustacés ostracodes et copépodes possèdent également des cupules, à miroirs. C'est par exemple le cas de l'ostracode *notodromas*.

### (5) Optique à chambre noire et à lentilles : l'œil camérulaire

C'est le type d'optique le plus fréquent chez les grands animaux, mais on le trouve aussi parfois chez certains animaux de taille moyenne comme des vers annélides. La cavité oculaire y est isolée de l'extérieur par l'intermédiaire d'une lentille, la cornée, puis grossie par une seconde lentille interne, le cristallin. L'image, qui est inversée à la traversée de ces lentilles, se forme sur les cellules photoréceptrices situées au fond de l'œil.

Malgré sa grande spécificité, cette disposition se retrouve dans plusieurs embranchements du règne animal.

Les variantes portent sur de multiples éléments tels que :

- La forme de la cornée et du cristallin
- La transparence des milieux oculaires à la lumière, et en particulier aux infrarouges et ultraviolets
- La régulation de la forme et de la taille de la pupille
- La disposition et le type des photodétecteurs sur la rétine

- La présence ou non d'un miroir additionnel (tapetum)
- La présence ou non de paupières
- Le nombre d'yeux
- La localisation et la taille des champs monoculaires et binoculaires
- Le nombre et le fonctionnement des muscles oculomoteurs

Pour être exhaustif, il conviendrait de signaler ici les yeux simples à cristallins multiples tels que nous les avons décrits chez le crustacé copépode *pontilia spinipes* , mais ces yeux sont au fait assez rares, ce qui est digne d'être remarqué car on connait par ailleurs le potentiel optique des systèmes à lentilles multiples, notamment pour ce qui est des possibilités qu'ils offrent d'être quasi-achromatiques. Ainsi la nature a-t-elle choisi de résoudre les problèmes d'aberration optique par la variation d'indice optique des lentilles au lieu d'en augmenter le nombre.

### b) Les yeux composés

Les yeux composés sont parfois également appelés « yeux à facettes ».

Du point de vue de l'optique, les yeux à facettes sont pénalisés par la diffraction (Nous revoyons ce point un peu plus loin de manière plus détaillée). En effet, pour une longueur d'onde de $0.5\mu$ (jaune) et une facette d'un diamètre de l'ordre de 25 $\mu$, la tache d'Airy, 1.22 $\lambda$ / $\emptyset$ sera de l'ordre du degré d'angle. C'est plus de 100 fois moins bon que la résolution de l'optique humaine théorique !

Des propriétés optiques aussi défavorables font qu'on s'explique imparfaitement le succès des yeux composés dans le cadre d'une analyse de la vision privilégiant l'acuité, et il faut bien admettre que l'acuité visuelle n'est pas le souci premier de certains modes de vie : les yeux composés permettent, de toute évidence, à leurs propriétaires d'avoir un comportement « sensé », et même parfois étonnant de conséquence : Il n'est pas seul celui qui a maudit un moustique suffisamment pour se lever la nuit, mais n'a pas réussi à l'attraper, et ce malgré la différence significative de taille et d'énergie mise en œuvre dans cette lutte entre le moustique et l'homme.

Dans les grandes lignes, il existe deux modes de fonctionnement distincts pour les yeux composés : L'apposition et la superposition.

Le fonctionnement en apposition est pourrait-on dire le modèle de base. C'est l'optique la plus fréquente. Le fonctionnement en superposition est une sorte d'intermédiaire entre l'œil composé et l'œil simple. Il en existe diverses versions. Cette disposition alternative permet à l'œil de capter davantage de lumière sans perte significative d'acuité et s'observe plus souvent chez des espèces nocturnes.

La plupart des optiques d'yeux composés conduit à la formation d'une image éclatée, à l'inverse de ce qui se passe chez les yeux simples. Cependant, certaines optiques composées conduisent également à la projection d'images globales droites ou inversées, et cela sera signalé lorsque nous en reverrons les grandes lignes plus bas.

Au-delà de ces deux grandes catégories et de leurs variantes qui sont décrites ici, il existe pour des séries limitées d'espèces des créations originales faisant plus ou moins appel au balayage du champ, qu'il s'agisse d'un scannage par des éléments linéaires chez les squilles et certains copépodes pontellidés, ou d'un authentique scan point par point comme pour copilia. Ces modes spécifiques ont déjà été évoqués plus haut.

Un bon nombre des schémas présentés ici ont été identifiés depuis moins de quarante ans. Même s'il semble que la découverte de nouvelles optiques oculaires se soit tarie depuis une vingtaine d'années, on ne peut bien sûr pas exclure l'existence de systèmes optiques encore inconnus.

Cependant l'absence de découverte récente significative malgré une recherche assez active, peut laisser penser que si des yeux de types encore inconnus existent, ils ne devraient pas être très fréquents.

### (1)    Optique à apposition

Il s'agit de l'optique fondamentale des yeux composés. C'est la plus anciennement connue, et la plus fréquemment rencontrée. Certaines de ses particularités ont déjà été évoquées plus haut au chapitre sur les arthropodes, et le schéma de l'ommatidie associée peut servir à éclairer le fonctionnement de ce type d'yeux.

Les unités optiques, appelées ommatidies, sont juxtaposées les unes à côté des autres. Les rhabdomères sont situés directement sous le cristallin. Des cellules pigmentaires isolent chaque ommatidie de ses voisines et assurent que les rhabdomères d'une ommatidie donnée ne sont excités que par la lumière parvenant à l'ommatidie en question.

Par ailleurs, chaque ommatidie donne une image inversée de la portion de champ qu'elle couvre, en sorte que l'optique de l'œil envoie au système nerveux des signaux corespondant à un grand nombre d'images inversées et non pas, comme on aurait pu s'y attendre à la somme d'images droites. Autrement dit, l'image globale renvoyée par ce système optique n'est pas une simple découpe du champ. C'est une somme d'images partielles inversées

Le « remontage » d'une image correcte aurait pu éventuellement être effectué par le système nerveux, cependant, ce ne semble pas être le cas. Le pinceau lumineux intercepté par l'ommatidie n'est pas décomposé en éléments plus fins par le rhabdome. Il constitue donc un véritable pixel de l'image vue par l'œil : Pour ce qui concerne les cellules photoréceptrices du rhabdome, il y a mélange complet de la lumière qui parvient à l'ommatidie.

L'œil à apposition est utilisé chez les arthropodes de manière majoritaire, aussi bien chez les insectes que chez les crustacés, c'est-à-dire dans des groupes tout de même assez éloignés sur l'arbre phylogénétique, groupes dont l'ancêtre commun a plus de 500 millions d'années.

Même s'il n'est bien sûr pas absolument certain que cet ancêtre commun ait eu des yeux composés, cela est bien probable tout de même. Lorsqu'on sait la variabilité des caractères relatifs à la vision au niveau phylogénétique, et d'ailleurs les différences entre les appareils visuels internes aux groupes des insectes et des crustacés, la survivance de ce type d'yeux sur une période aussi longue devient l'un des plus étranges phénomènes de l'histoire du vivant et continue d'intriguer, de nos jours encore.

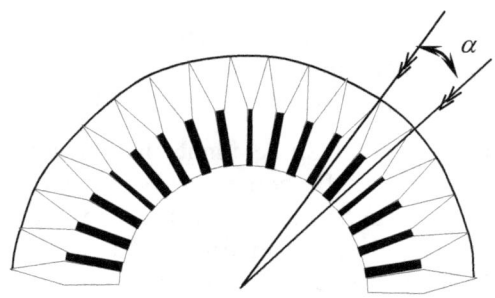

Dans l'optique à apposition standard, les rhabdomes sont situés immédiatement derrière les cristallins, comme schématisé sur la figure. Cela renforce la compacité de l'ensemble, et paraît tenir du bon sens même.

Il existe pourtant des animaux dont la rétine rhabdomérique est déportée et où chaque cristallin est relié à son rhabdome par un tube étroit fonctionnant comme un  guide d'ondes. Tel est le cas, par exemple du tonnelier *phronima sedentaria*, petit crustacé amphipode des fonds marins profonds que nous avons déjà évoqué.

### (2)    Optique à apposition avec superposition neurologique

On distingue une variante de l'optique précédente lorsqu'une superposition importante est réalisée au niveau neurologique.C'est une optique rencontrée fréquemment chez les mouches.Elle requiert une configuration spéciale de l'ommatidie comprenant sept

**drosophile**
*drosophila melanogaster*

directions au lieu de huit. Ceci est réalisé par la superposition des 7° et 8° cellules rétinulaires, et leur différentiation par une localisation quasi-centrale. Les six ommatidies restantes sont disposées en hexagone et sont en correspondance avec les six ommatidies adjacentes à l'ommatidie donnée.

L'axone de chaque cellule rétinulaire envoie des projections sur la médulla non seulement pour sa propre ommatidie, mais aussi pour les cellules rétinulaires des ommatidies adjacentes.

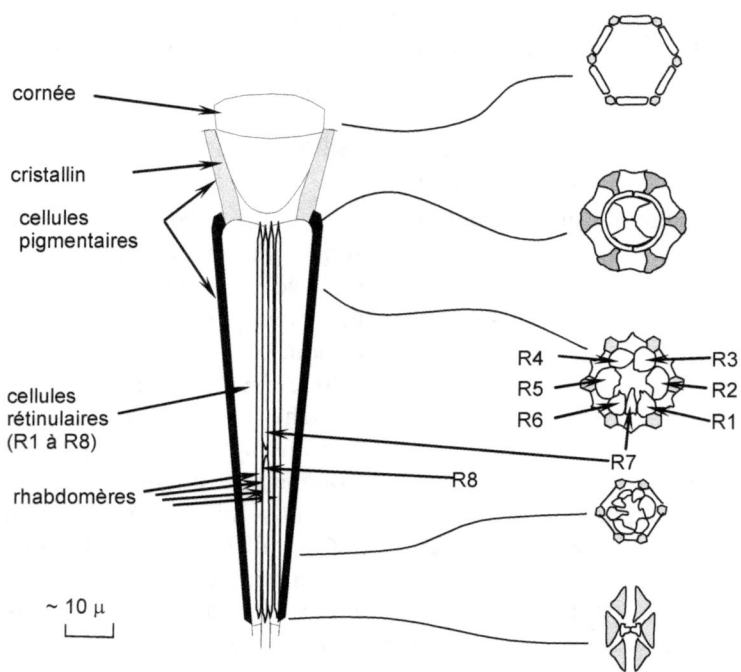

Autrement dit, dans ce type d'œil, la lumière n'est pas analysée par chaque ommatidie comme une simple tache lumineuse. Elle est résolue en 7 taches distinctes. C'est comme si le nombre de pixels de l'image rétinienne était multiplié par 7, sans perte de lumière, mais avec évidemment un gain en définition.

Le résultat est une perte quasi-nulle d'acuité pour un gain de luminosité qui donne aux mouches une bonne quinzaine de minutes d'activité en plus à l'aurore et au crépuscule par rapport aux espèces qui ne sont pas équipées de ce système de tricot nerveux complexe dans la médulla.

### (3)    Optique à apposition afocale

Notre compréhension du fonctionnement de cette optique est asez récente (Vigier – 1908 ; Kirschfeld – 1967).

# dans le monde animal

**jézabel à bandes rouges**
*delias mysis*

C'est une optique rare qui ne concerne qu'un petit nombre d'espèces de papillons papilionidés et hespéridés.

Son fonctionnement diffère de celui de l'apposition classique par la configuration des cristallins des ommatidies.

Dans l'œil à apposition, décrit au paragraphe 1 ci-dessus, le cristallin ne joue pas de rôle optique majeur et il sert essentiellement de milieu transparent intermédiaire avec un légère fonction de guide d'ondes. Le faisceau de lumière arrivant sur la cornée est concentré et focalisé sur le rhabdome,

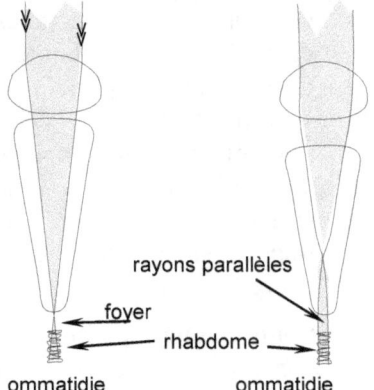

rayons parallèles

foyer

rhabdome

ommatidie
à apposition focale

ommatidie
à apposition afocale

mais une partie de la lumière est perdue par absorption sur les cellules pigmentaires latérales.

Dans l'optique afocale, le cristallin présente un fort gradient d'indice optique, en sorte que les rayons lumineux sont très courbés et finalement renvoyés sous forme d'un faisceau quasi parallèle vers le rhabdome. Les pertes par absorbtion sont très limitées, puisque la lumière n'est pas dispersée à l'extérieur du rhabdome. C'est l'absence de focalisation du pinceau de lumière réfractée qui a fait qualifier ce type d'optique oculaire d'afocale : Il existe en fait un pseudo-foyer à l'intérieur du cône cristallinien, et l'image reste inversée à la sortie du système (voir schéma).

Evidemment, la limitation des pertes lumineuses renforce la sensibilité des yeux, même si ce renfort reste modeste.

Dans les yeux à apposition afocale, même si l'optique de chaque ommatidie est indépendante de ses voisines, il existe de fait une légère zone claire séparant cornée et cristallin, en sorte que ces yeux peuvent être considérés comme une sorte de transition entre les yeux à apposition et les yeux à superposition que nous allons envisager maintenant.

### (4) Optique à superposition réfractive

Les optiques à superposition diffèrent des optiques à apposition de manière assez radicale. Alors que dans les yeux

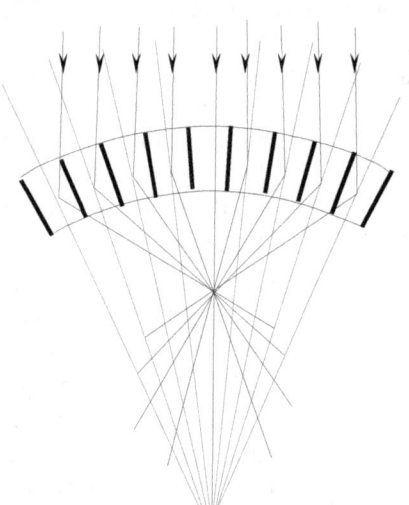

précédents les rhabdomères étaient collés aux cristallins et la structure en ommatidies était clairement délimitée, dans les yeux à superposition, les rhabdomes sont séparés des cristallins par une structure uniforme et transparente : la zone claire.

Cette zone claire est constituée d'un gel transparent qui est assimilable en quelque sorte au vitré de l'œil camérulaire.

La lumière atteignant un rhabdomère donné provient de plusieurs ommatidies adjacentes, et ce cheminement est assuré par réfraction au niveau des cristallins, qui sont fusionnés avec la cornée.

Par ailleurs, si on considère l'image formée par la seule partie optique de l'œil (cristallins + cornées de toutes les ommatidies), elle n'est plus éclatée comme dans le cas de l'optique à apposition. Le système optique de l'œil das son ensemlble fournit une seule image, comme dans l'œil simple. Mais à la différence de l'œil simple l'image fournie par l'optique oculaire est directe et non pas inversée.

Ainsi que le montre la figure ci-contre cette disposition requiert deux propriétés assez particulières au niveau des optiques des ommatidies.

Comme pour une lentille simple, l'exigence d'une convergence générale des directions parallèles vers un seul point impose aux rayons d'être de plus en plus courbés au fur et à mesure que l'angle d'incidence sur l'ommatidie augmente, afin de garder une image ponctuelle de chaque direction à l'infini.

Il faut de plus que le faisceau de lumière émergeant de chaque cristallin soit inversé par rapport au faisceau incident, afin que l'image finale, ayant été inversée deux fois, soit directe et non pas inversée.

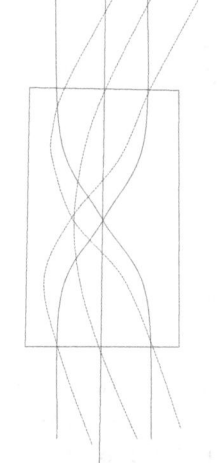

**cristallin cylindrique d'Exner**

Le savant Autrichien Sigmund Exner a proposé à la fin du XIX° siècle une interprétation du phénomène avec l'invention de sa lentille sphérique dont l'indice optique est plus fort au centre qu'à la périphérie.

Le principe optique de cette lentille est présenté ci-contre : les rayons sont courbés continûment en sorte qu'ils convergent vers le milieu du cylindre. Par symétrie, ils émergent de la rétine sous forme de rayons parallèles. L'image a simplement été inversée et tournée par la traversée du cylindre.

La mise en œuvre d'un fort gradient d'indice optique est ainsi partagée par la lentille d'Exner et la lentille de Mathiesen.

Au demeurant la variabilité de l'indice optique dans le cristallin n'est pas spécifique à ces optiques oculaires : il en va de même des optiques multifocales chez les vertébrés et aussi du cristallin humain, dont la non-linéarité est significative et permet de rendre compte d'une partie de l'effet Stiles-Crawford.

En disposant des lentilles d'Exner appropriées sur la sphère oculaire, on peut ainsi obtenir un œil dans lequel toute une série d'ommatidies participent au renvoi de l'image, en sorte que l'ensemble donnera une image focalisée et directe, image qu'on peut même observer au laboratoire au travers d'yeux convenablements préparés.

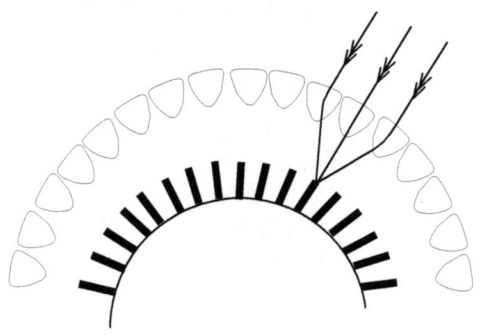

L'examen du schéma ci-dessus montre que la notion même d'ommatidie s'estompe pour les optiques à superposition. L'optique oculaire, même si elle reste composée retrouve une structure en trois couches : cristallin ; zône claire ; rhabdomères.

L'ensemble des rhabdomes est disposé à l'intérieur de l'œil, et joue un rôle très similaire à celui de la rétine de l'œil simple, mais l'ensemble des éléments optiques (cristallins et zone claire) se comporte très différement d'un œil simple.

On a déjà signalé que l'image optique globale est droite et non inverse. Il faut dire de plus que du point de vue de la diffraction, l'œil à superposition est équivalent à l'œil à apposition : chaque petit cristallin diffracte la lumière proportionnellement à son diamètre, en sorte que la pixellisation de l'image transmise est sensiblement affectée.

L'optique à superposition réfractive est une optique assez fréquente que l'on trouve par exemple chez les lucioles du

genre *lampyris* et certains papillons de nuit, comme le sphinx colibri *macroglossum*, ou encore le papillon des vignes d'Australie *phalaenoides tristifica*. On le trouve également chez certains scarabées comme les bousiers *onitis aygulus* ou *onitis belial*.

**sphinx colibri**
*macroglossum stellatarum*

C'est également le type d'optique d'espèces appartenant au krill ( famille des *euphausides*) ou des crevettes *gennadas* (dendrobranchiata), par exemple la crevette euphauside *nematobrachion boopis*. C'est encore la vue de l'étrange crevette myside (malacostracé) *dioptromysis paucispinosa* déjà évoquée.

Par rapport à la simple apposition, la superposition refractive n'améliore en principe pas l'acuité mais présente un léger avantage de sensibilité à la lumière. C'est pourquoi on la trouve souvent chez des espèces évoluant dans des lieux à éclairage modeste, mais cela est loin de constituer une règle et l'avantage évolutif de cette structure oculaire, fréquente quoiqu'originale et complexe n'est pas complètement net.

**Note :** Il est intéressant de remarquer que les yeux à superposition diffèrent des yeux à apposition pour ce qui concerne les zones d'acuité renforcée. Dans le cas de l'apposition, on observe, parfois même chez le même animal, deux méthodes concurrentes de renforcement de l'acuité. Lorsqu'il s'agit d'un renforcement léger, la taille des ommatidies décroît tout simplement, en sorte que le nombre d'ommatidies par degré carré augmente. Cette méthode s'avère bientôt inefficace lorsque le besoin d'une acuité encore renforcée se fait sentir. En effet, dans ce second cas, une réduction plus importante de la taille de l'ommatidie perd de son efficacité à cause de l'entrée en jeu des phénomènes de diffraction qui finissent vite par devenir dominants. L'augmentation d'acuité se fait alors par augmentation de la surface unitaire de l'ommatidie accompagnée le plus souvent d'un aplatissement de la forme générale de l'œil. Pour les yeux à superposition cette seconde méthode est la seule utilisée, ce qui s'explique facilement puisque la première n'aurait fait que dégrader la qualité optique de l'œil. Le phénomène dont nous parlons pour les yeux à superposition est porté à la caricature chez la crevette *dioptromysis paucispinosa* que nous avons déjà évoquée et où l'augmentation d'acuité est réalisée par une seule ommatidie géante.

## (5) Optique à superposition réflexive

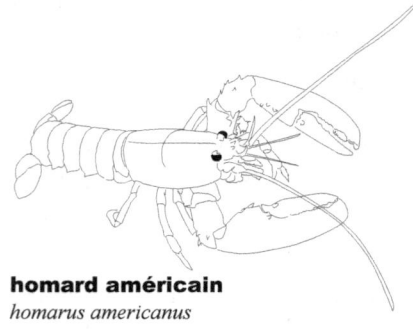

**homard américain**
*homarus americanus*

Il s'agit d'une optique relativement peu répandue, qui ne se rencontre que chez certains crustacés décapodes. Elle diffère de la précédente en ce que la déviation des rayons lumineux en provenance d'ommatidies voisines s'effectue par réflexion sur les faces des cristallins et non par diffraction. L'explication par Vogt de cette optique, basée sur l'observation d'yeux d'écrevisse, est récente (1975).

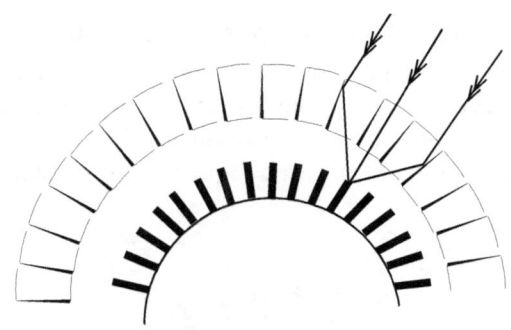

Ce type d'optique se reconnaît facilement, car l'aspect extérieur des facettes est celle d'un carré et non pas d'un hexagone.

C'est par exemple le type d'yeux des homards et de la crevette vraie (caridés) palaemontes pergio, ou des étrilles portunus.

### (6) Optique à superposition parabolique

Une variante de la superposition réflexive est la superposition dite parabolique, dans laquelle les rayons sont non seulement réfléchis par la surface du cristallin, mais focalisés sur le rhabdome grâce à la forme parabolique de leur surface.

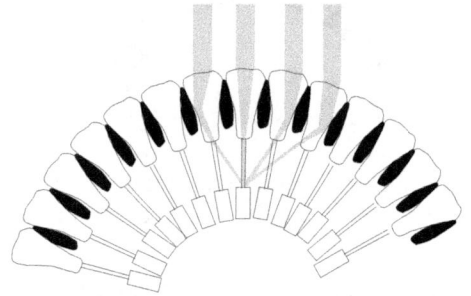

Ce type d'optique n'est pas non plus très courant mais se rencontre chez certains Bernard l'ermite tels *Strigopagurus strigimanus*, certains crabes comme l'étrille *macropipus puber* et certaines éphémères. Il est de découverte encore plus récente (Nilsson 1988).

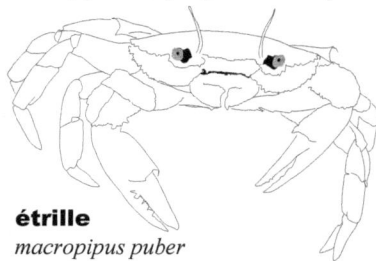

**étrille**
*macropipus puber*

### (7) Optique à senseurs multiples

Les yeux multiples des strepsiptères ont déjà été décrits au chapitre sur les insectes. Ce sont bien sûr des yeux composés.

Ces yeux sont aujourd'hui rares, même s'il est vrai que cette rareté est toute moderne, et que ce fonctionnement fut jadis largement utilisé, notamment par les trilobites.

Du point de vue de l'optique, la solution retenue nous paraît encore très intéressante : elle devrait permettre toutes choses égales d'ailleurs d'améliorer la qualité de l'image, par rapport à un dispositif d'ommatidie plus traditionnel.

dans le monde animal

Il est donc curieux, que cette optique jadis très présente sur terre ait été pour ainsi dire éliminée par la sélection naturelle, puisqu'elle ne se retrouve plus que chez une petite classe d'insectes parasites.

Pour être plus complet, il convient d'ajouter ici l'optique plus rudimentaire de l'ommatidie des arcidés qui n'a pas de cristallin, et les yeux à bandes des crevettes mantes qui utilisent de balayage et scannent ainsi l'environnement.

### (8)    Synthèse

Lorsqu'on récapitule la situation, on voit qu'il existe une petite vingtaine de types d'yeux faisant appel à des fonctionnements optiques distincts :

| | | |
|---|---|---|
| **Yeux simples** | trou oculaire | très commun dans presque tous les embranchements d'animaux aquatiques |
| | tête d'épingle | rare |
| | vésiculaire | très commun. Le plus simple pour les animaux terrestres |
| | miroir | rare |
| | camérulaire | le plus "évolué" |
| | à lentilles multiples | rare |
| | à balayage | rare |
| **Yeux composés** | apposition | le plus commun des yeux composés |
| | Apposition avec superposition neurologique | rare |
| | apposition afocale | rare |
| | superposition réfractive | assez fréquent |
| | superposition réflexive | rare |
| | superposition parabolique | rare |
| | balayage | rare |
| | apposition à ommatidie sans cristallin | rare |
| | à senseurs multiples | rare |

Cependant, la classification ci-dessus ne doit pas faire oublier que les optiques d'yeux composés sont beaucoup plus nettement distinctes les unes des autres que celles des yeux simples. Entre une tache d'iridophores situés sur la peau et l'œil camérulaire complet, on trouve une multitude de structures intermédiaires dans lesquelles les photorécepteurs sont situés dans une vésicule plus ou moins invaginée, et les milieux transparents sont plus ou moins différenciés. L'œil simple se prête assez bien à une vision continue de la diversité des espèces.

Les optiques d'yeux composés sont à l'opposé beaucoup plus individualisées et reposent sur des principes nettement différents entre eux : Il n'y a pas vraiment d'intermédiaire entre les fonctionnements à apposition et à superposition. Même s'il est bien entendu possible d'entrevoir des possibilités pour les chemins évolutifs ayant pu conduire d'une optique à l'autre (la théorie de Darwin n'est pas morte, évidemment), les divergences substantielles sur le fonctionnement des yeux entre des espèces proches ne laissent pas d'étonner.

Il reste que le bilan que nous venons de faire frappe par deux aspects opposés :

Les métazoaires comprennent un nombre considérable d'espèces, probablement quelque chose comme 2 millions, pour fixer les idées. Sur ces espèces une nette majorité a des yeux, en sorte que le problème qui nous occupe concerne certainement un nombre de configurations supérieur au million. Qu'on ne trouve pas plus que deux ou trois dizaines d'optiques distinctes sur un tel nombre est évidemment saisissant, d'autant plus que certaines de ces optiques semblent sauter par-dessus les contingences phylogénétiques et se retrouver dans les embranchements les plus divers sous des formes parfois à peine modifiées.

Mais à considérer les choses à l'opposé, une vingtaine d'optiques distinctes constitue tout de même un nombre non-négligeable, et le biologiste est saisi de surprise à ce qu'entre tous ces principes de fonctionnement différents il soit loin d'exister toujours des configurations intermédiaires satisfaisantes. L'évolution semble donc avoir effectué des sauts, et ce, non pas une ou deux fois, mais au minimum une bonne dizaine de fois…

Cet aspect discontinu de la configuration des optiques se retrouve logiquement au niveau de la qualité de la vision.

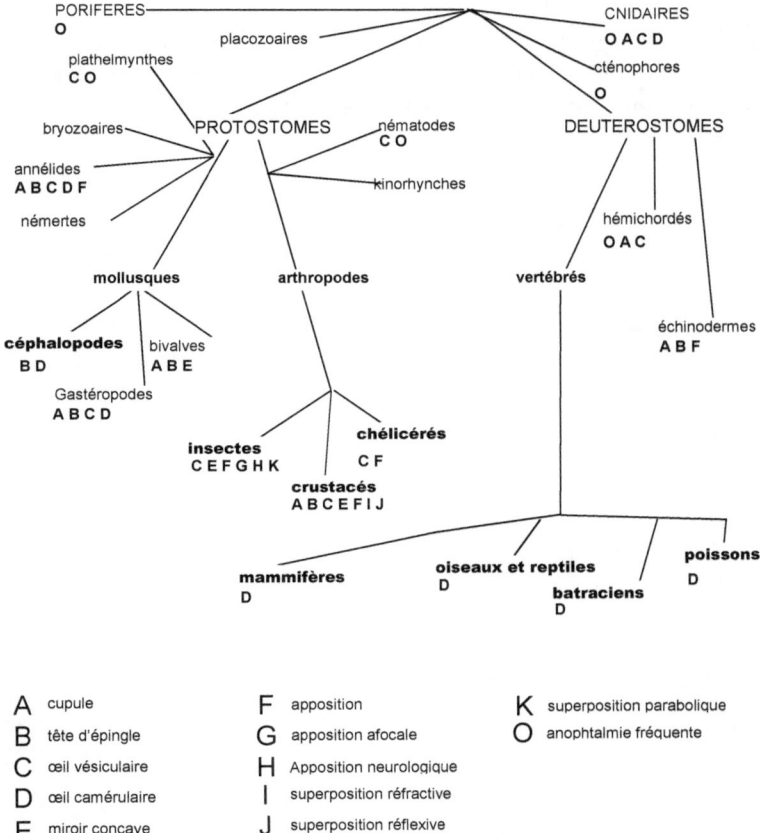

A cupule
B tête d'épingle
C œil vésiculaire
D œil camérulaire
E miroir concave
F apposition
G apposition afocale
H Apposition neurologique
I superposition réfractive
J superposition réflexive
K superposition parabolique
O anophtalmie fréquente

Le tableau ci-dessus, présente une revue simplifiée du mode de vision des animaux. Les classes d'animaux équipées d'yeux que nous jugeons « bons » figurent en caractère gras. Il en ressort un fait notable que nous avons d'ailleurs déjà mentionné : parmi tous les embranchements, il n'en existe à proprement parler que trois à avoir de bons yeux : vertébrés, arthropodes et mollusques. Les annélides ont une sorte de position intermédiaire et on peut encore y adjoindre à la rigueur les cnidaires et les onychophores mais les autres phyla n'ont que des yeux rudimentaires, encore certains sont-ils complètement anophtalmes.

Or ces quelques embranchements bien voyants ne sont pas génétiquement proches, mais semblent au contraire aussi indépendants que possible les uns des autres : La bonne vue est aléatoire sur l'arbre du vivant.

## 2. Phototransduction chez les métazoaires

La phototransduction est un mécanisme absolument essentiel à la vision et on le retrouve chez tous les métazoaires équipés d'un appareil visuel, si simple soit-il.

Lorsqu'on le considère sur l'immense variété des animaux, ce mécanisme présente bien entendu des différences. Cependant, la relative constance de son fonctionnement est tout à fait remarquable, et nous allons en décrire ici les principales caractéristiques.

La phototransduction s'effectue au niveau de cellules nerveuses spécialisées : les photorécepteurs. Ces neurones transforment l'éclairement qu'ils reçoivent en influx nerveux.

### *a)    La phototransduction proprement dite*

Il existe essentiellement deux grands types de photorécepteurs : les récepteurs ciliés et les récepteurs à villosités dits aussi rhabdomériques.

Si le principe à l'œuvre dans les cellules photoréceptrices est toujours celui de la localisation des opsines dans des replis de la membrane du neurone, les cellules rhabdomériques diffèrent des cellules ciliées tant par la forme des replis cellulaires que par la nature chimique des opsines qui y sont amassées.

Commençons par la forme. Dans les cellules rhabdomériques, l'extension de la paroi se fait sur le sommet de la cellule, sous la forme d'une multitude de poils minuscules et assez courts, qu'on appelle microvillosités : une certaine partie de la paroi cellulaire se couvre de cils. Pour prendre une image familière, c'est un peu comme si la cellule possédait des cheveux coupés en brosse.

En contrepartie, dans les cellules ciliées, l'extension prend la forme d'une sorte de pile de disques alignés sur un long cil qui émerge du sommet de la cellule. Les replis sont créés sur un cil de la paroi.

Mais la différence entre récepteurs ciliés et rhabdomériques ne se situe pas seulement au niveau de la forme des neurones. Elle concerne également la phototransduction, c'est-à-dire le mécanisme photochimique mis en oeuvre lors de la transformation de la lumière en influx nerveux.

Dans l'ensemble du monde animal, les photorécepteurs sont toujours formés par la liaison entre un pigment photosensible dérivé de la vitamine A, et une protéine beaucoup plus grosse qu'on appelle opsine. L'éclairage du photorécepteur détache le pigment de l'opsine. Ainsi activée, l'opsine se lie à une autre protéine, dite protéine G et souvent à l'Anglaise, « G-protéine ».

Or si cette partie du cycle photochimique est commune à tous, des différences apparaissent dans la partie aval de la suite des réactions conduisant à une modification du potentiel de membrane et à l'apparition d'un influx nerveux, ou si on préfère d'un potentiel neurologique.

Dans les photorécepteurs rhabdomériques, la suite du processus met en œuvre une enzyme appelée phospholipase C (en abrégé PLC), le triphosphate 1,3,5 d'inositol (en abrégé IP3), et le phosphatydilinositol 4,5 diphosphate (en abrégé PIP2). Il conduit à l'ouverture de canaux TRP et à une hyperpolarisation de la membrane cellulaire.

Dans les photorécepteurs ciliés, l'enzyme utilisée pour l'activation photochimique est la photodiesterase (en abrégé PDE). Cette enzyme modifie la concentration cellulaire en molécules de monophosphate cyclique de guanosine (en abrégé GMP cyclique, ou c-GMP) et cause la fermeture des canaux sodium et de là à une dépolarisation de la membrane du photorécepteur.

En fonction des molécules qui interviennent ces procédés de transformation du signal lumineux en signal électrique sont appelés respectivement voie IP3 et voie PDE.

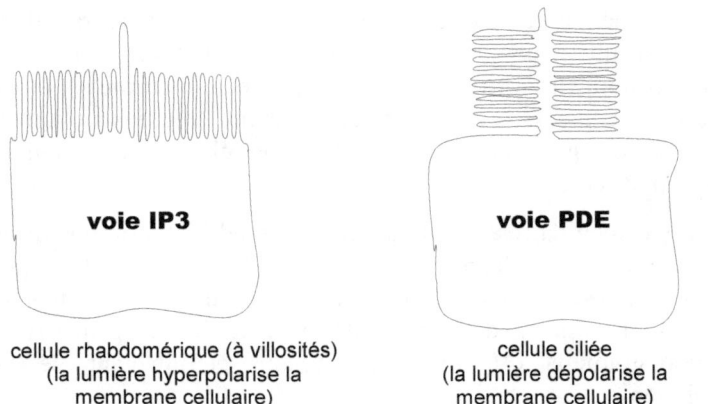

voie IP3

voie PDE

cellule rhabdomérique (à villosités)
(la lumière hyperpolarise la
membrane cellulaire)

cellule ciliée
(la lumière dépolarise la
membrane cellulaire)

Les récepteurs rhabdomériques utilisent la voie IP3, alors que les récepteurs ciliés empruntent la voie PDE.

Pour aller plus vite, on désigne également parfois les molécules photochimiques à l'origine de la voie IP3 par l'abréviation r-opsine, et celles à l'origine de la voie PDE par l'abréviation c-opsine. (« opsine rhabdomérique » et « opsine ciliée » respectivement, même si ces termes ne sont pas d'une grande rigueur biochimique), en sorte qu'on a les associations suivantes :

c-opsine $\leftrightarrow$ voie PDE $\leftrightarrow$ dépolarisation de la membrane du neurone

r-opsine $\leftrightarrow$ voie IP3 $\leftrightarrow$ hyperpolarisation de la membrane du neurone

c-opsine $\to G_t \to$ PDE $\to$ c-GMP$\to$ fermeture canaux Na$^+$ $\to$ dépolarisation membrane

r-opsine $\to G_Q \to$ PIP2 $\to$ DAG$\to$ ouverture canaux TRP $\to$ hyperpolarisation membrane

| activation lumineuse | phototransduction chimique | amplification du signal chimique | signal neuronique |

Ces processus assez similaires dans les grands principes, bien que différents dans presque tous les détails, peuvent donc être décrits par les schémas simplifiés ci-dessous :

Il est à peu près constant que les yeux à récepteurs ciliés fonctionnant avec des c-opsines sont observés chez les deutérostomes (chordés, hémichordés et échinodermes ), alors que les récepteurs à villosités fonctionnant avec des r-opsines sont spécifiques des protostomes (annélides, mollusques, arthropodes etc).

Le cas des cnidaires et notamment des méduses qui ne sont ni protostomiens ni deutérostomiens est singulier. Le fait que leurs opsines soient différentes n'est pas autrement étonnant, mais la proximité de leurs opsines avec les c-opsines des deutérostomiens est un acquis récent et intrigant de la phylogénie.

### b)    *Phylogénie des opsines*

La phylogénie des opsines a été abordée au début des années 1990 et les découvertes importantes faites à cette époque sur les opsines des chordés ont stimulé la recherche d'opsines sur l'ensemble du vivant. Nous avons déjà évoqué ce sujet à la fin de la section traitant des vertébrés.

Qu'est-ce qu'une opsine ?

Les opsines ont été d'abord les grosses molécules organiques dont l'association avec le rétinal formait la base du mécanisme biochimique de la photodétection découvert par Wald dans les années 30, découverte qui lui a valu le prix Nobel.

Ces molécules ont depuis cette époque fait l'objet de nombreuses éudes et leur structure cristalline a été enfin révélée en l'an 2000. Depuis cette date on connait donc pour les opsines l'ordonnancement des acides aminés qui les constituent. Cette connaissance a évidemment permis d'accélérer le rythme des découvertes relatives aux différences chimiques entre les diverses opsines.

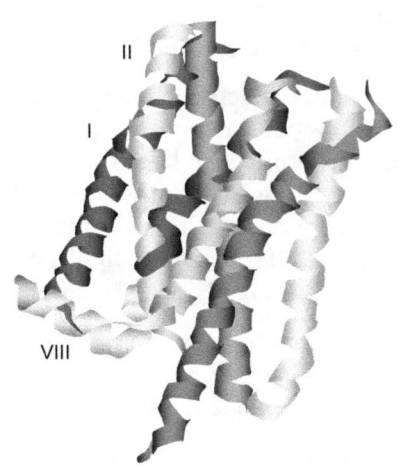

II

I

VIII

**Les huit hélices de la protéine d'opsine**

Les molécules d'opsines sont des protéines de taille moyenne. Elles comprennent dans les 350 acides aminés. Elles sont transmembranaires, c'est-à-dire qu'elles traversent la membrane cellulaire ayant en quelque sorte les pieds dans la cellule et la tête au dehors. Elles sont même formées de l'association de 7 hélices transmembranaires ainsi que d'une petite portion de 8° hélice située, elle, parallèlement à la membrane, dans le cytoplasme.

Pour mémoire, il existe des opsines dans les organismes monocellulaires. Ces opsines sont appelées opsines de type 1 et leur apparition dans le vivant est beaucoup plus ancienne que les opsines de type 2 dont nous allons surtout parler parce qu'elles sont liées à la vision. Les deux types d'opsines participent à des réactions photochimiques en association avec le rétinal. D'ailleurs, les opsines de type 1 sont beaucoup plus nombreuses.

Elles sont en particulier utilisées par les bactéries pour effectuer du pompage d'ions au travers de la membrane en s'aidant de l'énergie lumineuse, mais leur association avec le rétinal n'est pas identique à celle utilisée par les opsines de type 2 et il semble bien que les deux types d'opsines soient apparus indépendamment l'un de l'autre quoiqu'ils soient tout les deux à la base de l'utilisation de l'énergie solaire au profit de la cellule.

Pour ce qui concerne les opsines de type 2, la liaison covalente entre l'opsine et le chromophore s'effectue sur l'hélice 7.

C'est l'isomérisation du chromophore qui active chimiquement l'opsine et lui permet d'activer à son tour une protéine G, mais une molécule d'opsine activée peut provoquer l'activation de centaines de G-protéines, en sorte qu'il se produit une amplification chimique du signal optique. Si on désigne les opsines par le type de G-protéines qu'elles activent, on obtient une première classification des opsines : $G_t$, $G_q$, $G_0$, $G_s$.

On trouve des opsines de type 2 chez un nombre considérable d'animaux, et toutes ces opsines, quoiqu'elles soient optiquement actives ne sont pas localisées que dans les yeux.

On en distingue quatre catégories principales qui sont les c-opsines, les r-opsines, les photoisomérases, et les neuropsines.

### (1)    Opsines ciliaires

Ce groupe comprend une série d'opsines qui s'expriment dans des appendices ciliés des cellules. Il regroupe une assez grande variété de molécules plus ou moins apparentées aux c-opsines que l'on trouve dans les cônes et les bâtonnets de la rétine des vertébrés.

L'encéphalopsine et son homologue chez les téléostéens (tmt) apparaît dans de multiples tissus. On retrouve l'encéphalopsine dans les tissus cérébraux des vertébrés, mais elle apparaît aussi quoique de manière plus limitée dans des organes aussi divers que le cœur, les poumons, le foie, le pancréas, les muscles, ainsi que dans la rétine. Sa fonction est mal connue.

On trouve les pinopsines dans la glande pinéale de plusieurs espèces de vertébrés ainsi que dans des cellules rétiniennes non-photodétectrices comme les amacrines ou les horizontales des poissons téléostéens.

Les opsines $G_0$ ont été trouvées chez les mollusques ainsi que chez amphioxus (céphalochordés).

Les opsines $G_s$ sont celles des cnidaires (anémones de mer, hydre et méduse).

Parmi les c-opsines, il convient encore de signaler l'opsine de l'œil cérébral de *platinereis dumerilii*, ver annélide que nous avons déjà mentionné lors de la revue par espèces. Cette opsine est considérée comme orthologue, c'est-à-dire dérivée par spéciation, des ptéropsines que l'on trouve chez certains insectes. Comme chez *platinereis*, les pteropsines se trouvent dans le cerveau de ces insectes, et si elles ont un peu attendu pour y être découvertes, c'est qu'il ne semble pas y en avoir dans le cerveau de la drosophile...

### (2)    Opsines rhabdomériques

Comme nous l'avons déjà signalé, on trouve les opsines rhabdomériques dans des microvillosités, c'est-à-dire des sortes de poils, qui se forment à la surface de la cellule photoréceptrice. Ces opsines se rencontrent dans les yeux de l'immense majorité des protostomiens.

Les mélanopsines leur ressemblent, mais on les trouve chez les vertébrés. Elles participent, en particulier chez les mammifères, à la contraction papillaire, et à la régulation du rythme circadien qui ajuste le métabolisme au retour périodique des jours et des nuits.

### (3)    Photoisomérases

On désigne par ce nom les opsines qui participent à la régénération du chromophore, phénomène que nous évoquons au prochain paragraphe. On y distingue les rétinochromes qui régénèrent le cycle du rétinal chez les mollusques et les opsines RGR que l'on trouve dans ce rôle chez les vertébrés. Le RGR est essentiellement localisé dans l'épithélium pigmentaire et les cellules de Müller. On en a trouvé dans le cerveau d'un ascidie.

Les péropsines sont des opsines distinctes du RGR mais qui sont également localisées dans l'épithélium de la rétine des vertébrés. On en a trouvé chez amphioxus. Leur capacité à se lier au trans-trans-rétinal leur fait supposer un rôle dans la régénération des opsines

### (4)   neuropsines

On trouve les neuropsines dans les tissus nerveux du cerveau et des yeux des mammifères, ainsi que, en quantités moindres, dans les testicules et la moelle épinière. On ne connait pas bien leur fonction, mais ils présentent une structure proche de celle des péropsines (voir photoisomérases ci-dessus).

Le tableau suivant présente un arbre des opsines de type 2 que nous venons d'évoquer. Il décrit le schéma le plus vraisemblable d'évolution d'une opsine vers l'autre, compte tenu des plus ou moindre proximités génétiques entre ces diverses protéines.

L'intérêt de ce type de tableau au niveau de la phylogénie est bien sûr énorme. En effet, l'ordre des branchements qui y sont décrits correspond à la manière la plus simple de dériver une molécule de l'autre. Il n'a, a priori, aucun rapport avec l'ordre d'apparition dans le temps de la protéine : c'est un ordre établi sur des critères purement biochimiques et statistiques.

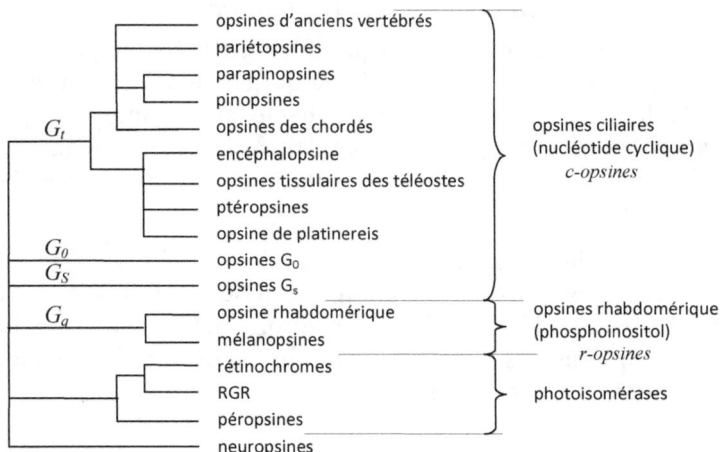

**phylogénie des opsines de type 2**

Néanmoins, aux discussions près sur la pertinence du modèle statistique utilisé pour établir l'arbre, si on admet une évolution à partir d'un ancêtre commun, il devient extrêmement probable que l'ordre des bifurcations corresponde effectivement à une succession d'évènements temporels.

C'est que pour qu'il n'en soit pas ainsi, il faut admettre une remontée de l'arbre dans le temps, c'est-à-dire que la nature revienne exactement sur une dérive naturelle expérimentée dans le passé. Une telle remontée ne peut jamais être exclue, même dans le modèle Darwinien d'une évolution purement aléatoire. Elle est simplement de plus en plus improbable, au fur et à mesure que le chemin évolutif proposé diffère plus du diagramme moléculaire.

En définitive, si l'arbre de divergence génétique de certaines protéines, leur cladogramme si on préfère, n'est pas absolument nécessairement le reflet de la succession évolutive, il en constitue la plus forte présomption et apporte donc aux hypothèses phylogénétiques un soutien réel lorsqu'il est conforme, et une forte suspicion lorsqu'il ne l'est pas.

## c)     *Régénération du chromophore*

Nous avons peu évoqué jusqu'ici la première étape de la phototransduction, mais cette étape qui conduit à l'absorption de la lumière et initie toute la chaîne aval n'implique pas d'abord la protéine principale constituant l'opsine, mais une petite molécule qui lui est attachée et qu'on appelle chromophore.

Ce chromophore est en général chez les vertébrés du 11-*cis* transrétinal, et parfois chez certains poissons, amphibiens, ou reptiles du 11-*cis* 3,4 déhydrorétinal. On appelle porphyropsines les pigments qui ont recours à la seconde configuration du chromophore.

**11-cis trans rétinal**

La double liaison critique pour la phototransduction est la liaison 11-12 qui peut présenter une configuration soit *cis* (hydrogènes du même côté du plan de liaison) soit *trans* (hydrogènes symétriques par rapport au plan de liaison).

NOTE : les numéros des carbones de la chaîne principale sont en petits caractères.

Sur l'ensemble des métazoaires deux autres sortes de chromophores sont également observées : le 3-hydroxyrétinal et le 4-hydroxyrétinal.

La première de ces molécules est utilisée chez beaucoup d'insectes. On appelle parfois xanthopsines les pigments qui y ont recours.

Le 4-hydroxyrétinal est d'utilisation beaucoup plus confidentielle mais il a été observé sur le calmar luciole *watasenia scintillans*, qui semble l'utiliser en plus des 3 autres variétés pour s'assurer une vision en couleurs. Ce calmar a ainsi ouvert une voie originale à la vision des couleurs en diversifiant ses pigments par changement de la nature du chromophore, au lieu de recourir comme le reste des animaux à la variation des opsines.

Les quatre types de chromophores sont des aldéhydes formés à partir de rétinol que l'on appelle aussi vitamine A (voir formule semi-développée du 11-cis transrétinal ci-dessus).

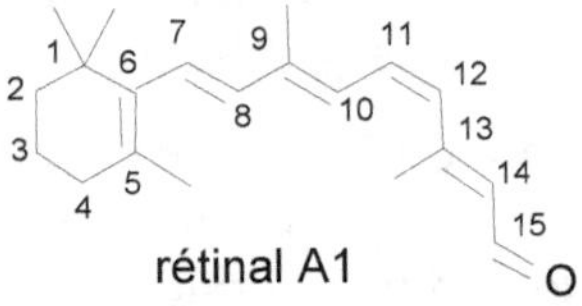

rétinal A1 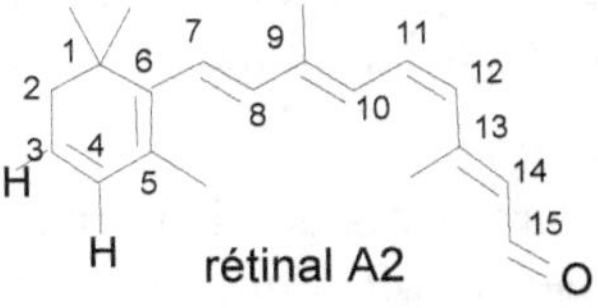   rétinal A2

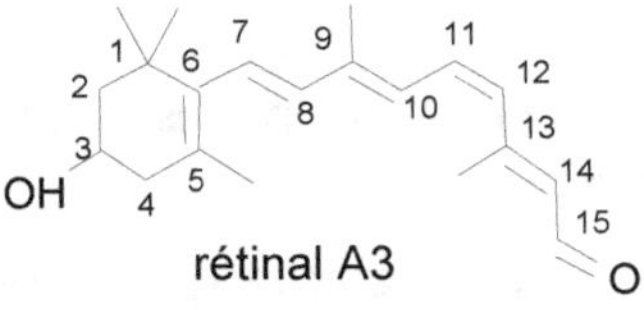

rétinal A3 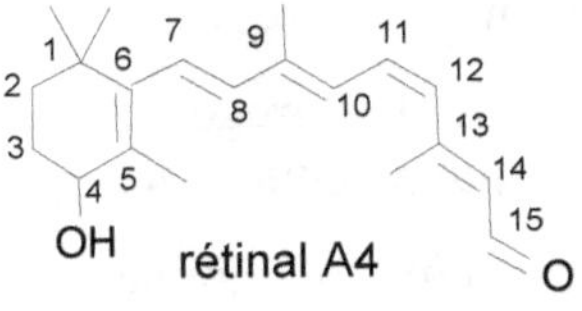   rétinal A4

C'est un changement de configuration *cis-trans* de la molécule de chromophore qui la conduit à se séparer de l'opsine, initiant ainsi toute la chaîne de phototransduction.

La plupart du temps, c'est l'isomère 11-cis qui est utilisé dans la cellule au repos. La phototransduction fait passer la molécule de chromophore d'une configuration cis à une configuration trans.

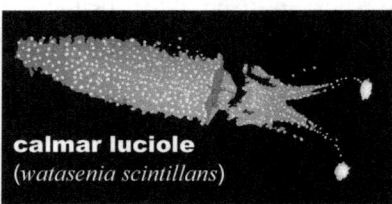

**calmar luciole**
(*watasenia scintillans*)

Autrement dit, elle déplace légèrement l'un des atomes d'hydrogène constituant la molécule, sans le lui arracher, et en se contentant de lui faire traverser le plan de liaison électronique de la double liaison située entre les carbones en positions 11 et 12. (Voir schéma plan précédent détaillant la structure de la molécule de rétinal A1, et les schémas simplifiés de toutes ces molécules ci-dessus)

C'est l'excès d'énergie communiqué au chromophore qui va le séparer de l'opsine et initier la chaîne de réactions que nous avons évoquée plus haut, chaîne qui conduit de manière ultime à la formation d'influx nerveux à la paroi de la cellule.

Mais dans l'aventure, le cis-rétinal a été transformé en trans-rétinal. Les réserves de cis-rétinal s'épuisent à la lumière. Afin de continuer à voir, l'animal doit donc retransformer le trans-rétinal en cis-rétinal. (Je devrais dire le cis-trans-rétinal en trans-trans-rétinal, car la molécule possède d'autres isomères cis-trans qui n'intéressent pas la phototransduction).

Or la chimie de la régénération du chromophore des c-opsines est différente de celle des r-opsines.

Chez les yeux fonctionnant avec des r-opsines (protostomes essentiellement), la transformation du trans-rétinal en cis-rétinal utilise encore la lumière, soit directement, soit par l'intermédiaire d'une autre photoprotéine. Lors de la régénération, l'absorbance est décalée vers le rouge par rapport à celle de la rhodopsine d'origine, et la réaction photochimique de régénération présente un pic de sensitivité souvent situé dans les jaunes.

Cet état de fait limite les interférences entre les deux réactions, mais, malheureusement ne les élimine pas. Les protostomes ont besoin d'un supplément de lumière pour régénérer leurs opsines : Leurs yeux y perdent en sensibilité puisqu'il leur faut encore de la lumière pour régénérer les chromophores, en plus de la lumière déjà requise pour initier le phénomène de phototransduction.

Chez les vertébrés, la plupart des deutérostomiens et les autres espèces utilisant les c-opsines, le processus de régénération des chromophores est beaucoup plus complexe. Il résulte d'une longue cascade de réactions, que je ne résumerai pas ici. Il suffira de noter qu'aucune de ces réactions n'est photochimique.

En résumé, la régénération des chromophores peut s'effectuer en l'absence de lumière dans les yeux fonctionnant aux c-opsines, alors qu'elle en requiert pour les r-opsines.

### 3.  Phylogénie des systèmes visuels

La phylogénie de l'œil a toujours été l'objet d'étonnement. Darwin ne disait-il pas déjà dans « l'origine des espèces », ouvrage fondateur de sa théorie : « Supposer que l'œil ait pu se former par sélection naturelle, alors qu'il présente tous ces dispositifs inimitables pour mettre au point à diverses distances, qu'il supporte des éclairements si variés, et qu'il compense l'aberration tant sphérique que chromatique, paraît absurde au plus haut point, je le reconnais volontiers. » ? (voir texte en Anglais dans la NOTE)

Au cours des deux paragraphes précédents, nous avons revu les deux éléments qui paraissent les plus essentiels au design des yeux : l'optique et la phototransduction. La première travaille sur la seule lumière, et la seconde la convertit en influx nerveux, en sorte qu'en combinant les deux on caractérise la part la plus importante des processus physiques et chimiques qui transforment en influx nerveux l'environnement visuel de l'animal, prélude indispensable à une intégration dans l'univers intime.

Bien évidemment ces deux éléments ne sont que les principaux, mais toute phylogénie doit pouvoir en rendre compte, le problème essentiel étant celui de l'homologie ou non de tel ou tel caractère : peut-on admettre une dérive continue d'un système ancêtre vers deux descendants distincts, ou faut-il supposer une réinvention plus ou moins complète de l'œil entre certaines espèces ?

Pour rendre compte de l'apparition de tel ou tel phénomène hautement spécifique entre deux branches voisines, l'opinion des biologistes n'a cessé d'osciller entre ces deux positions. allant d'une origine entièrement commune et d'une évolution procédant par dérive continue telle qu'on peut penser que Darwin la voyait, jusqu'à de multiples innovations pouvant atteindre la quarantaine de « réinventions ».

NOTE : To suppose that the eye, with all its inimitable contrivances for adjusting the focus to different distances, for admitting different amounts of light, and for the correction of spherical and chromatic aberration, could have been formed by natural selection, seems, I freely confess, absurd in the highest possible degree.

dans le monde animal

## *a)    Un premier classement des types d'yeux*

Considérons d'abord qu'un type d'yeux puisse être défini par son optique et le fonctionnement de ses photorécepteurs. A n'examiner la situation que grossièrement, les types d'yeux peuvent alors être répartis facilement sur l'arbre phylogénétique.

| CNIDAIRES | PROTOSTOMES | | DEUTEROSTOMES |
| | arthropodes | mollusques | |
| --- | --- | --- | --- |
| yeux simples | yeux composés | yeux simples | yeux simples |
| photorécepteurs ciliés | photorécepteurs rhabdomériques | photorécepteurs rhabdomériques | photorécepteurs ciliés |

Néanmoins, si cet examen rapide est encore assez fondé, il ne résiste pas à une analyse légèrement plus approfondie, et nous avons vu au passage des exceptions.

Ainsi, par exemple, chez les arthropodes les yeux simples sont légions (chélicérés, stemmates, ocelles, etc...), et il y a des yeux composés chez certains mollusques (arcidés). Ainsi encore, chez les deutérostomes, les larves tornaires ont des yeux à récepteurs rhabdomériques, et si on avait tenté d'élargir le tableau à d'autres embranchements, on aurait vu par exemple que dans l'embranchement des annélides on trouve des yeux simples ou composés selon les classes.

Nous devons donc raffiner le schéma précédent, et en le limitant aux bilatériens (protostomes et deutérostomes), le diagramme ci-dessous présenterait de manière simplifiée une telle tentative améliorée de classement.

Mis à part les arches et certaines étoiles de mer ainsi que des larves comme les larves tornaires, on constate que la division entre protostomiens et deutérostomiens recoupe largement celle entre récepteurs ciliés et rhabdomériques.

Cette division est certainement plus profonde que celle entre les yeux simples et les yeux composés, d'autant qu'elle est

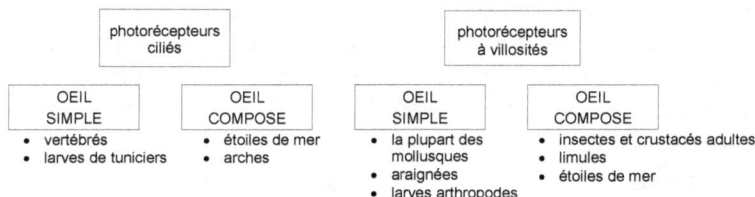

associée à la présence d'opsines de nature chimique assez différente également.

Une première approche de la phylogénie des yeux consiste à mieux développer l'analyse simplifiée que nous venons d'esquisser et donc à envisager comme primitive la séparation entre les opsines rhabdomériques et ciliées puis à distinguer comme secondes les distinctions en fonction des optiques, et en détaillant les changements observés lors du parcours du vivant animal.

dans le monde animal

### b)     Eléments d'histoire

Si au lieu de considérer l'arbre du vivant comme un simple
système de classement, nous lui donnons une dimension
temporelle et évolutive nous devons partir du Cambrien, ce big
bang de l'évolution animale.

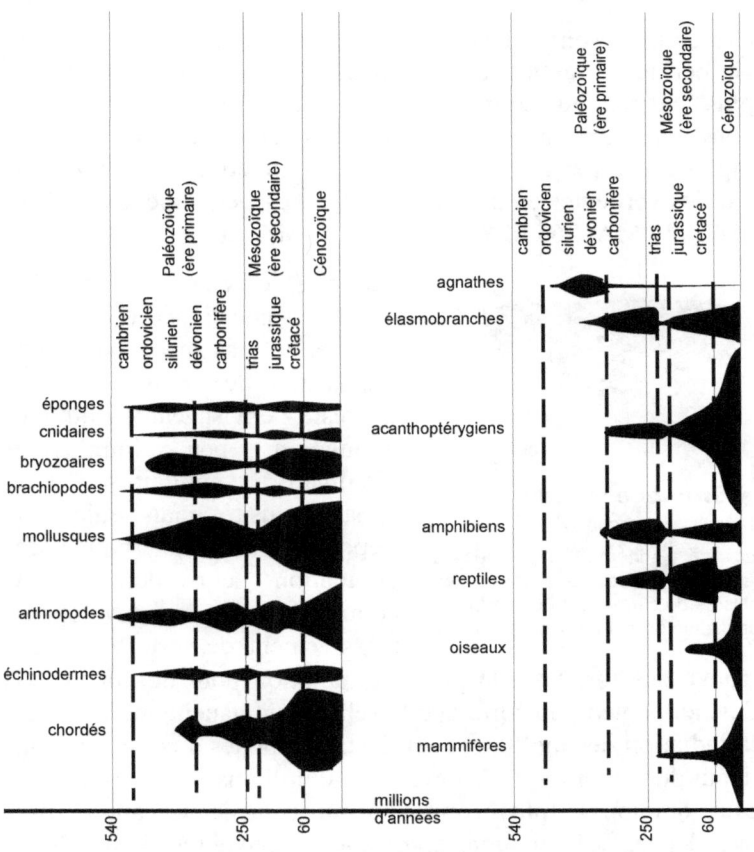

Afin de permettre de fixer les idées sur l'aventure des animaux
au cours des millions d'années dont nous parlons, les schémas
ci-dessous présentent une synthèse telle qu'on peut se la

représenter aujourd'hui pour les métazoaires (tableau de gauche) et les vertébrés (tableau de droite).

Sur ces schémas, l'évolution d'une lignée d'animaux est symbolisée par une ligne dont l'épaisseur caractérise l'importance relative de la population à l'époque considérée : Ces lignes sont d'autant plus épaisses que l'abondance des espèces correspondantes était plus grande.

Ces courbes sont toutes influencées par l'existence de cinq ou six périodes d'extinctions massives, séparées par des périodes plus calmes au cours desquelles les espèces croissent à nouveau, mais dans des importances relatives modifiées par rapport à la période antérieure. Les extinctions sont figurées par des verticales en pointillés situées respectivement vers 500 MA, 440 MA, 365 MA, 250 MA, 200 MA, et 65 MA.

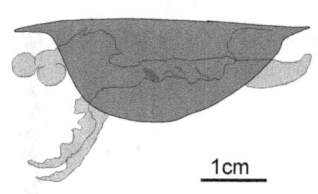

1cm

**arthropode fossile**
(*isoxys acutangulus*)

Sur ce schéma d'un fossile Cambrien, observé dans les schistes de Burgess au Canada, on voit distinctement deux gros yeux.

Le point de départ de la courbe relative à une lignée donnée ne caractérise pas nécessairement l'apparition de « l'ancêtre », car il reste envisageable qu'une population peu importante d'animaux similaires soit apparue plus tôt, mais seulement l'époque où le type de population correspondant a commencé à se développer massivement de sorte qu'on en trouve des fossiles. On parle de radiation pour définir un tel développement, en sorte que le schéma de gauche indique que la radiation des mollusques et des arthropodes a commencé au début du cambrien il y a environ 540 millions d'années, ce qui est l'opinion la plus commune sur ce sujet à caution par excellence. Les radiations commencent souvent à l'issue d'une extinction de masse.

Les éléments précédents ne sont pas indifférents, car ils donnent en quelque sorte des « dates au plus tard » pour la différentiation des yeux : C'est qu'il est difficile d'imaginer que les agnathes, par exemple, dont les fossiles conduisent à estimer le départ de la radiation à l'ordovicien n'aient pas possédé dès le départ des yeux camérulaires fonctionnant aux opsines $G_t$. Le même raisonnement vaut pour le cambrien, les arthropodes et les yeux composés fonctionnant aux opsines $G_q$, et ainsi de suite...

Il n'y a pas non plus de preuve directe de la formation des yeux des vertébrés dès le Cambrien. Cependant, comme il a été signalé lors de notre discussion sur la phylogénie des opsines, il est clair que l'apparition des opsines $G_t$ doit être placée à une date antérieure à celle des opsines $G_q$, en sorte qu'on peut raisonnablement penser que la séparation des yeux des vertébrés d'avec ceux des mollusques et des arthropodes est antérieure au cambrien, et ce d'autant plus qu'elle recoupe la division protostomiens-deutérostomiens, dont on voit encore plus mal comment elle pourrait être postérieure à la séparation des arthropodes et des mollusques.

On doit donc tenir que les types d'yeux étaient déjà différenciés de manière très avancée à l'issue de l'explosion Cambrienne, en − 540 MA.

Les plus anciens fossiles d'espèces animales datent du précambrien, mais ils ne permettent guère d'identifier les ascendants des animaux actuels. Les formes limitées qui nous sont parvenues, comme la faune d'Ediacara, ne montrent pas de traces d'yeux, et la morphologie qu'elles présentent conduisent la plupart des savants à supposer que les yeux n'existaient pas bien avant le Cambrien ancien, disons 580 MA pour fixer les idées.

Les traces plus anciennes de vie fossile dans lesquelles on trouve quelque analogie avec des espèces actuelles ne sont pas animales, mais végétales. Ce sont les stromatolites, ces amas pierreux habités de bactéries, que l'on trouve non seulement fossilisés, mais même encore vivants sur la côte Australienne où ils abritent essentiellement des cyanobactéries.

Les cyanobactéries actuelles réalisent la photosynthèse et respectent le rythme circadien, preuve de leur sensibilité à la lumière. On les retrouve incorporées dans des cellules d'algues rouges qui elles mêmes habitent certains eucaryotes dans les cellules desquels elles forment des chloroplastes secondaires. D'ailleurs, chez certains unicellulaires

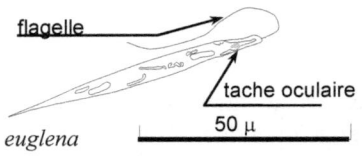

*euglena*

dinoflagellés comme euglena, chlamydomonas ou les volvox, une tache photosensible est située dans un chloroplaste, en sorte qu'on peut s'imaginer que les photorécepteurs des algues flagellées et des métazoaires partagent une origine commune. Evidemment, les taches oculaires présentes sur ces organismes ne sont pas des yeux à proprement parler : ce sont des organites situés à l'intérieur de la cellule et non des organes pluricellulaires. Aussi, leur ancestralité si elle devait se confirmer, est-elle pour le moins éloignée.

Quoiqu'il en soit de ces temps lointains, les bons yeux des arthropodes ou des mollusques sont formés dès le cambrien. Ils présentent très vraisemblablement des caractéristiques bien différenciées. Les fossiles, par nature, ne peuvent évidemment pas donner d'information sur l'optique ou la physiologie oculaire des yeux : Ces éléments n'ont pas résisté à la transformation en pierre ! Mais pourquoi supposer que des organes d'apparence analogue sur des êtres à l'allure semblable n'aient pas eu aussi entre eux des liens fonctionnels tout à fait nets ? Pourquoi par exemple les yeux des arthropodes du cambrien dont on peut deviner les facettes sur les fossiles n'auraient-ils pas fonctionné avec des opsines rhabdomériques ?

Les animaux fossiles qui nous sont parvenus du précambrien ne montrent que des espèces qui ne semblent pas avoir eu d'yeux et dont la morphologie est très éloignée de celles des espèces voyantes actuelles. Les yeux pourraient donc devoir être apparus rapidement, et au vrai presque instantanément aux échelles dont nous parlons.

Il n'est pas impossible qu'il faille même n'admettre qu'une ou deux dizaines de millions d'années seulement pour que ces structures si sophistiquées et si bien adaptées se soient formées « du néant » et se soient différenciées entre elles à un degré relativement proche de celui que nous connaissons aujourd'hui.

Devant l'étonnante variabilité des systèmes d'yeux, on a tenté dans les années 90 de tester par voie numérique la facilité d'évolution du système oculaire. Partant de cellules photosensibles de poisson, des savants ont estimé la durée qu'il faudrait pour en faire un œil sous des hypothèses raisonnables de variation dans l'héritage génétique et de pression de sélection. Ils pensent ainsi réaliste qu'un résultat ait pu être obtenu en 360 000 générations environ. Ce chiffre est bien sûr compatible avec les quelques millions d'années que nous évoquons. Evidemment, ce résultat est fort conjecturel, et le fait que la rapidité d'une telle évolution ne soit pas impossible n'enlève pas tout à fait le sentiment d'étonnement devant le délai d'obtention d'un si bon résultat à partir de règles aussi aveugles que celles gouvernant l'évolution de Darwin.

Nous n'en pouvons retirer qu'une conclusion ; c'est que les a priori que nous acquerrons de notre expérience quotidienne des durées ne sont plus de bons guides lorsque la profondeur du temps atteint de tels paroxysmes. Le fait que l'œil, ce miracle de l'ingénierie biologique, soit apparu aussi vite et même instantanément à l'échelle des temps géologiques est patent, comme l'est le fait déjà tant évoqué de sa grande variabilité évolutive.

La versatilité génétique des organes de la vision se confirme à tous les niveaux, que ce soit par leur variabilité à l'intérieur d'un même groupe ou au contraire par leur dispersion sur l'arbre phylogénétique. Nous pouvons rappeler encore quelques cas particulièrement notables dans chacune de ces directions.

Certains sous ordres, tel par exemple anomura (diverses espèces de bernard l'ermite dont la parenté génétique ne fait pas le moindre doute), sont représentés dans presque tous les types d'yeux composés.

Signalons encore les types yeux des bivalves pour lesquels les coquilles Saint Jacques ont des yeux simples à miroirs, les arches des yeux composés, les coques des yeux vésiculaires, et les bénitiers des yeux en tête d'épingle, alors que la proximité de ces espèces est évidente. Au demeurant, ces yeux aux structures distinctes ont en commun d'être nombreux et situés sur les bords externes du manteau, et il parait bien difficile de ne pas leur accorder un degré d'homologie important ne serait-ce que pour la différence qu'ils présentent avec les yeux des autres mollusques.

A l'opposé, les yeux simples sont utilisés par des espèces de tous les ordres pourvus d'yeux, en sorte que le passage aux yeux composés s'est nécessairement effectué un grand nombre de fois. De même, si nous cherchions à localiser les espèces pourvues de cristallins de type Matthiessen, il nous faudrait identifier une dizaine d'emplacements disposés sans ordre très net sur l'arbre. Le cristallin Matthiessen a forcément dû, lui aussi, être « réinventé » de multiples fois.

La systémique de l'appareil oculaire n'est clairement pas assimilable à celle de l'arbre des espèces animales. (On qualifie de convergence le fait que certaines dispositions physiologiques ne semblent pas relever d'une dérive monotone des espèces, et nous n'avons pas cessé d'en identifier au cours de notre survol).

### c) *Homologie des yeux – Le type d'œil originel*

Est-il vraisemblable que les yeux forment des structures homologues entre les divers phyla ? Les yeux passent-ils d'un phylum à un autre en tant qu'yeux, ou sont-ils réinventés à chaque fois ?

Les nombreuses convergences évolutives que l'on observe sur les systèmes oculaires n'empêchent pas absolument un certain degré d'homologie d'ensemble, et nous nous trouvons à cet égard face à une alternative :

- Les structures oculaires peuvent être homologues dans les divers embranchements. Autrement dit, les yeux peuvent très bien être tous dérivés d'un œil ancêtre, porté par l'ancêtre commun aux métazoaires, ou à un certain sous-groupe d'entre eux.

- Les structures oculaires ne sont pas systématiquement homologues : Il n'y a pas d'œil ancêtre commun. L'œil est apparu indépendamment dans des espèces distinctes par ailleurs, et c'est son efficacité sélective donc l'avantage tiré de la vue, qui a fait le reste.

Autrement dit, est-on assuré que les yeux descendent tous d'un œil commun dont ils auraient été dérivés par l'évolution ? Rien n'est moins sûr qu'une réponse trop affirmative à cette question, et l'opinion des biologistes varie sur ce sujet. Nous allons donc devoir nous contenter de présenter quelques arguments, sans être à même d'apporter aucune réponse définitive. Mais quoi que nous n'ayons pas de réponse à la question, les discussions qu'elle provoque permettent d'obtenir un certain paysage ancien, sur lequel les avis peuvent s'exercer et dont la connaissance, pour partielle et imprécise qu'elle soit, est des plus fascinantes.

On peut s'imaginer assez facilement des étapes ayant pu gouverner l'évolution des yeux. Au début du Cambrien, ou plutôt légèrement avant, n'auraient existé que des yeux simples et primitifs formant cupule. Ces yeux auraient ensuite évolué chez certaines espèces et formé un trou oculaire qui aurait, lui, évolué selon deux tendances distinctes. La première par augmentation du nombre de photorécepteurs produisant des yeux vésiculaires de plus en plus sophistiqués et finalement l'œil camérulaire avec ses deux lentilles individualisées. La seconde par juxtaposition de multiples structures élémentaires, formant finalement des yeux composés. Dans cette hypothèse, les éléments ajoutés dans les yeux plus évolués procurent à leur propriétaire des avantages certains. Alors que les trous oculaires ne peuvent informer que sur la direction générale et l'intensité de la lumière, les yeux plus sophistiqués peuvent détecter les contrastes, les couleurs et même la polarisation, offrant des avantages suffisants pour permettre à la pression de sélection de les imposer.

Afin de progresser sur une phylogénie de l'œil nous pouvons donc supposer avec une relative confiance que l'œil ancêtre dont tous les yeux dériveraient par descendance serait de type cupule. Notre première tâche doit donc consister à raffiner la typologie des nombreux yeux en cupule existant actuellement, pour pouvoir s'assurer qu'eux au moins sont susceptibles de posséder un commun ancêtre.

Nous avons déjà signalé que les yeux en cupule pouvaient différer entre eux par les caractéristiques de la phototransduction, mais il nous faut considérer encore au moins deux autres types de différence :

- Leur origine tissulaire
- La manière dont la rétine est exposée à la lumière

En faisant cette hypothèse d'un œil commun ancêtre commun à ceux des protostomiens et deutérostomiens on a été jusqu'à proposer que les caractères cilié/rhabdomérique et les différences d'optique soient tellement polyphylétiques qu'il faille admettre entre 40 et 60 apparitions distinctes pour rendre compte de la distribution que l'on peut observer aujourd'hui chez les bilatériens.

### d) *Une découverte impromptue*

A cause des différences profondes entre les yeux des arthropodes et des vertébrés, et notamment des caractéristiques de leurs opsines, on a longtemps considéré que les structures oculaires n'étaient pas nécessairement homologues entre les différents embranchements, c'est-à-dire que les yeux ne descendaient pas d'une seule et même structure identifiable chez l'ancêtre commun, mais étaient le résultat d'effets de convergence de deux structures distinctes vers deux organes à la fonctionnalité identique.

Dans cette hypothèse, l'ancêtre commun aurait pu ne pas avoir d'yeux ou avoir deux types distincts de « proto-yeux », mais en tout état de cause seuls des liens génétiques ténus auraient dû relier les yeux des protostomes et des deutérostomes. C'est donc avec une assez grande surprise que se sont dégagés à la fin du dernier siècle, des liens génétiques manifestes entre les yeux d'espèces tout à fait distinctes.

**drosophile affectée de la mutation ultrabithorax**

remarquer les deux thorax, et les 4 ailes.

Le fait qu'il existe des monstres chez lesquels un organe peut croître à la place d'un autre est connu depuis longtemps et le savant Britannique W. Bateson avait proposé d'appeler ce phénomène homeosis à la fin du XIX° siècle.

Avec les progrès de la génétique, l'homeosis a été reliée à l'existence de gènes particuliers qui sont des sortes de programmateurs du destin des cellules. Ces gènes sont appelés gènes homéotiques. Ils codent pour des protéines qui régulent l'activité des autres gènes et sont en quelque sorte situés au sommet de la hiérarchie génétique. Pour prendre un exemple, ce sont de tels gènes dont la manipulation a permis de créer des mouches monstrueuses à 4 ailes et 8 pattes (mutations dites bithorax, ultrabithorax etc...) ou encore des mouches ayant des pattes sur la tête à la place des antennes (mutation antennapedia).

Au début des années 1980, l'analyse de plusieurs gènes homéotiques de la drosophile a permis d'y repérer une séquence ayant en commun un grand nombre de paires de bases azotées. Cet ensemble de gènes est appelé homéobox, et cette « boîte » a été retrouvée sous une forme quasi identique chez la souris et le xénope.

Chez les mammifères, on trouve quatre groupes de gènes homéotiques. Ils sont localisés sur des chromosomes différents. Ce sont les complexes HOX.

Dans les années 90 du siècle dernier les recherches très actives de génétique, avivées par le lancement des programmes de séquençage de génomes, ont conduit à la découverte d'un gène homéotique appelé Pax 6. Ce gène une fois cloné sur la souris et l'homme, on a pu montrer qu'il était modifié sur les souris mutantes dites « small eyes » ainsi que chez les hommes affectés d'aniridie. (On notera que chez la souris, seuls les individus hétérozygotes peuvent survivre. La mutation de Pax 6 sur les deux chromosomes simultanément ne permettant pas la croissance d'individus viables).

En 1994, on a pu montrer que le gène homologue de pax 6 chez la drosophile était affecté par les mutations « eyeless », terminant en quelque sorte de montrer que l'homme partageait avec la mouche drosophile un gène homéotique jouant un rôle programmateur dans la formation de l'œil.

Plus exactement, le gène appelé « pax 6 » chez l'homme et « eyeless » chez la drosophile ont été identifiés comme apparentés ou pour mieux dire homologues, car ils semblent clairement dériver d'un « gène ancêtre » commun. Le caractère peu ordinaire de cette découverte a été à l'origine de très nombreuses études au tournant du millénaire et ces études ont confirmé le rôle très important joué sur le système visuel des gènes homologues au pax 6 humain, et ce chez beaucoup de protostomiens (mollusques – plathelmintes – némerte – nématodes – arthropodes ...) ou de deutérostomiens (mammifères, amphibiens, poissons, amphioxus, échinodermes, ...) et même chez les cnidaires.

On trouve par exemple des gènes homologues à pax6 chez des animaux aussi différents que *dugesia tigrina* (planaire), *lineus sanguinus* (némerte) *loligo vulgaris* (céphalopode) ou *phallusia mammillata* (ascidie).

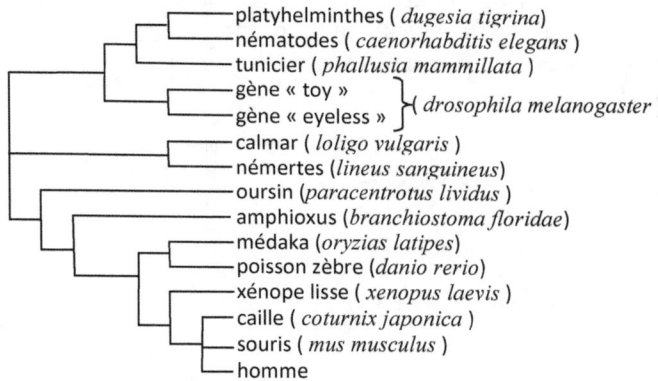

**phylogénie des gènes homologues à Pax 6**

Il est vrai que le rôle de pax6, quoique très large n'est pas universel, et que certaines espèces ne semblent pas présenter de gène homologue au pax6. En revanche, d'autres gènes que pax6 participent au contrôle de la genèse des yeux et se retrouvent également largement répartis dans le vivant.

## e) *Vers un œil ancêtre commun ??*

La découverte de ces gènes qui programment la formation des yeux tout en étant communs à des espèces les plus diverses a fortement relancé le débat sur l'homologie des yeux et renforcé l'attrait de l'hypothèse d'un œil ancêtre commun.

En particulier, des chercheurs Allemands (Arendt et Wittbrod) ont développé, il y a quelques années le concept « d'œil cérébral ». Il s'agit de minuscules structures présentes dans le cerveau, ou le proto-cerveau, de certaines larves, et qui contiennent des photodétecteurs et des cellules pigmentaires, même si ce ne sont pas des yeux à proprement parler et même si elles n'évoluent pas nécessairement en yeux véritables au terme de la croissance.

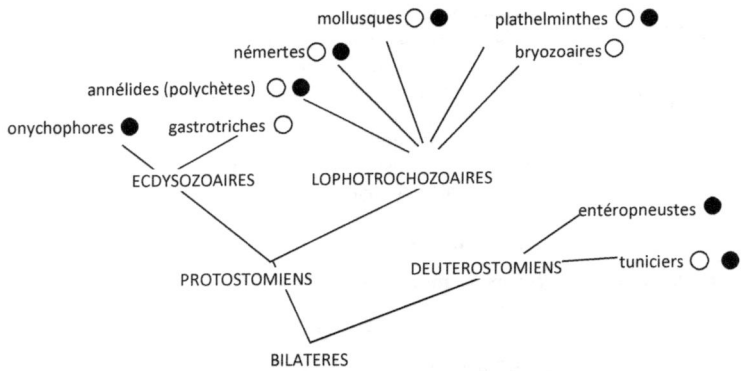

**types d'opsines dans les yeux des métazoaires
( y compris les yeux cérébraux)**

Or si on compte ces structures au nombre des yeux, les différences entre le gouffre séparant les yeux rhabdomériques et ciliés, et celui séparant deutéro et protostomiens semblent se réduire pour laisser ressortir une certaine continuité sous-jacente du vivant.

Le tableau précédent présente un récapitulatif de la situation. Il présente une revue des larves d'espèces appartenant à divers phyla. Les embranchements signalés par d'un ● ont des yeux dont les récepteurs sont à villosités, alors que ceux marqués d'un O présentent des récepteurs ciliés. On y constate que, dès lors qu'on inclue les yeux cérébraux, la dichotomie opsines ciliés-protostomes, opsines rhabdomériques – deutérostomes est assez loin d'être aussi absolue que l'examen superficiel aurait pu le laisser croire

En réalité, il existe des récepteurs à opsines ciliées et rhabdomériques dans beaucoup d'embranchements, et d'ailleurs, chez nous les vertébrés, l'oeil camérulaire dont nous sommes si jaloux contient des mélanopsines au niveau des cellules ganglionnaires et de la choroïde. Un œil ancêtre unique en cupule contenant à la fois des cellules ciliées et à villosités pourrait donc être un candidat acceptable pour en dériver tous les yeux des métazoaires par homologie !!!

Evidemment, pour stupéfiante qu'elle soit cette hypothèse est encore bien conjecturelle ; l'affaire reste à suivre et d'autres théories s'affrontent déjà…

## 4. Paramètres clés de l'appareil visuel

Ainsi que nous l'avons signalé plus haut, nous allons passer en revue successivement les caractéristiques suivantes :

– Taille des yeux
– Acuité
– Sensibilité
– Aptitude au mouvement
– Fusion des images
– Vision binoculaire
– Perception des couleurs

Il est clair que ces propriétés ne sont pas les seules à caractériser la vision, et qu'il y a un certain arbitraire à les avoir retenues. Néanmoins, ces aspects de la vision sous-tendent des propriétés très importantes des organes visuels et sont en tous cas des éléments à prendre en considération dans l'étude de telle ou telle espèce particulière.

### a) *Taille des yeux*

Dans la mesure où les yeux sont de quelque manière assimilables à des dispositifs optiques, leur taille est un élément absolument primordial : les grands yeux partent avec un avantage dû à la physique de la lumière.

Il suffira pour s'en convaincre de se représenter que pour mieux voir les étoiles, nous augmentons le diamètre des miroirs de nos télescopes en sorte que les plus grands font plusieurs mètres…

#### (1) Taille des yeux : acuité

Conformément à la loi de Haller, la taille des yeux est corrélée à la taille générale par une régression polynomiale d'indice 0,7 environ, ainsi qu'il a été signalé maintes fois dans la revue précédente. Elle est également assez bien corrélée à la taille de la tête donc du cerveau, ainsi qu'à l'acuité. En définitive, l'optique requiert fatalement que les grands animaux aient plus de facilités à bien voir que les petits.

Cependant, cette corrélation générale est assez loin d'être la seule, et il faut tenir compte d'assez nombreux critères adaptatifs complémentaires pour retrouver des corrélations acceptables dans les branches diverses du règne animal.

### (2)    Taille des yeux et comportement

Le comportement est également un élément très important, et à cet égard deux caractéristiques semblent particulièrement significatives : la sensibilité à l'intensité lumineuse et la sensibilité au mouvement.

Les animaux nocturnes ont souvent de grands yeux, même si cela est faux des taupes et des musaraignes qui ont au contraire une mauvaise vue et de très petits yeux.

On retrouve cette dichotomie chez les poissons des profondeurs qui ont tendance à avoir soit des yeux énormes, soit au contraire des yeux minuscules, les tailles intermédiaires se trouvant pour ainsi dire éliminées. Tout semble se passer un peu comme si les animaux mis au défi d'y voir dans les milieux sombres avaient deux sortes de réponses : augmenter la taille de leurs yeux pour y réussir ou renoncer à la vue et laisser les yeux régresser.

**tête de lynx**
( *lynx pardinus* )

Il semble également que la taille des yeux soit corrélée à

l'agilité. Ce lien statistique dit loi de Leuckardt est plus délicat à mettre en évidence que la loi de Haller. Certains le contestent au motif de la complexité de son utilisation. D'ailleurs l'agilité étant un concept maniable, on ne sait parfois plus très bien si c'est la loi qui gouverne ou notre esprit qui cherche à trouver une loi à tout prix.

Quoiqu'il en soit de la précision de cette loi de Leuckardt, il est réel que les animaux agiles et véloces y voient souvent mieux que leurs parents patauds et trainards : les yeux de lynx ne sont pas qu'un mythe.

### (3)     Taille des yeux et Profondeur de champ

La nécessité d'une accommodation importante diminue avec la taille des yeux. Certes, plus l'œil est petit, moins il peut distinguer les détails. Cependant, il y a alors également de moins en moins besoin de « mettre au point » (voir plus bas pour une justification).

### (4)     Autres considérations

Les « bons yeux » se retrouvent seulement dans trois ou quatre classes du vivant : les vertébrés, les insectes et crustacés, les céphalopodes, ainsi que dans une moindre mesure les chélicérés. Or dans toutes ces espèces la contribution des aires visuelles cérébrales au système central est très élevée (de l'ordre des 2/3 pour fixer les idées). Dit autrement, chez les espèces des classes bien voyantes, l'activité visuelle représente les 2/3 de l'activité neurologique totale. Même si ce chiffre est par essence entaché d'une grande imprécision il fait bien ressortir l'idée que bien voir coûte cher neurologiquement parlant.

A l'inverse les animaux mal voyants le sont non seulement par leur petit pourcentage d'activité neurologique visuelle, mais également par un rapport « mase cérébrale »/ « masse totale » faible.

C'est qu'une partie importante de l'activité visuelle se passe dans le système central, et ceci non seulement chez les hommes, mais également chez les autres êtres vivants bien voyants, en sorte que la croissance des capacités visuelles est comme démultipliée au niveau neurologique global.

D'une manière très générale, on voit, en revenant à des considérations relatives à la taille, que trois lois distinctes se conjuguent :

- Les caractéristiques physiques des phénomènes lumineux qui imposent aux yeux d'être grands pour mieux voir.

- La loi de Haller qui restreint les possibilités de croissance de l'organe « œil » pour lui permettre de rester fonctionnel (intégration dans le métabolisme général : oxygénation, innervation moteur, etc... ).

- La loi neurologique précédente qui exige de démultiplier la puisance nerveuse pour permettre d'y mieux voir, amplifiant, au niveau du système central, la loi de Haller, toutes choses égales d'ailleurs.

Ces trois lois se combinent, en sorte qu'en envisageant le problème sur l'ensemble des êtres vivants, on constate l'existence de sortes de pallier au niveau du fonctionnement optique des yeux :

- Les très petites espèces sont souvent anophtalmes

- Les petites espèces voient apparaître tout d'abord des yeux simples

- Avec le millimètre, environ, la stratégie s'inverse et les yeux composés culminent avec la taille des insectes (quelques centimètres).

- La stratégie s'inverse à nouveau et la qualité de la vue semble culminer à la taille des oiseaux qui y consacrent une immense partie de leur activité neurologique.

- Avec l'augmentation de la taille, d'autres stratégies que la pure amélioration de l'optique sont explorées, dont on peut penser qu'elles consistent pour partie à mieux utiliser l'information visuelle au niveau du fonctionnement général. Il est vraisemblable qu'augmenter la qualité visuelle au-delà des limites atteintes chez les oiseaux conduise à des besoins nerveux auxquelles il est tout simplement difficile de faire face : les nerfs ont également besoin d'être nourris, et le rapport « masse nerveuse »/ « masse totale » ne saurait donc croître sans limite.

### b)    *Acuité visuelle*

#### (1)    Généralités

La connaissance de l'acuité visuelle des espèces autres que l'homme reste pour partie conjecturelle. Néanmoins, en mélangeant les méthodes de mesure directe (reconnaissance de formes, d'objets, etc...) et les méthodes dérivées (mesures de paramètres relatifs à l'optique oculaire tels que la densité des photorécepteurs sur la rétine ou la taille des ommatidies), on peut parvenir à se faire une certaine idée de l'acuité visuelle des animaux.

Ainsi qu'il ressort du tableau suivant il existe de très grandes différences entre les acuités visuelles des divers animaux, même compte tenu du manque de précision de la notion d'acuité lorsqu'on l'étend à des espèces au fonctionnement si varié, donc du caractère non-absolu des chiffres,

|  |  | résolution spatiale maximale (cycles / radians) | équivalent en degrés d'angle |
|---|---|---|---|
| Aigle *Aquila* | oiseau | 8 022 | 0,0036 |
| Homme *Homo* | primate | 4 175 | 0,007 |
| macaque rhésus *macaca mulatta* | primate | 3 151 | 0,009 |
| Pieuvre *Octopus vulgaris* | céphalopode | 2 632 | 0,011 |
| Cheval *Equus caballus* | périssodactyle | 900 | 0,03 |
| Araignée sauteuse *Portia* | chélicérate | 716 | 0,04 |
| Douroucouli *Aotus trivirgatus* | primate | 573 | 0,05 |
| Chameau *Camelus bactrius* | cétartiodactyle | 570 | 0,05 |
| Chat *Felis catus* | carnivore | 510 | 0,05 |
| Poisson rouge *Carrassius auratus* | poisson | 400 | 0,07 |
| strombe bouche rouge *strombus luhuanus* | mollusque | 126 | 0,23 |
| Fourmilier marsupial *Myrmecobius fasciatus* | dasyuromorphe | 298 | 0,10 |
| Loutre de mer *Enhydra lutris* | carnivore | 240 | 0,12 |
| Ecureuil *Sciurus vulgaris* | rongeur | 220 | 0,12 |
| Lapin de garenne *orychtolagus cuniculus* | lagomorphe | 143 | 0,20 |

# dans le monde animal

| | | résolution spatiale maximale (cycles / radians) | équivalent en degrés d'angle |
|---|---|---|---|
| Libellule *Aeschna* | insecte | 115 | 0,25 |
| Rat *Rattus norvegicus* | rongeur | 57 | 0,5 |
| Hamster *Mesocricetus auratus* | rongeur | 30 | 0,97 |
| Abeille (ouvrière) *Apis mellifera* | insecte | 30 | 0,95 |
| Chauve-souris *Eptesicus* | chiroptère | 23 | 1,26 |
| Crabe rouge *Leptograpsus variegatus* | crustacé | 19 | 1,5 |
| Coquille Saint Jacques *Pecten maximus* | bivalve | 18 | 1,6 |
| Tarentule *Lycosa* | chélicérate | 16 | 1,8 |
| Bigorneau *Littorina* | gastéropode | 7 | 4,5 |
| Mouche drosophile *Drosophilia* | insecte | 6 | 5 |
| Limule *Limulus* | chélicérate | 5 | 6 |
| Nautile *Nautilus* | céphalopode | 4 | 8 |
| petit gris *Helix aspersa* | gastéropode | 1,9 | 15 |
| Cloporte marins *Cirolana* | crustacé | 1,9 | 15 |
| Planaires (typ) *Planaria* | platyhelminthe | 0,8 | 35 |

### (2)    Acuité des yeux simples

Quoique l'acuité ne soit pas un phénomène purement optique, il y a bien sûr des liens entre les qualités de l'optique oculaire et l'acuité. L'objectif de ce paragraphe n'est que de donner un petit nombre d'indications générales concernant l'impact sur l'acuité de certaines caractéristiques optiques des yeux camérulaires, et notamment des suivantes :

- la distance focale $f$
- la distance entre deux photorécepteurs voisins, $\delta$

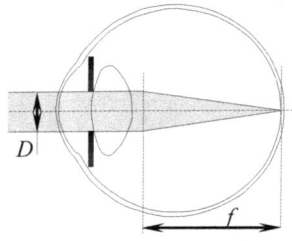

- le diamètre de la pupille $D$

- le grossissement à l'infini $G_{ross}$ que l'on peut définir soit comme $\alpha'/\alpha$ avec les notations de la figure, soit comme le rapport $P_{cornée}/P_{cristallin}$ des puissances optiques respectives de la cornée et du cristallin.

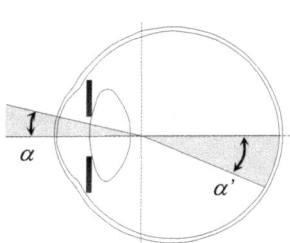

L'acuité des yeux simples semble poser des problèmes analogues chez les hommes et chez les animaux. Elle est limitée par deux contraintes optiques qui sont la diffraction et les aberrations principalement chromatiques et géométriques.

Les aberrations interviennent lorsque la pupille est très ouverte, en sorte que des rayons trop inclinés sont admis dans l'œil. On dit que l'optique est utilisée trop loin des conditions de Gauss.

A l'opposé, la diffraction va, elle, intervenir lorsque la pupille est très fermée et elle sera alors toujours plus importante dans les rouges que dans les bleus.

D'une manière générale, les dispositifs oculaires des yeux

simples semblent assez bien dessinés pour se trouver affranchis du problème de la diffraction, mais quoique cette limite diffractive soit bien moins critique que dans les yeux composés, elle ne va pas sans influencer les yeux simples.

D'après la théorie de Rayleigh la tache de diffraction associée à une lumière de longueur d'onde $\lambda$ aura sur la rétine une dimension angulaire de l'ordre de $1,22\dfrac{\lambda}{D}G_{ross}$.

### (3)    Acuité des yeux composés

La majorité des espèces vivantes sur terre a des yeux composés. Or le principe optique mis en oeuvre dans ce type d'yeux est suffisamment différent de celui des yeux simples, pour qu'on puisse légitimement se demander l'avantage qu'elles en retirent

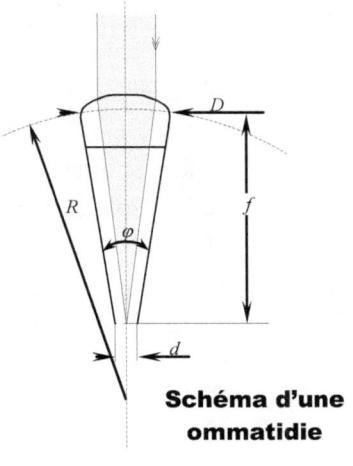

Schéma d'une
ommatidie

Afin de pouvoir quantifier la réalité optique, nous aurons besoin de discuter d'un certain nombre de grandeurs représentées sur le schéma.

Les notations y ont la signification suivante :

$R$ est le rayon de la sphère oculaire sur laquelle sont disposées les ommatidies que nous supposons identiques dans un premier temps.

$\varphi$ est l'angle entre deux ommatidies adjacentes.

$D$ est le diamètre du cristallin de l'ommatidie (il y a une petite ambiguïté sur ce que les ommatidies sont des hexagones et non pas des cercles. Je n'en tiens pas compte pour simplifier.)

*f* est la distance focale de l'ommatidie (cornée + cristallin).

*d* est le diamètre de l'image formée par l'ommatidie (diamètre du rhabdome).

Dans une ommatidie, on peut considérer que la lumière se trouve plus ou moins réarrangée c'est-à-dire que tous les points situés dans l'angle $\varphi$ couvert par l'ommatidie se retrouvent mélangés dans un signal lumineux unique. Du fait de la présence de huit rhabdomes à l'intérieur de l'ommatidie, la

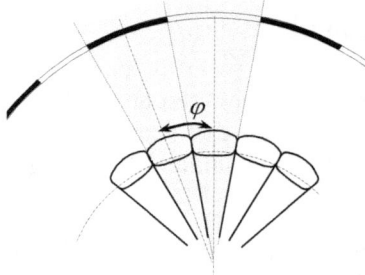 situation est vraisemblablement un peu meilleure, et il est possible que certains effets de couleur ou de polarisation puissent être encore différenciés au niveau de l'ommatidie elle-même, mais en tout état de cause, la différentiation géométrique est probablement proche de zéro : L'intensité lumineuse est celle parvenant à l'œil dans l'angle *d/f* sous-tendu par l'ommatidie.

Lorsque l'animal observe un réseau de bandes noires et blanches de période $v$, son oeil sera capable de le résoudre s'il peut voir un cycle avec deux ommatidies adjacentes.

En dessous de cette valeur, la lumière du cycle est mélangée dans l'ommatidie et n'est pas résolue. Autrement dit, comme indiqué sur la figure où le cycle spatial a été représenté à la limite de séparation, sont résolus les cycles de fréquences spatiales tels que :

$$v < \frac{1}{2\varphi}$$

On a, par ailleurs en appliquant la formule de Rayleigh pour la tache d'Airy :

$$v_{diff} = 1,22 \frac{D}{\lambda}$$

Quoiqu'il arrive, les fréquences $v$ ne seront détectées que si $v > v_{diff}$, car en dessous de cette valeur, la diffraction va dénaturer sévèrement l'optique.

$$\frac{1}{2\varphi} > 1,22 \frac{D}{\lambda}$$

D'un autre côté, l'angle $\varphi$ entre deux ommatidies vaut $\sim D/R$ en confondant le sinus et l'angle supposé petit, et au problème de la configuration hexagonale près.

Pour un œil limité purement par la diffraction, on aura donc :

$$v = \frac{1}{2\varphi} = \frac{R}{2D} = v_{diff} = 1,22 \frac{D}{\lambda}$$

On en déduit donc deux relations en éliminant des égalités précédentes soit $D$ soit $\varphi$ :

$$R \sim 0,4 \frac{\lambda}{\varphi^2} \quad (1)$$

$$D \sim 1,5 \sqrt{R\lambda} \quad (2)$$

La première de ces relations donne pour une lumière jaune à $0,5 \mu$ : $R\varphi^2 \sim 0,2\mu$, relation qui s'écrit plus agréablement $R\varphi^2 \sim 0,67$ en exprimant $R$ en millimètres et $\varphi$ en degrés.

Or ceci est une très mauvaise nouvelle pour l'optique des yeux composés. En effet, cette relation implique que pour des yeux de dimensions raisonnables lorsqu'elles sont exprimées en mm, la meilleure résolution de l'œil, celle limitée par la diffraction, sera d'expression raisonnable en degrés ! Mais une résolution exprimée en degrés est de qualité épouvantable.

Pour approcher la résolution de l'œil humain, il faudrait faire environ 100 fois mieux, et donc utiliser un œil à facettes d'un rayon de l'ordre de 10 000mm...

En conclusion de la première relation, l'œil composé est extrêmement sujet à la diffraction, et l'augmentation de son diamètre n'améliore la résolution qu'en proportion de sa racine carrée, c'est-à-dire très lentement. On comprend mieux pourquoi cette configuration est restée confinée chez des animaux de taille modeste, mais à vrai dire, on ne voit même pas tout à fait l'intérêt de l'œil composé : au niveau de la limite diffractive, l'œil composé n'est pour ainsi dire pas meilleur que l'œil simple, et, à cet égard, c'est en vain que la composition semble avoir démultiplié l'œil...

De la seconde relation, on voit que le diamètre de l'ommatidie doit être proportionnel à la racine du rayon de l'œil. C'est une relation très curieuse, mais dont le fondement a été approximativement vérifié sur certains groupes d'insectes. Ainsi les dimensions des ommatidies des abeilles et celles de toute une série de papillons obéissent-elles approximativement à cette loi, en sorte que les yeux de ces espèces semblent dimensionnés tout exprès pour permettre à sensibilité de l'œil d'atteindre la limite imposée par la diffraction.

Quelque étrange que soit la relation, sa vérification confirme que les yeux des insectes n'échappent pas aux lois de la physique, et que leur qualité optique est un élément important de leur configuration. Pourquoi dès lors le succès de ces yeux composés qui semblent optiquement si mauvais ?

Une réponse pourrait être que, compte tenu de leur comportement, les insectes n'ont pas besoin d'avoir des yeux d'acuité meilleure, car ce n'est pas tant d'acuité au repos qu'ils ont besoin, mais d'une vision globale raisonnablement optimisée pour effectuer leurs mouvements incessants et rapides. C'est pourquoi nous allons examiner les ordres de grandeur des valeurs des paramètres clé intervenant lors de mouvements angulaires rapides.

Pour tenir compte de l'effet de flou créé non seulement par le système de lentilles, mais également par la division en $d/f$ de l'angle capté par l'ommatidie, on peut utiliser une formule de combinaison simplifiée, valable pour les ommatidies dont le diamètre n'est pas trop petit.

Pour ces ommatidies, en effet , l'angle résolvable $\alpha$, obéit à l'équation approchée :

$$\alpha \sim \sqrt{(d/f)^2 + (\lambda/D)^2}$$

De même, lorsque l'objet observé bouge, l'effet produit sera celui d'un flou, dont la valeur peut être raisonnablement estimée par l'angle de séparation $\alpha_{mouv}$ défini par l'expression

$$\alpha_{mouv} \sim \sqrt{(d/f)^2 + (\lambda/D)^2 + (v\Delta t)^2} \ .$$

Dans cette équation, $v$ représente la vitesse de l'objet mobile observé et $\Delta t$ le temps de relaxation de la rétine, c'est à dire la demi-période du temps requis pour séparer deux légers flashs de lumière, quantité qui vaut entre 5 et 50ms pour la plupart des insectes.

L'effet de flou dû au mouvement va commencer à être important lorsque le terme en $v$ $\Delta t$ sera supérieur aux autres, qui, on l'a vu sont de l'ordre du degré d'angle. Autrement dit, pour un insecte dont l'intégration temporelle $\Delta t$ est dans les 50ms, l'effet de flou dû au mouvement va rentrer en scène pour des vitesses de rotation de l'ordre de 20°/s.

Or cette vitesse est faible pour beaucoup d'insectes qui doivent effectuer des rotations à des vitesses de plusieurs tours/sec, donc des centaines de fois plus grandes !

On voit qu'à ces vitesses des yeux sophistiqués à haute acuité sont inutiles, car le signal sera surtout brouillé par le mouvement. Il vaut mieux des yeux d'acuité plus modeste et une fréquence de fusion élevée. Même si l'argument est plus faible pour des animaux moins mobiles comme les crabes, il pourrait donc être une justification au moins partielle de la direction qu'a retenue l'évolution des insectes.

### (4)    Acuité et profondeur de champ

Pour un système optique parfait, l'image se projette sur l'écran comme une réduction pure et simple de la réalité. Cependant, une légère erreur sur la distance focale crée un flou, qui peut être interprété comme la transformation en une tache du point de l'espace.

Par ailleurs, le pouvoir d'analyse de la rétine est, lui aussi, loin d'être infini puisque nos sensations sont come discrétisées par les cellules photoréceptrices.

Il suffira que la tache créée par la mauvaise mise au point soit suffisamment inférieure à la pixellisation rétinienne pour qu'il ne soit ressenti aucune impression supplémentaire de flou, et qu'il ne soit donc pas nécessaire à l'œil d'accomoder.

Afin de mieux expliciter le propos, l'œil sera assimilé à une lentille mince d'indice optique $n$, diaphragmée par la pupille $p$ et de longueur focale $f$.

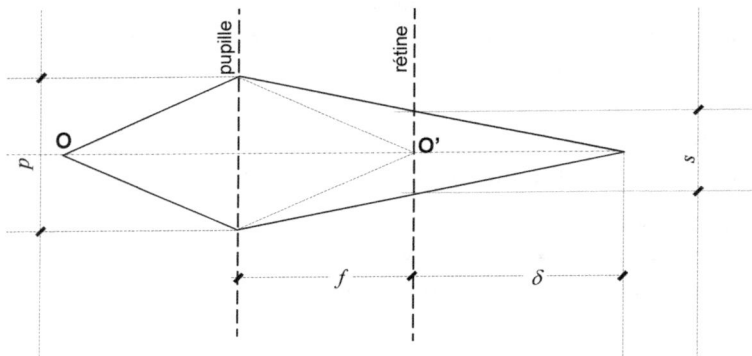

On appelle profondeur focale vraie la distance $\delta$ telle que l'image du point **O**, formée en **O'** soit telle qu'elle détermine sur la rétine un cercle de diamètre $s$ tout juste indétectable par la rétine. Autrement dit, si **O** était juste un peu plus près de l'œil ce point formerait une tache plus grande que la tache ponstuelle et serait donc vu comme flou, alors que jusqu'à la position **O** il est encore perçu net.

Une valeur en mm pour $\delta$ étant assez mal pratique, on exprime souvent sa valeur en dioptries. Alors, la profondeur focale $\Delta$ est égale à la puissance de la lentille mince requise pour déplacer le plan focal de la valeur $\delta$.

Elle est donnée par application de la formule de combinaison des lentilles minces :

$$\Delta = \frac{n\delta}{f(f+\delta)}$$

De l'identité $s/p = \delta/(f+\delta)$ qui résulte de la géométrie de la figure, on peut donc tirer une équation définissant la profondeur focale à l'aide de quantités déterminables simplement sur les yeux d'un animal donné :

$$\Delta = \frac{n.s}{p.f}$$

Dans cette équation, $p$ est la taille de la pupille, $f$ la focale de l'œil, $n$ son indice optique, et $s$ le plus petit diamètre détectable sur la rétine.

Par exemple, pour l'œil humain, on aurait $f \# 23\ mm$ ; $p \# 3\ mm$ ; $s \# 5\ \mu$ ; $n \# 1,3$ ; donnant une valeur de l'ordre de 0,1 dioptries pour la profondeur focale.

On peut tenter de relier la profondeur focale à l'acuité en remarquant que la longueur  entre deux lignes tout juste séparées sous-tend un angle $\alpha = n\ s\ /\ f$, ce qui permet d'exprimer la profondeur focale sous le forme $\Delta = \alpha/p$.

Or cet angle varie comme l'inverse de l'acuité, la taille du cercle juste détectable étant similaire à la distance juste détectable de deux lignes. On a donc finalement la relation :

$$\Delta \equiv K \frac{1}{p.a_{cuité}}$$

Où $K$ est une constante dépendant des unités retenues.

La profondeur focale varie donc exactement en raison inverse de l'acuité.

On remarquera d'une part que la profondeur focale est reliée à la profondeur de champ, d'autre part qu'elle peut être facilement modifiée par accommodation (en effet, comme $\delta = n.\delta / f(f + \delta)$ elle varie comme le carré de la focale).

Pour pouvoir observer sur une profondeur de champ raisonnable, la stratégie doit être balancée entre les extrêmes suivants :

— Accepter la fatalité d'une acuité médiocre et exploiter d'autres critères de la vision tels que la sensibilité ou la susceptibilité à la détection de mouvement.

— Augmenter l'accommodation pour permettre de profiter de l'avantage procuré par la mise au point.

Ces exigences se retrouvent au niveau de la morphologie des yeux des vertébrés. Compte tenu de la stratégie utilisée pour l'accommodation, qui consiste à étirer / comprimer la lentille autour de son équateur, on sent bien que l'opération sera d'autant plus difficile que l'objet au repos sera plus globuleux.

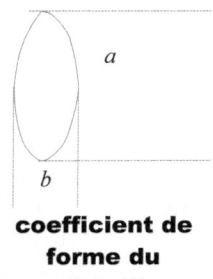

**coefficient de forme du cristallin**

En assimilant la section du cristallin à une ellipse, le coefficient de forme le plus simple à considérer est le rapport $b/a$ où $a$ est le diamètre de l'équateur et $b$ son épaisseur.

On a toujours $b/a$ <1, car le cristallin n'est jamais plus globuleux qu'une sphère. Pour les cristallins effilés, $b/a$ peut être assez inférieur. Il est de l'ordre de 0 ,4 chez l'homme.

Plus ce coefficient est faible, mieux les yeux devraient accommoder. C'est effectivement ce que l'on observe. Les animaux à la vue perçante ayant des coefficients de forme faibles, la valeur de 0.6 étant tenue comme typique de la coupure entre vision non dominée par l'acuité.

- Les animaux comme les oiseaux de proie, les oiseaux plongeurs, les primates, certains carnivores, etc… ont des coefficients de forme cristallinienne inférieurs à 0.6.

- Les vertébrés tels que les oiseaux de nuit, certains lézards, et la plupart des mammifères ont de coefficients de forme supérieurs à 0,6.

Evidemment ce critère ne s'applique pas aux cristallins sphériques des poissons, de certains reptiles etc… qui fonctionnent par déplacement de la lentille et non par déformation.

## c)   *Sensibilité*

La sensibilité à la lumière doit être distinguée de l'acuité : elle caractérise non pas l'aptitude à la perception des contrastes et des détails, mais la capacité à percevoir de la lumière plus ou moins intense.

Du point de vue de la photoréception, la sensibilité des bâtonnets est très supérieure à celle des cônes. C'est pourquoi les espèces nocturnes de vertébrés ont fréquemment des rétines riches en bâtonnets.

Pour ce qui concerne les

**chat-huant**
*(strix aluco)*

347

caractéristiques géométriques, les facteurs suivant améliorent la sensibilité des yeux camérulaires :

Taille de la pupille :     plus elle est grande, et plus l'œil est capable d'absorber de lumière.

Distance focale :     plus elle est petite, et plus les taches lumineuses formées sur la rétine sont agrandies

Diamètre des photorécepteurs : plus il est petit, et plus fort sera le signal produit par la lumière détectée.

En considérant l'œil comme un simple détecteur de lumière, ce sont les carrés de ces facteurs géométriques qui interviennent, parce que la perception de l'œil est celle d'une surface. En conséquence, on peut considérer la sensibilité S comme proportionnelle à un facteur purement géométrique exprimable en $\mu^2$ (microns carrés).

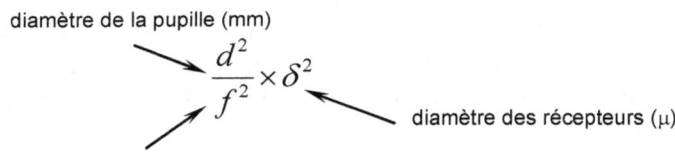

diamètre de la pupille (mm)

$$\frac{d^2}{f^2} \times \delta^2$$

diamètre des récepteurs ($\mu$)

focale oeil  distance pupille rétine  (mm)

Comme la dimension $\delta$ des photorécepteurs varie assez peu, pour les yeux camérulaires à tout le moins, on voit que la sensibilité varie surtout comme l'inverse du carré de l'ouverture.

### d) *Vision et mouvement*

#### (1)    Mouvement des yeux

Nous allons discuter au cours de ce paragraphe les mouvements des yeux au travers du monde animal. Ces mouvements ont la plupart du temps été signalés au fil de la description phylogénétique, en sorte que l'objet de ce paragraphe est d'en faire une synthèse.

Dans les embranchements d'animaux plus primitifs, les yeux sont fréquemment associés au corps et n'effectuent en conséquence que peu ou pas de mouvements propres. Ils semblent surtout contribuer à contrôler l'équilibre général de l'animal, et assistent probablement également à la perception du rythme circadien. Même un système nerveux aussi réduit que celui des méduses semble être à même de traiter ces fonctions élémentaires. Dans ces phyla « moins évolués », pour reprendre une expression consacrée quoiqu'inexacte, il ne paraît pas que les yeux assurent à proprement parler la formation d'images et la qualité de leur optique laisse à désirer à ce point de vue.

C'est donc dans des embranchements plus élevés que nous devons chercher les spécificités des mouvements oculaires et dans cette perspective, ce sont les vertébrés, les arthropodes et les céphalopodes qui offrent le plus d'intérêt.

Depuis, notamment, les travaux du physiologiste soviétique Yarbus au début des années soixante du siècle dernier, on a pris une conscience de plus en plus aigüe que parmi les multiples manières que nous avons de promener notre regard sur les choses, celle qui correspondait le mieux à l'examen attentif était non pas un regard figé, mais au contraire une alternance de périodes de déplacements calmes et de mouvements plus brusques : les saccades.

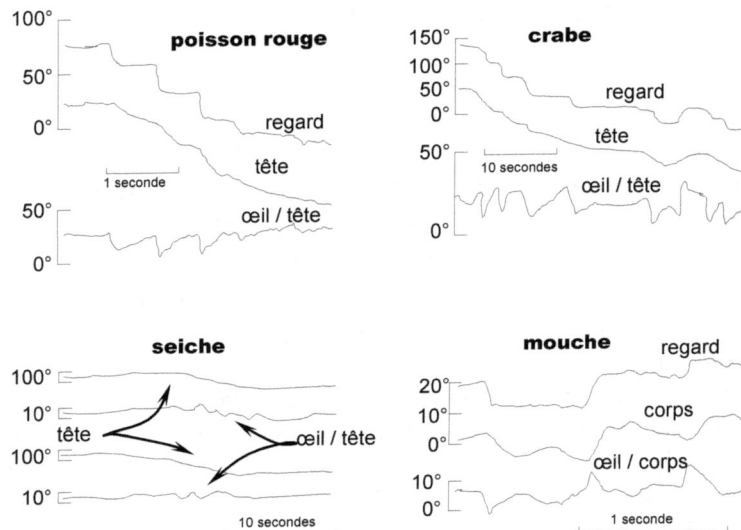

Ce type de mouvement oculaire constitué de « périodes de crises » suivies « d'accalmies » se retrouve dans des phyla éloignés.

En particulier, la compensation des mouvements de rotation du corps conduit à induire des mouvements saccadiques des yeux analogues à notre nystagmus, chez des espèces aussi diverses que le poisson rouge, le crabe, la seiche ou la mouche ; certes avec des vitesses et des constantes de temps distinctes.

On voit ainsi dès les plus élémentaires des organismes la vue s'effectuer non pas seulement à l'aide de mouvements calmes et limités, mais également à l'aide de mouvements brusques.

Les mouvements des abeilles lorsqu'elles quittent leurs ruches ou ceux du mâle pourchassant une femelle syrphe sont particulièrement caractéristiques à cet égard. Ils sont constitués d'assez longues périodes de mouvement réguliers séparés par des changements de direction brefs et accentués.

Passant aux yeux camérulaires, nous noterons tout d'abord la surabondance des muscles oculaires par rapport aux variables à contrôler : chez tous les vertébrés il existe au moins six muscles oculomoteurs, et parfois sept pour les espèces munies d'un choanoïde. Chez les céphalopodes ce nombre est encore supérieur. Or ces animaux ne bougent pas la tête par rapport à leur corps qui est leur tête. Si maintenant on ajoute aux mouvements propres de l'œil des vertébrés ceux de la tête par rapport au corps, la surabondance des moyens à disposition pour contrôler les deux angles définissant la direction du regard est tout à fait remarquable. Il est d'autant plus frappant qu'elle soit générale.

Les petits mouvements associés à la fixation (tremblement, microdérive, microsaccades) sont assez généraux chez les vertébrés, même s'ils sont d'amplitude, de fréquence, et même de nature variables. Mais si le triptyque tremblement/saccade/dérive est très répandu, on observe aussi des mouvements de nature différentes notamment chez les oiseaux et les tortues.

Il existe également d'assez nombreuses espèces chez lesquelles les saccades sont rares et même inexistantes. C'est le cas de la plupart des grenouilles et de certains poissons. A tout le moins chez les grenouilles où les expériences sont assez nombreuses, il semble que la reconnaissance d'objets immobiles se fasse mal, et il a été suggéré qu'il y ait entre les deux une relation de cause à effet : sans mouvement relatif de l'objet par rapport à la rétine, les photorécepteurs saturent. On retrouve le principe de la disparition des images stabilisées.

Les saccades pourraient être utilisées plus fréquemment par les animaux à fovée, ou à aire centrale accentuée. Ainsi les saccades sont-elles nettes chez des espèces à fovée, même assez éloignées de l'homme, comme les poissons à fovée. Au contraire, chez les vertébrés où le maximum de concentration en photodétecteurs est peu accentué, comme les lapins ou les grenouilles, on observe peu ou pas de saccades.

### (2)    Mouvement des images - fusion

Le phénomène de fusion, c'est-à-dire le fait qu'au-dessus d'une certaine fréquence des stimuli lumineux objectivement variables soient perçus comme constants n'est pas spécifique à l'homme. Il est assez général sur l'ensemble des animaux, même si la fréquence à laquelle il s'opère varie grandement d'espèce à espèce.

La fréquence critique de fusion est plus élevée chez les chats et les chiens (~70Hz) que chez les hommes (~ 50 Hz). Elle l'est encore davantage chez les oiseaux qui peuvent dépasser 100 Hz. On dit que les libellules ont un seuil critique de fusion de près de 300 Hz ! Les mouches ne leur sont guère inférieures à cet égard d'ailleurs.

La fréquence critique de fusion varie de manière significative d'espèce à espèce. Par exemple la crevette *eugonatonocus crassus* a une fréquence critique de fusion vers les 24 Hz,

Compte tenu de la variété des sources et de la dépendance de ce paramètres à de multiples facteurs, les chiffres ci-dessous ne sont que destinés à fixer les idées.

| | |
|---|---|
| crapaud | 6 Hz |
| poisson rouge | 15 Hz |
| crevette | 20 Hz |
| gecko | 20 Hz |
| criquet | 45 Hz |
| homme | 60 Hz |
| pieuvre | 60 Hz |
| chien, chat | 70 Hz |
| tortues | 100 Hz |
| pigeon, poulet | 120 Hz |
| Libellule, mouche | 300 Hz |

### (3)    L'inhibition latérale

L'inhibition latérale a d'abord été caractérisée sur les ommatidies de la limule avant d'être reconnue comme un phénomène intervenant sur la rétine humaine. Ce simple état de fait prouve assez sa généralité au travers des espèces bien voyantes, à tout le moins.

### e) *Champ monoculaire et vision binoculaire*

On sait que chez l'homme les caractéristiques de la vision binoculaire s'établissent de manière réflexe dans les premiers mois, mais ne sont pas innées. Par ailleurs, elles peuvent ne pas exister ou se manifester faiblement seulement sans que l'acuité monoculaire ne soit impactée.

Il semble en aller de même chez les chimpanzés : un chimpanzé que l'on contraint à maintenir un œil fermé durant les premières semaines de vie exhibe une réponse corticale binoculaire quasi-nulle : chez le chimpanzé comme chez l'homme la vision binoculaire est le résultat d'un réflexe qui s'acquiert pour l'essentiel lors des premiers temps de la vie.

Cependant, le caractère binoculaire de la vision, qui est de type réflexe et associé à des circuits neuronaux n'est pas simple à contrôler dès que les espèces sont un peu éloignées.

Certains comportements montrent d'ailleurs que le phénomène d'association entre les deux yeux peut parfois être plus compliqué que la simple binocularité.

**faucon pèlerin**
*(falco peregrinus)*

Ainsi, le faucon pèlerin, chasseur légendaire à la vision suraiguë, poursuit-il ses proies en vol d'une étrange manière. Son œil présente deux fovéas, l'une centrale et l'autre latérale. Lorsqu'il repère sa proie, le faucon commence par décrire autour d'elle une spirale, trajectoire sur laquelle il semble maintenir sa proie centrée sur sa fovée latérale, et donc la fixer en vision monoculaire. Ce n'est que parvenu à son immédiate proximité que le faucon se décide à la regarder des deux yeux et plonge sur elle en ligne droite, semblant bien s'aider de l'avantage d'une vision binoculaire lors de cette attaque d'une précision admirable. Ce comportement si caractéristique du faucon pourrait donc bien être celui d'une alternance volontaire entre vision binoculaire et monoculaire.

Dans un autre ordre d'idées, il semble que les espèces servant de proies aient tendance à avoir un champ monoculaire important et un recouvrement des deux champs faible, en sorte que le champ visuel global est maximal et le champ binoculaire réduit.

A l'inverse, les prédateurs ont un champ monoculaire plus réduit et un recouvrement important de sorte à maximiser la vision binoculaire.

Cette règle que l'on voit citer assez souvent n'est cependant pas du tout absolue, et d'ailleurs est par essence inapplicable aux espèces intermédiaires qui sont la proie des uns et le prédateur des autres.

En particulier la vision est largement binoculaire chez l'homme et les primates, alors que si nous devons probablement nous abstenir de nous considérer nous-mêmes, force est de reconnaître que certains singes et lémurs ne sont que modérément prédateurs et servent assez fréquemment de proies à des carnivores ou à des reptiles.

Par ailleurs tous les carnivores sont assez loin d'avoir des directions de regard aussi parallèles que les primates, et si les guépards, lions et tigres sont d'assez bons candidats, les ours et les renards en sont d'assez médiocres. Il en va de même chez les oiseaux où même les rapaces sont loin d'avoir tous des directions de regard parallèles. Encore primates carnivores et rapaces sont-ils quasi les seuls chez lesquels certaines espèces ont les deux yeux qui regardent plus ou moins dans la même direction. Les autres vertébrés dont les yeux regardent dans des directions résolument distinctes sont pourtant assez loin d'être tous d'innocentes proies.

### f) *Perception des couleurs*

La notion de couleur étant elle-même entachée pour nous d'un certain flou, ne va pas en se clarifiant lorsqu'on en parle chez des espèces éloignées. Il convient d'éviter d'être trop péremptoire sur ce qui concerne la vision en couleur des animaux.

Il n'y a cependant aucun doute qu'une certaine perception des couleurs est générale dans les yeux évolués des trois classes bien voyantes : cordés, arthropodes et mollusques. Depuis von Frisch, qui doute que les abeilles voient les couleurs vives des fleurs se détacher sur l'herbe ?

Pour ce qui est de nos cousins mammifères, la finesse de cette perception semble liée au nombre et aux types de cônes, en sorte que la plupart des mammifères n'étant que bichromates, ont une vision des couleurs qui devrait être apparentée à celle à celle qu'ont chez nous les Daltoniens, ce que l'expérience confirme plus ou moins.

Il est plus délicat de se représenter le gain apporté par les opsines et types de cônes supplémentaires que l'on trouve assez fréquemment chez les oiseaux, les reptiles, et les poissons. La plus grande variété des photorécepteurs, la présence de gouttelettes d'huile colorée laissent penser à une meilleure vision des couleurs que nous, mais il est évidemment compliqué de s'en faire une représentation simple, sauf pour ce qui concerne la plage d'étendue du visible qui gagne fréquemment l'ultra-violet.

On pense également que la vue de certains oiseaux leur permet de s'orienter en utilisant la polarisation de la lumière solaire à laquelle nous sommes presque insensibles, mais qui ramènerait au bercail les pigeons voyageurs. Cette sensibilité à la lumière polarisée est également notable chez plusieurs variétés d'invertébrés : la plupart des insectes et notoirement les abeilles, mais aussi les squilles et les céphalopodes, ainsi qu'il a été noté aux chapitres correspondants de la première partie.

dans le monde animal

## D.   *Conclusion*

Nous arrivons au terme de notre observation des yeux des animaux et deux aspects remarquables quoiqu'opposés frappent l'imagination : unité et diversité.

Remarquable unité tout d'abord : Les yeux fonctionnent tous avec le même genre de protéines : les opsines. Ils détectent donc la lumière en provenance d'une fenêtre visible des ondes électromagnétiques, et cette fenêtre n'est que modérément variable : elle est liée aux propriétés du même composé chimique, le cis-trans-rétinal qui est utilisé dans l'ensemble du monde animal dans une combinaison avec une certaine protéine moins constante, combinaison variée des milliers de fois, et qui n'est chaque fois ni tout à fait la même ni tout à fait une autre comme dit le poète.

Au demeurant, cette unité n'est peut-être que modérément étonnante car certains indices laissent penser que les yeux des divers animaux pourraient bien être homologues et donc descendre tous de l'œil d'un commun ancêtre, ancêtre qui pourrait même être celui de l'immense majorité des métazoaires actuels à l'exception des éponges.

Par ailleurs les yeux sont des dispositifs dont le fonctionnement est encore assez bien défini et on n'en trouve que dans un nombre réduit de configurations dont les deux principales sont les yeux à ommatidies et les yeux camérulaires. Les modes opératoires des yeux, quoiqu'ils ne soient pas uniques, n'existent que selon un nombre réduit de dispositions, en sorte qu'on observe là encore une relative unité.

Mais aussi quelle diversité derrière cette unité : des yeux différents d'espèce à espèce, des yeux de toutes les tailles allant de taches oculaires presque invisibles de quelques dizaines de microns aux yeux des calmars géants qui atteignent la taille d'une boule de bowling. Des yeux perdus au milieu de la tête comme chez les cachalots ou les taupes et d'autres qui en occupent la plus grande part comme chez les hiboux ou les libellules. Des yeux perçants comme ceux des faucons ou des lynx, et des yeux doux comme ceux des lamas ou des antilopes, vides comme ceux des requins etc...

Des yeux aussi qui malgré une sophistication des plus poussées semblent se jouer avec une facilité déconcertante des contraintes phylogénétiques. Quelle adaptation du produit à la fonction : des yeux pour voir le jour, des yeux pour voir la nuit ; pour voir dans l'air ou dans des eaux plus ou moins troubles et parfois très obscures ; pour voir de près pour voir de loin et pour voir de plus ou moins loin ; pour voir son ennemi ou pour ne pas perdre sa proie, des yeux différents même entre les mâles et les femelles pour faciliter les rencontres, et même des yeux pour deviner la position du soleil derrière les nuages ... Des yeux connectés à de gros cerveaux comme ceux des mammifères ou à des cerveaux plus modestes comme ceux des oiseaux. Il existe même des yeux chez les méduses qui n'ont non seulement pas de cerveau mais même pas de système nerveux central !

La diversité des yeux, quoiqu'impressionnante, reste similaire à celle des animaux. Elle est susceptible de se décrire plus ou moins mal selon l'arbre phylogénétique qu'elle recoupe au fond assez bien. Les yeux restent l'apanage de leur propriétaire, et il subsiste toujours quelque vérité chez Cuvier lorsqu'il disait dans ce qu'on appelle la loi de corrélation des formes :

> « Tout être organisé forme un ensemble, un système unique et clos, dont les parties se correspondent mutuellement, et concourent à la même action définitive par une réaction réciproque. Aucune de ces parties ne peut changer sans que les autres changent aussi; et par conséquent chacune d'elles, prise séparément, indique et donne toutes les

autres. » (*Discours sur les révolutions de la surface du globe, et sur les changements qu'elles ont produits dans le règne animal - 1825)*

Ce qui étonne le plus ce n'est donc pas tant l'adéquation du type d'œil au type d'animal mais les différences et les rapprochements imprévus entre des types d'animaux éloignés par ailleurs. Quelles facultés génétiques bizarres ont bien pu créer chez la pieuvre un œil si semblable au nôtre ? Pourquoi des yeux si proches dans des espèces si différentes ?

Ou au contraire : Pourquoi le guépard ferme-t-il ses pupilles en cercle alors que le lynx les ferme en lunule ? Pourquoi la taille des yeux est-elle si variable chez les chauve-souris ? Pourquoi parfois tant de différences entre des espèces aussi proches ?

Les yeux sont des organes complexes et même probablement pour beaucoup d'animaux, les plus complexes des organes. La délicatesse et la sophistication de leur design force l'émerveillement, même si parfois la variabilité et même un apparent manque de fini dans les détails de l'exécution interpellent aussi. On peine à croire qu'ils puissent être objets de tant de modifications et continuer à servir fidèlement leurs propriétaires.

Car s'il n'y a guère de doute que les yeux soient utiles à tous, comment des dispositifs aussi différents que les yeux du moucheron et ceux de l'hirondelle peuvent-ils assurer une fonctionnalité similaire ? Dira-t-on que dans ce cas les yeux du moucheron ne lui évitent pas de servir de dîner aux oisillons. J'en conviens. Mais qui dit que le moucheron ne voit rien venir ? Il m'est personnellement arrivé plusieurs fois de me lever au milieu de la nuit pour tenter d'éliminer un moustique importun. Dois-je avouer que je me suis certaines fois recouché sans être parvenu à mes fins ? La vue de l'insecte est si efficace qu'il semble anticiper le mouvement et qu'il parvient à se dérober sans effort apparent à des coups qui nous semblaient fulgurants et que l'on voulait mortels. Encore s'agit-il d'animaux volants. Celui qui n'a pas une fois ou l'autre essayé de détruire un cafard ne sait pas la surprise qu'on éprouve la première fois devant l'habileté de ces bestioles à la course et l'intelligence dont elles font preuve dans leur fuite. Intelligence qu'on en viendrait presque à attribuer à un sixième sens, alors que selon toute vraisemblance, elle est pour la plupart due à une étonnante efficacité de leur vue.

Il est vrai que les exemples sont choisis à dessein, mais il reste tout de même assez étonnant que des structures au fonctionnement aussi distinct puissent servir des propos aussi voisins.

Il est également tout à fait notable que tous les animaux n'ont pas d'aussi bons yeux les uns que les autres. D'ailleurs, les yeux bons à tout faire comme les nôtres ne forment pas la majorité des yeux des animaux, et par exemple, les yeux des mollusques bivalves ne peuvent guère leur servir qu'à différencier le jour et la nuit, la lumière et l'ombre, et dans les meilleurs des cas à détecter à modeste distance un potentiel prédateur qui va induire l'animal à fermer sa coquille.

La vision ne vise pas exactement les mêmes objectifs chez ces espèces et chez d'autres comme les insectes par exemple, et si la variété des yeux est si grande, c'est aussi que l'œil assure une grande diversité de fonctions, dont certaines nous semblent devoir être parfois très particulières. Qu'on pense par exemple aux yeux doubles des syrphes ou des éphémères mâles qui sont si différents de ceux des femelles, qu'il est difficile de ne pas leur prêter la moindre fonction sexuelle, etc…

On peut citer parmi les plus importantes des fonctions oculaires les plus élémentaires la détection du jour et de la nuit, la nécessité de guider les déplacements, l'identification des proies et des prédateurs, ou encore la reconnaisance des partenaires ou des concurrents sexuels.

Les yeux de certaines espèces n'ont guère plus d'ambition, semble-t-il que d'assurer l'une ou l'autre de ces fonctions fondamentales.

On sent bien à l'opposé que nos yeux d'humains assurent encore bien d'autres utilités. Ils nous fournissent une incroyable diversité d'informations et supportent les plus diverses de nos activités. Il faut bien qu'ils soient plus ou moins adaptés à toutes ces tâches. Mais les tâches possibles sont très nombreuses et présentent parfois des exigences difficiles à concilier.

Les yeux sont donc vraisemblablement le résultat de compromis entre les différentes exigences fonctionnelles, compromis qui permet de composer avec la nécessité de choisir entre l'acuité, la sensibilité, la détection du papillottement, celle des couleurs ou de la polarisation de la lumière, etc...

Nos yeux n'échappent pas non plus à cette exigence de compromis. Alors quelle pourrait-être la spécificité de notre vue humaine, eu égard aux réalisations que l'on peut observer chez les autres espèces ? Bien sûr, la vue des animaux présente un de ses intérêts les plus nets lorsqu'on la compare à la nôtre et qu'on essaye de se représenter les différences entre les fonctionnalités de nos yeux et ceux d'autres êtres vivants.

Quel est l'exact intérêt d'un tapetum lucidum ? D'un pecten ? Etc... ? Nous sentons bien dans ces attributs qui manquent à nos yeux qu'ils doivent procurer des avantages dont nous ne pouvons pas ressentir l'efficacité, même si nous en pressentons l'utilité. Encore ces deux exemples sont-ils parmi les plus faciles ! Bien sûr, le tapetum facilite la vision de nuit, le pecten permet de dévasculariser la rétine favorisant probablement l'acuité, mais ces attributs changeraient-ils notre vision du monde si nous les possédions ?

Comment ne pas rêver un peu ? Que serait notre vie si nous parvenions, comme les abeilles, à distinguer les différentes directions de polarisation de la lumière, ou encore à ressentir les effets du papillotement à 300 Hz au lieu de nos modestes 50 Hz ? Quelles couleurs ne verrions-nous pas, si au lieu des seules 3 sortes de cônes dont nous disposons, nous en avions 5 comme les pigeons ? Et comme il serait agréable, par moments, de disposer d'une vision panoramique comme les chevaux ou les lapins et d'arrêter de se demander ce qu'on fabrique dans notre dos ! De voir des petits détails lointains comme les vautours et les aigles, ou de savoir déterminer tous seuls notre chemin sans GPS, comme les pigeons voyageurs, ou les hirondelles qui retrouvent au printemps leur nid de Normandie après avoir passé l'hiver sur les bords du golfe de Guinée !

Mais alors, si la qualité de notre vision ne nous donne pas cet avantage unique que nous aurions pu attendre, si les aigles voient mieux que nous de jour, les chats de nuit, si les abeilles s'orientent d'une manière dont nous sommes incapables, si les pigeons perçoivent vraisemblablement des couleurs plus déliées et si même les mouches anticipent si bien nos mouvements, qu'est-ce qui différencie notre humanité ?

Il est vraisemblable qu'un développement important de nos autres sens et surtout ouïe, odorat et toucher même s'il n'est unique pour aucun d'eux, nous redonne déjà un certain avantage moyen : l'aigle à la vue si perçante n'a certainement pas un toucher aussi fin que le nôtre, et il est douteux que son ouïe ou son odorat l'assistent aussi puissamment.

Evidemment, c'est surtout dans l'analyse que nous faisons de nos sensations et dans la mémoire que nous en gardons que se fait une part importante de la différence, ainsi que dans le fait de pouvoir en discuter avec nos congénères dans un grand luxe de détails, grâce à la parole, luxe clairement inégalé dans aucune autre espèce du règne animal : le partage de nos impressions sensorielles nous permet de développer une vision du monde qui réussit à devenir largement commune à toute l'humanité, même si elle continue d'habiter dans les tréfonds de l'être de manière unique, individuelle, et partiellement inexprimable.

Il n'y a guère de doute qu'en retour, l'ensemble de notre être ainsi que notre culture même assistent très profondément nos yeux dans cette expérience complexe qu'est l'acte de vision. La vue est aussi un apprentissage.

# La vision

dans le monde animal

# E. *Bibliographie*

Livres

The eye : A very short introduction – M F Land

Animals eyes – M F Land – D E Nilsson

Invertebrate vision – E Warrant – D E Nilsson

How animals see the world – O F Lazareva – T Shimizu – E A Wassermann

The primate visual system : a comparative approach – Jan Kremers

Anthropoid origins : new vision – C F Ross – R F Kay

Evolution's witness : how eyes evolved – I R Schwab

The insects : an outline of entomology – P J Gullan – P S Cranston

Visual prosthetics – Gislin Danielie Editor


Articles

Exceptional variation on a common theme : the evolution of crustacean compound eyes – TW Cronan & ML Porter

Motion and vision : why animals move their eyes – MF Land

Fixational eye movements across vertebrates : comparative dynamics, physiology, and perception – S Martinez-Conde & S L Machnik

A unique Advantage for giant eyes in giant squid – Nilsscn & al.

Eye size, flight speed and Leuckart's law in birds M I Hall & C P Heesy

Multifocal lenses compensate for chromatic defocus in vertebrate eyes – R H Kröger - M C Campbell - R D Fernald -

H J Wagner

A mysid shrimp carrying a pair of binoculars – D E Nilson – R F Modlin

Scanning eye movements in a heteropod mollusc – M F Land

The eye movements of the mantis shrimp odontodactylus scyllarus – M F Land - J N Marshall – D Brownless and T W Cronin

Casting a genetic light on the evolution of eyes – R Fernald

Mastering eye morphogenesis and eye evolution – W Gehring – Kazuho Ikeo

# Table des matières

dans le monde animal